DIE
FRANZÖSISCHE UND PROVENZALISCHE SPRACHE UND IHRE MUNDARTEN

NACH IHRER HISTORISCHEN ENTWICKLUNG DARGESTELLT

VON

HERMANN SUCHIER.

ZWEITE VERBESSERTE UND VERMEHRTE AUFLAGE.

MIT ZWÖLF KARTEN.

Sonderabdruck aus der zweiten Auflage des I. Bandes
von
Gröbers Grundriss der romanischen Philologie.

STRASSBURG.
KARL J. TRÜBNER.
1906.

Inhalt.

I. ABSCHNITT.

ROMANISCHE SPRACHWISSENSCHAFT.

B. DIE ROMANISCHEN SPRACHEN.

5. DIE FRANZÖSISCHE UND PROVENZALISCHE SPRACHE UND IHRE MUNDARTEN

VON

HERMANN SUCHIER.

Die Frage, wie viel romanische Sprachen es eigentlich giebt (S. 535 ff.), wird sich erst dann bestimmt beantworten lassen, wenn für die Begriffe Sprache und Mundart bestimmte Definitionen gefunden sind. Von grossem Belange ist die Frage freilich nicht, und einstweilen wäre es vielleicht das einfachste, wenn nur von einer romanischen Sprache geredet würde, die in zahlreichen Mundarten lebendig ist, von denen einige sich unter der ausgleichenden Mitwirkung ihrer Nachbarmundarten zu Schriftsprachen ausgebildet haben.

Im vorliegenden Abschnitt sollen die romanischen Mundarten Galliens und die aus ihnen entwickelten Schriftsprachen behandelt werden. Wir legen also einen einheitlichen geographischen Begriff zu Grunde, und grenzen das Gebiet zunächst, die Angaben auf S. 418, 541 ff. erweiternd, nach aussen hin ab. Wir behandeln dann 2) die lautliche Entwicklung der Schriftsprachen Frankreichs, 3) die lautliche Entwicklung der Mundarten, 4) die associativen Veränderungen in den Flexionsformen, 5) Lautwechsel (Lautübertragung), 6) Kreuzung, Anbildung, Umdeutung, 7) Bedeutungswandel, 8) Funktionswandel, 9) Beziehung, Kongruenz, Geschlecht, 10) Auslassung und Verwandtes, 11) syntaktische Kreuzung, 12) Wort- und Satzstellung, 13) Entstehung von Flexionsformen, 14) Wortbildung, Entlehnung, 15) Wortverlust, Isolierung[1].

1. DIE SPRACHGRENZE.

A. IN DER GEGENWART.

Mit den heutigen politischen Grenzen Frankreichs decken sich die sprachlichen nur im Ungefähren: diese bleiben an einigen Stellen des Südens und Westens hinter jenen zurück, um dafür im Norden und Osten beträchtlich über dieselben hinauszugreifen.

[1] Mit Z. [= Zeitschrift] citiere ich im Folgenden die Zeitschrift für romanische Philologie.

Zunächst ist im Südwesten der nördliche Teil des baskischen Sprachgebietes (s. S. 418) in Abzug zu bringen. Der südwestlichste romanische Ort in den Pyrenäen ist Lescun bei Accous am Gave d'Aspe (Arrondissement d'Oloron, Département des Basses-Pyrénées), der südlichste an der Westküste ist Biarritz. Von Lescun nach Nordwesten sind die Grenzorte des Baskischen: Sainte-Engrace, Haux, Tardets, Esquiule, Arrast, Aroue, Etcharry, Domezain, Arberats, Camou-Mixe, Ilharre, Bardos, Ayherre, Briscous, Urcuit, Lahonce, Saint-Pierre d'Irube bei Bayonne (nur hier wohnt eine baskische neben einer französischen Gemeinde), Arbonne und das am Meer gelegene Bidart. Zwischen Bardos und Ayherre greift mit La Bastide-Clairence eine Halbinsel romanischer Sprache in das baskische Gebiet ein, auf deren Alter man daraus schliessen darf, dass die zahlreichen Ortschaften, welche sich La Bastide nennen, im 13.—14. Jahrhundert angelegt worden sind. Nach Frankreichs alter Einteilung reden Baskisch die Landschaften Pays de Soule, Basse-Navarre und Labourd; nach der gegenwärtigen derjenige Teil des Départements der Basses-Pyrénées, der aus den Arrondissements Mauléon und Bayonne und aus dem Ort Esquiule im Arrondissement Oloron besteht. Die Zahl der baskisch Redenden wird auf 165 286 (Vinson 1888) angegeben; doch giebt es fast in sämtlichen Ortschaften des baskischen Gebietes eine in stetiger Zunahme begriffene Minorität, welche auch der an das Baskische angrenzenden gascognischen Mundart mächtig ist.

Es ist sodann der westliche Teil der Bretagne in Abzug zu bringen, in welchem keltische Mundarten, das sogenannte Bas-Breton, gesprochen wird. Heute ist der östlichste bretonische Ort an der Südküste der Bretagne Ambon. Die Grenze geht dann zwischen Vannes und Elven hindurch nach den noch bretonischen Orten Plaudren, Saint-Jean-Brévelay, Moréac, Naizin, Noyal-Pontivy; Mûr-en-Bretagne, Saint-Mayeux, Corlay, Saint-Fiacre, dann westlich vorbei an den französischen Orten Plouagat, Plélo, Plourhan; sie erreicht die Nordküste bei dem bretonischen Plouha. Die Bewohner dieser Grenzorte sprechen im allgemeinen auch Französisch; doch verstehen alte Leute nur das Bretonische, das überhaupt im heimischen Verkehr den Vorzug hat. Auch wird auf dem Inselkranze, der die Bretagne umgiebt — die grösste Insel heisst Belle-Ile — Bretonisch gesprochen; desgleichen in sieben Gemeinden der Halbinsel von Batz im Département der unteren Loire, wo 200 Personen nur Bretonisch und 1000 daneben auch Französisch verstehen. Abgesehen von diesen sieben Gemeinden, sowie von den Kolonien bretonischer Arbeiter in Le Havre, Trélazé bei Angers u. s. w. (zusammen 18 400 Menschen), beschränkt sich das Bretonische auf die Départements Finistère, Morbihan und Côtes du Nord, von denen das erste ganz, die anderen beiden zur Hälfte Bretonisch sind. Nach Zimmer (1898) beträgt die Zahl derer, die nur Bretonisch verstehen, 500 000; die Zahl derer, welche auch Französisch verstehen, 750 000. Die Gesamtzahl der Bretonen beträgt somit 1 250 000.

Im äussersten Norden Frankreichs wird vlämisch oder nederduitsch gesprochen, und zwar ist dieses gegenwärtig auf die beiden Arrondissements Dünkirchen (vlämisch Duinkerke, französisch Dunkerque) und Hazebroek Hazebrouck (ich setze bei Grenzorten die deutsche und französische Benennung), sowie auf vier Gemeinden des Départements Pas-de-Calais beschränkt. Dieses sind die von Gärtnern und Schiffern bewohnten, durch die Aa von Saint-Omer getrennten Vorstädte Hoogbrugge le Haut Pont und Lijsel (d. h. die Insel) Lyzel, ferner Clairmarais bei Saint-Omer und Ruminghem nordwestlich von Saint-Omer.

Die äusserste Grenze des germanischen Sprachgebietes bilden die Gemeinden Dunkerque, Grande-Synthe Groot-Sinte, Mardick Mardijk, Loon, Craywick Kraaiwijk, Bourbourg Boerburg, St. Pieter's Broek Saint-Pierre-Brouck, Watten, St. Momelin, Renescure, Blaringhem, Boeseghem, Steenbeek Steenbecque, Moerbeek Morbecque, Oud Berkijn Vieux-Berquin, Belle Bailleul. In allen diesen Orten werden das Französische und das Vlämische nebeneinander gesprochen: jenes überwiegt in den zuerst genannten zwölf, dieses in den zuletzt genannten vier Ortschaften. Die Gesamtzahl der vlämischen Gemeinden in Frankreich beträgt (1870) 106 mit 176 860 Einwohnern, wovon etwa 2000 auf die vier Gemeinden des Arrondissements Saint-Omer kommen.

Nach Abzug dieser drei Gebiete, welche ein Département vollständig (Finistère) und von vier Départements beträchtliche Teile umfassen, bleibt innerhalb Frankreichs nur romanisches Sprachgebiet, dessen Nord- und Ostgrenze jedoch keineswegs mit den politischen Grenzen Frankreichs zusammenfällt, sondern, wie bereits angedeutet wurde, mehr oder weniger darüber hinausragt. So gehören zum französischen Sprachgebiete Teile von England, Belgien, Lützenburg, Deutschland, der Schweiz und Italien.

2. Im Besitze Englands befindet sich seit 1204 die Gruppe der Normannischen Inseln: Guernsey, Jersey, Sarke, Aurigny (engl. Alderney).

Die nördlichste französische Stadt am Kanale, und der nördlichste Ort des romanischen Sprachgebietes in Europa, ist Gravelines Grevelingen. Von da aus bis zur belgischen Grenze ziehen sich die Sprachgrenze entlang als letzte Ortschaften französischer Zunge Saint-Georges St-Joris, Saint-Folquin, Sainte-Marie-Kerque, Houlles, Tilques, Saint-Martin, Saint-Omer, Arques, Wittes, Aire, Thiennes Tienen, Merville, Neuf-Berquin Nieuw Berkijn, Steenwerck, Nieppe. Warwijk Wervicq ist vlämisch, ebenso das belgische Meenen Menin, während die bei Meenen belegenen Gemeinden Hallewin Halluin und Roncq gemischter Bevölkerung sind. Die Grenze zwischen Frankreich und Belgien bildet die Lys Leie, welche einen kleinen Teil von der belgischen Stadt Warnêton Waesten (der Sprache nach fast ganz französisch) Frankreich, einen kleinen Teil der französischen Stadt Comines Komen (in sprachlicher Hinsicht über die Hälfte französisch) Belgien zuweist.

Auf belgischem Boden geht die Sprachgrenze ungefähr von Westen nach Osten.

Von Westflandern sind wallonisch die an der französischen Grenze gelegenen Orte: Mouscron Mooscroen, Luinghe, Hersaux, Dottignies, Espierres. Von Reckem und Houthem ist die Hälfte wallonisch, von Nieuwkerke Neuve-Église 1/7, von Messines 1/8, von Zandvoorde 1/3.

Die Sprachgrenze trifft die Schelde bei Helchin (gemischt), und fällt dann zusammen mit der Grenze zwischen Ostflandern und Hennegau: dort sind wallonisch nur die Gemeinden Orroir, Amougies, Russeignies Roosenaken, und östlich davon wallonisch gemischt, aber dem Gros nach vlämisch Ronsse Renaix; hier sind germanisch nur Everbecq, Ghoy 1/4 vlämisch, Bever Bièvène, Saint-Pierre Capelle, Edingen Enghien, vom Volk Ingen genannt (überwiegend vlämisch, Petit Enghien ist überwiegend wallonisch); Marcq ist halbwallonisch. Die Dender wird überschritten unterhalb des etwas vlämisch gemischten Ortes Akkeren les Deux Acren (welcher unterhalb des etwas vlämisch gemischten Lessines Lessen liegt).

Zwischen Edingen und Petit-Enghien findet sich der Punkt, wo die Sprachgrenze nach Brabant übertritt.

In Brabant trifft sie auf das fast ganz französische Saintes (Sante-Renelde) bei Tubize Tweebeek und überschreitet die Senne zwischen Tubize und dem vlämisch gemischten Lembeek Lembecq; jenes hat nur einen geringen vlämischen Bestandteil, dieses ist fast ganz vlämisch. Die Sprachgrenze geht sodann nördlich an den drei fast ganz französischen Braine vorbei (Braine le Château Kastel-Brakel, Wauthier-Braine Wouter-Brakel, Braine l'Alleud Brakel-Eigen), geht durch das fast ganz französische Waterloo und durch Ter Hulpe La Hulpe, nördlich vorbei an den französischen Orten Wavre Waveren, Archennes Arken, Bossut Boschuit, Beauvechain Bevekou, L'Écluse Sluize, dann überschreitet sie die grosse Geete zwischen dem überwiegend französischen Zétrud-Lumay Zittaerd-Lummen (unterhalb des ganz französischen Jodoigne Geldenaken) und dem vlämischen Hougaerde, und geht vorbei an den wallonischen Orten Neer- und Op-Heylissem. Im Arrondissement Brüssel sind nur die Orte Bierghes und Saintes wallonisch.

Von der Provinz Lüttich ist der Nordwesten (von dem vlämischen Houtain-l'Evêque Wals Hautem nördlich) vlämisch. Dann folgt die Sprachgrenze von dem wallonischen (von Winkler für vlämisch erklärten) Corswarem Kruisworm ab der Grenze der Provinzen Limburg und Lüttich bis in die Gegend der unteren Geer, wo nur folgende Orte der Provinz Limburg wallonisch sind und früher vlämisch waren: Otrenge Wouteringen, Herstappe, Roclenge sur Geer Rukkelingen, Bassenge Bitsingen, Wonck, Eben-Emael, Lanaye Ter Naaien. Guygoven, Uykhoven, Ryckel und Henis sind vier wallonische Enklaven im Arrondissement Tongeren.

Die Sprachgrenze überschreitet die Maas zwischen Lüttich und Maestricht etwas unterhalb Visé Wezet.

Somit liegen in Belgien bereits auf vlämischem Boden Koortrijk Courtrai, Oudenaerde Audenarde, Geraerdsbergen Grammont, Hal, Brüssel (mit bedeutendem französischen Bestandteil in der oberen Stadt und in der Vorstadt Ixelles Elsene), Loewen Louvain, Tienen Tirlemont und Tongeren Tongres.

Bei Visé macht die Sprachgrenze eine Wendung nach Südwesten, weist das belgische Aubel dem deutschen Sprachgebiete zu, geht zwischen dem französischen Limbourg und den deutschen Orten Welkenraedt und Eupen hindurch, dann über den Kamm des Hohen Venn und schneidet ein Stück von der preussischen Rheinprovinz, Hauptort Malmedy (gesprochen Mâmdî), ab. Die wallonisch redenden Grenzdörfer sind in Preussen Sourbrodt, Faymonville-Osselborn, Ondenval, Ligneuville-Engelsdorf, Pont.

Von der Ambleve, an der die beiden letztgenannten Ortschaften liegen, wendet sie sich ziemlich direkt nach Süden, indem sie Viel-Salm, Houffalize und Bastogne rechts liegen lässt. Dabei trifft sie anfangs mit der belgisch-deutschen (innerhalb der belgischen Grenze gehören nur Bockholz Beho, Dayfeldt, Ourthe, Watermal, Tintange der deutschen Sprache an), darauf mit der belgisch-lützenburgischen Grenze zusammen. Das Grossherzogtum Lützenburg Luxembourg gehört zum deutschen Sprachgebiete bis auf drei Ortschaften, in denen französische Mundarten gesprochen werden[1]. Von diesen liegen zwei (Doncols und Sonlez Soller) an der Stelle, wo sich die lützenburgische Grenze der Stadt Bastogne

[1] Ich folge brieflichen Mitteilungen des Professors J. A. **Blaise**, welche mit den bisherigen Angaben (von **Böckh** S. 185—186) nicht ganz übereinstimmen. — **Bonnardot**, *Archives des missions*, série III, tome XV, S. 478, rechnete auch Tarchamps und Troine zu den Orten französischer Zunge, doch wurde dies von **Blaise** bestritten.

Bastonach nähert, die dritte (Haut- et Bas-Rodange) in der Südwestecke des Grossherzogtums. Zwischen Bastogne und dem zur Hälfte deutschen Fauvillers erreicht die Sprachgrenze wieder belgischen Boden. Der belgische Kreis Arel Arlon ist ganz deutsch bis auf die verbundenen Orte Rachecourt Rösingen und Meix le Tige Deutsch Meisch, welche überwiegend wallonisch sind, und Halanzy (1/2 wallonisch). Der westlichste deutsche Ort ist Hachy.

Von Belgien ist somit französisch ein kleines Stück der Provinzen Ostflandern, Westflandern und Limburg, der südliche Teil der Provinz Brabant, der grösste Teil der Provinzen Hennegau, Lützenburg und Lüttich, ganz die Provinz Namur. Die Zahl der Fransquillons, wie die belgischen Franzosen spöttisch genannt werden, beträgt (1900) 2574805, wozu noch 910923 Belgier kommen, die deutsch oder vlämisch, oder auch vlämisch und deutsch, daneben sprechen.

Bei Longwy (französisch) trifft darauf die Sprachgrenze, freilich nur auf ein winziges Stück, mit der politischen Grenze zwischen Deutschland und Frankreich zusammen, und wir gelangen auf den Boden der deutschen Reichslande, wo uns die Karten von This (1887, 1888) zur Orientierung dienen. In Lothringen haben 146141 Seelen das Französische zur Muttersprache, im Unterelsass 24569, im Oberelsass 27673; zweisprachig sind in den genannten Landschaften 2795, 1549, 2766.

Überwiegend deutsch ist Diedenhofen, rein deutsch Bolchen. Von da bildet die deutsche Nied die Grenze bis zu dem gleichfalls deutschen Falkenberg. Deutsch ist Finstingen an der Saar, überwiegend deutsch Saarburg; ganz deutsch sind Weiler am Giessen, Schlettstadt und Kolmar, sowie Münster, wo die Sprachgrenze wieder mit der politischen Grenze zusammentrifft. Daher verbleiben dem französischen Sprachgebiete Metz mit Umgegend, der Grenzort Condé Kontchen, wo sich die Nied française mit der deutschen Nied vereinigt, Château-Salins, Dieuze, Lorquin Lörchingen, Abreschwiller Alberschweiler, halb Lützelhausen und das Tal der oberen Breusch frz. la Bruche (wo eine kleine deutsche Sprachinsel, die erst im 18. Jahrhundert gegründete Wiedertäuferkolonie Salm, liegt), südlich von Schirmeck (das fast ganz französisch ist) das Steintal Ban de la Roche, Sainte-Marie-aux-Mines Markirch (wo jenseits des Landbachs seit dem 17. Jahrhundert eine deutsche protestantische Minorität wohnte; jetzt überwiegt das Deutsche im Ort) mit dem oberen Lebertal bis Leberau Liepvre abwärts, la Poutroye Schnierlach, Orbey Urbeis (1/3 deutsch) im oberen Weisstal. Westlich von Münster trifft die Sprachgrenze auf den Kamm des Wasgenwaldes und geht von da ab der politischen Grenze folgend über den Belchen Ballon d'Alsace bis zum Bärenkopfe und darüber hinaus. Zum französischen Sprachgebiete gehören vom Elsass fernerhin nur zehn Dörfer bei Dammerkirch Danne-Marie hart an der französischen Grenze, schon 1777 in Büschings Erdbeschreibung als wälsch bezeugt, und drei weitere Dörfer an der Schweizer Grenze.

Von einem dieser drei Dörfer, dem am gleichnamigen Flusse gelegenen Lucelle Gross-Lützel geht sodann die Sprachgrenze eine kurze Strecke die Lützel entlang (die ersten deutschen Ortschaften auf dem rechten Lützelufer sind in der Schweiz Ederschwyler und Roggenburg oberhalb des deutschen Ortes Klein-Lützel), und wendet sich nach der Birs hinüber, welche sie zwischen dem deutschen Liesberg und dem überwiegend französischen Soyhière Saugeren unterhalb des gleichfalls überwiegend französischen Delémont Delsberg überschreitet. Darauf trifft die Sprachgrenze auf den Westrand des Kantons Soloturn, dem sie folgt bis in die Gegend des deutschen Bözingen Boujean (nördlich von Biel). Doch verbleiben im Kanton Bern der deutschen Sprache Seehof Élay und Schelten la Scheulte. Bei dem über drei Viertel deutschen Biel Bienne trifft die Sprachgrenze auf den Bieler See und folgt diesem in seiner nordsüdlichen Ausdehnung. Doch sind fast deutsch auf dem westlichen Ufer des Sees die Ortschaften, welche dem Bezirke Nidau angehören, und überwiegend französisch ist im Bezirk Biel Evilard-Leubringen.

Die Sprachgrenze setzt sich längs des Flusses Zihl Thièle bis zum Neuenburger See fort und verlässt diesen, sobald sie ihn berührt hat, um sich an der Broye nach dem nördlichen Ende des Murtensees hinzuwenden, der wiederum eine Sprachscheide bildet. In der Stadt Murten wohnen (1900) 1840 Deutsche, 378 Franzosen.

Im Berner Jura und im Kanton Neuenburg sowie in Teilen des Kantons Waadt haben zahlreiche Gemeinden deutsche Anwohner, deren Zahl nach Süden hin allmählich abnimmt: die Zahl dieser Anwohner macht im Bezirk Delémont zwei Zehntel, im Münstertale drei, im Bezirk Courtelary zwei Zehntel, sodann bis südlich von Neuenburg drei Zehntel, westlich von der Mitte des Neuenburger Sees zwei Zehntel und weiter südlich auf ziemlich ausgedehnten Gebieten ein Zehntel (im Bezirk Freiburg zwei Zehntel) der Bevölkerung aus. Andererseits ragt das französische Element als drei Zehntel der Bevölkerung auf das östliche Ufer des Murtensees herüber.

Nachdem die Sprachgrenze vom Murtensee nach Freiburg gelangt ist, teilt sie dieses mit dem Lauf der Saane Sarine in eine obere französische und in eine untere deutsche Stadt; die Zahl der französischen Einwohner beträgt 9701, die der deutschen 5595. Dann geht sie über die Berra, dann zwischen Charmey Galmis und Jaun Bellegarde hindurch auf die Dent de Ruth, wo die drei Kantone Freiburg, Waadt und Bern zusammenstossen, und folgt in südlicher Richtung genau der Grenze der Kantone Waadt und Bern, welche nach den Sprachen reguliert worden ist. Sie überschreitet daher zwischen Rougemont und Saanen die Saane und geht nach dem Oldenhorn Diablerets, um von da aus nach Osten der Kette der Berner Alpen, welche zugleich die Grenze der Kantone Bern und Wallis bilden, zu folgen. Vom Wildstrubel wendet sie sich südwärts und geht etwas unterhalb Salgesch über die Rhône. Von Sierre Siders ist fast die Hälfte deutsch, von Sion Sitten ein Viertel, von Bremis Bramois ein Drittel. Auf dem linken Rhôneufer folgt sie sodann dem Kamm zwischen Einfischtal (Val d'Anniviers) und Turtmanntal bis zum Gabelhorn und Matterhorn Mont Cervin, lässt das deutsche Gornerhorn Monte Rosa zur Linken liegen und nimmt bei dem südlichsten Orte des deutschen Sprachgebietes, bei Issime (alt Ussima) im Lys-Tale Abschied von der deutschen Sprache. Der Ort Gressoney (d. h. Kressenau) la Trinité ist ganz, Gressoney Sankt Johann fast ganz deutsch; dagegen hatte Issime im Jahre 1901 unter 1617 Einwohnern nur 909 Deutsche.

Von den Kantonen der Schweiz gehören ganz zum französischen Sprachgebiete Genf, Waadt und Neuenburg; überwiegend französisch sind Wallis und Freiburg; überwiegend deutsch ist Bern.

Auf den noch fehlenden Strecken erklingen auf beiden Seiten der Grenze romanische Mundarten, wodurch die Sicherheit in der Grenzbestimmung erschwert wird. Politisch gehören zu Italien, sprachlich zu Frankreich die oberen Täler der Flüsse Dora Baltea Doire Baltée, Orco (mit dem Nebenfluss Soana, der die Val Soana durchströmt), nördliche Stura und Dora Ripara Doire Ripaire. In diesem ganzen Landstrich, der mittelrhônische Mundarten spricht, von Aosta (dort Oste genannt, ebenso Val d'Oste, adj. valdôtain) an macht das Piemontesische, das in der Valsesia nordwärts bis an den Fuss des Monte Rosa reicht. rasche Fortschritte. Das Mittelrhônische reicht an der Dora Baltea ostwärts bis Pont-Saint-Martin; im Lanzotal umfasst es Ceres und Viù. Bei Susa sprechen Giaglione, Melezet, Gravere noch mittelrhônisch. Weiter nach Süden entspringen die Flüsse Cluson Chisone, Po, Varaita, Maira und südliche Stura zwar auf italischem Boden, aber auf provenzalischem Sprachgebiet. In Oulx an den Quellen der Dora Ripara und in Fenestrelle beginnt das Provenzalische. Dieses wird gesprochen in Oncino an den Quellen des Po, zu Sanpeyre im Varaitatal, zu Elva im Mairatal, zu Castelmagno im Granatal, zu Vinadio an der südlichen Stura, zu Valdieri im Gessotal, in Limone am Nordabhang des Col di Tenda. Weiter bildet die Roya die Sprachgrenze von Breil bis zu ihrer Mündung ins Meer bei Ventimiglia. Menton spricht ein Provenzalisch, das in seinen Konsonanten starke genuesische Einflüsse zeigt (vgl. die Contes populaires mentonnais recueillis par Andrews, édités par Sardou et Blanc, Nizza 1882, S. 10 und Andrews im Archivio glottologico italiano XII 97 f.). Der westlichste genuesische Ort an der Küste ist La Bordighera.

Innerhalb Italiens bilden eine, wie es scheint, der mittelrhônischen Gruppe zugehörige Sprachinsel die Orte Celle San Vito und Faeto in der Provinz Foggia (Proben der Mundart giebt Morosi im Arch. glott. XII, 67—75). Über den Ursprung dieser Kolonien ist nichts bekannt; wahrscheinlich sind sie nach 1268 von Karl von Anjou dort angesiedelt worden. Eine gegen Ende des 14. Jahrhunderts gegründete Waldenser Kolonie ist Guardia Piemontese in der Provinz Cosenza (vgl. ebd. XI, 325—327).

Als Gegenleistung für diese Gebiete, welche Italien den romanischen Mundarten Frankreichs überlassen muss, hat auch Frankreich einiges an Italien abzutreten, so die Insel Corsica, und drei genuesische Kolonien, Mons und Escragnoles im östlichsten Teile des Département du Var, Biot zwischen Grasse und Antibes im Département der Seealpen (Revue de linguistique XIII, 308). Die Sprache dieser drei Ortschaften wird *le figon* genannt. Auch die Einwohner von Monaco sprechen genuesisch.

Die Grafschaft Roussillon, seit 1659 zu Frankreich gehörig und jetzt als Département der Ostpyrenäen bezeichnet, wird besser von den romanischen Mundarten Frankreichs losgelöst und zu denen Spaniens gerechnet. Die catalanische Sprachgrenze trifft indessen nicht genau mit der Grenze des erwähnten Départements zusammen: Saint-Paul-de-Fenouillet und Umgegend ist von dem catalanischen Gebiet in Abzug zu bringen. Darauf bilden von Orlu (am Orlu oder Oriège, dem östlichsten Quellfluss des Ariège, gelegen) bis Lescun die Pyrenäen die Sprachgrenze anfänglich gegen das Catalanische, sodann gegen das Aragonische.

Man kann die Sprachgrenze vom Ozean bis in die Alpen im Einzelnen verfolgen, wenn man die den S. 542 erwähnten Werken von Kurth, This, Zimmerli beigegebenen Karten zur Hand nimmt. Von da bis zur Riviera ist die Sprachgrenze auf Karte XIII, bei Petit de Julleville, *Histoire de la langue*, Bd. VIII, dargestellt.

B. IN DER VERGANGENHEIT.

Die so beschriebene Sprachgrenze gilt für die Gegenwart, ist aber im Laufe der Jahrhunderte keineswegs immer konstant geblieben.

Das Baskische scheint bereits im 12. Jahrhundert dieselben Grenzen wie heute innegehabt zu haben. Doch deutet ein Kranz von Ortsnamen, der das baskische Gebiet noch jetzt umgiebt, darauf hin, dass es früher einmal eine etwas weitere Ausdehnung gehabt haben muss. Ob freilich die Basken Frankreichs die direkten Nachkommen der alten Aquitaner sind und ihre Sprache aus der Zeit der Römer ununterbrochen bewahrt haben, oder ob sie erst seit 581 von Süden her über die Pyrenäen stiegen, um den bereits romanisierten Südwesten Galliens wieder baskisch zu machen, ist eine nicht mit Sicherheit entschiedene Frage (oben S. 421).

Auch die Frage nach der Abstammung der heutigen Bretonen von den alten Galliern ist nicht nur aufgeworfen, sondern neuerdings nach der negativen Seite hin beantwortet worden. Man beruft sich auf die zahlreichen Überreste römischer Niederlassungen in der Bretagne, welche auf eine nachhaltige Romanisierung der Aremorica schliessen lassen, und glaubt, dass erst im 5. und 6. Jahrhundert unserer Zeitrechnung flüchtige Kymren das Bretonische aus Cornwall nach der von ihnen benannten Bretagne brachten. Sie müssen dann freilich die ganze Halbinsel in Besitz genommen haben; denn im 9. Jahrhundert erstreckte sich ihre Sprache nach Osten bis zu einer Linie, welche (das französische) Donges bei Saint-Nazaire mit der Mündung des Couesnon in die Bucht von Mont-Saint-Michel verbindet. Nach der Abschätzung des Herausgebers des Cartulaire de Redon (S. XC) berührte die Grenze damals die Ortschaften Campbon, Quilly, le Gâvre, Pierric und im heutigen Département Ille-et-Vilaine Fougeray, Bréal, Mordelles, Langouet (bei Hédé), Lanrigan, Pleine-Fougères. Nach der Niederlassung der Normannen in der nach ihnen benannten Provinz wich die Grenze 15 bis 16 Lieues nach Westen zurück, mit Ausnahme der Strecke von Limerzel nach Herbignac und Saint-Nazaire, die bretonisch blieb. Doch geht aus einer Urkunde des Jahres 1053 hervor, dass das Keltische damals noch in Combourg gesprochen wurde.

Im 11. Jahrhundert wurde noch bei Redon (Ille-et-Vilaine), im 16. Jahrhundert noch im grössten Teil des Arrondissement Loudéac (Côtes-du-Nord) bretonisch gesprochen, desgleichen noch im Anfang des 18. Jahrhunderts zu Brignac, Canton Mauron (Morbihan).

Man hat die Beobachtung gemacht, dass die beliebte Endung keltischer Ortsnamen in der französischen Bretagne *ac*, in der keltischen *ec* lautet. Jedenfalls ist die Endung *ac* im Keltischen erst nach der Romanisierung der Osthälfte zu *ec* geworden, und der Vergleich mit Cambrai Camarăcum zeigt, dass jenes *ac* in der Bretagne direkt aus dem Keltischen ins Französische übergegangen ist, ohne vorhergegangene Latinisierung der Endung und erst zu einer Zeit, wo die Erweichung des *c* im Französischen bereits vollzogen war.

Darf vielleicht aus dem Vorhandensein der gleichen Endung auf französischem Sprachgebiet (vgl. Gémozac, Jonzac u. s. w.) ein längeres Beharren der keltischen Sprache an der unteren Charente erschlossen werden? (Vgl. Quicherat, Formation 36). Paul Meyer freilich und G. Gröber (oben S. 550) nehmen lieber an, dass hier ein ursprünglich provenzalisches Gebiet von Norden her mit Einwandrern französischer Mundart überschwemmt worden ist.

Die Sprachgrenze, die von Westen nach Osten Belgien durchzieht, entstand nach Kurth gegen Ende des 5. Jahrhunderts durch die Einwandrung der Salischen Franken, die an der von Bavay nach Tongeren führenden befestigten Römerstrasse eine Hemmung fand, jenseits welcher bis zur Canche die fränkischen Niederlassungen grosse und kleine Enklaven bildeten, von denen die meisten bis ins 13. Jahrhundert romanisiert wurden.

In Flandern scheint die Sprachgrenze in älterer Zeit auffallend konstant geblieben zu sein.

Otto von Freising (Buch VII, Kap. 5), zwischen 1143 und 1146, erwähnt, dass Gottfried von Bouillon in Boulogne *inter Francos Romanos et Teutonicos . . . tamquam in termino utriusque gentis nutritus utriusque linguae scius* war, und Dümmler machte mich darauf aufmerksam, dass bereits im 10. Jahrhundert Flodoard (Buch IV, Kap. 3) an das Vlämische im Sprengel Thérouanne anspielt, der sich grösstenteils mit Gebieten deckt, welche die vlämische Sprache bis auf den heutigen Tag bewahrt haben.

Im 13. Jahrhundert und weiterhin lief die Sprachgrenze von dem stets französischen Boulogne-sur-mer nach dem damals noch ganz — und noch im 16. Jahrhundert überwiegend — vlämischen Saint-Omer und folgte dann dem Laufe der Lys, sodass Guines und Ardres noch vlämisch waren.

Winklers Angabe (die Andree wiederholt), das Vlämische sei ehedem in ganz Artois bis vor die Tore von Amiens und Abbeville gesprochen worden, ist schwerlich begründet. Doch müssen Ortsnamen des Département Pas-de-Calais wie Tubersent (alt Thorbodessem), Maninghem, Mazinghem, Lozinghem — ich wähle die am meisten nach Süden und Osten vorgeschobenen — auf vlämischen Ursprung zurückgehen. Wo ausserhalb dieses Gebiets Orte mit deutschen Namen vorkommen, waren dieselben wohl stets von Romanen umringt und haben ihre Sprache frühe aufgegeben. (Vgl. oben S. 546 ff.)

Nordwärts der Linie Boulogne — Saint-Omer hat das Französische seit dem 13. Jahrhundert immer mehr Fortschritte gemacht. Die 1670 eingerichtete Matrosenkolonie Mardick hat viel zur raschen Romanisierung dieses Ortes und der Umgegend beigetragen. Dunkerque, das ganz von vlämischen Ortschaften umgeben ist, war wie Grande-Synthe noch um 1800 rein vlämisch, ebenso Comines, während in Warnêton, das noch um 1700 ganz vlämisch war, heute diese Sprache erloschen ist und nur noch in einem unverstandenen Abzähllied der Kinder fortlebt[1].

1845 soll im Département Pas-de-Calais noch in Oye, Polincove, Bayenghem, Saint-Folquin, Saint-Omer-Capelle, Vieille-Église (sämtlich zwischen Gravelines und Saint-Omer gelegen) das Vlämische heimisch gewesen sein. In Audruick, in Gravelines und Saint-Georges, sowie in Ortschaften der Umgegend von Ath, in Tournai Doornik, in Ryssel Lille (teilweise auch in Lille selbst, wo noch bis 1790 vlämisch gepredigt wurde), in Cambrai, Douai und Valenciennes wurde noch im 18. Jahrhundert von einem Teil der Bevölkerung vlämisch gesprochen.

Von Comines ostwärts ist die Sprachgrenze fast durchaus konstant geblieben, wenn von der Assimilation sprachlicher Enklaven abgesehen wird. Nur vereinzelte Orte, wie Waterloo (seit dem 16. Jahrhundert), Zetrud-Lumay (seit dem Ende des 17.), Waremme (seit dem 14.), haben die französische Sprache angenommen. Die Chanson de geste Li Nerbonois nennt das Tal der Tubize als nördliche Grenze des Französischen, und noch heute ist der gleichnamige Ort, wo sich zwei Bäche zu der Tubize, vläm. Tweebeek, vereinigen, sprachlicher Grenzort.

---

[1] Gerade wie in meiner Heimat, der Hugenottenkolonie Karlshafen, um 1850 das Französische nur noch im Kindermund in einem entstellten Abzähllied lebendig war.

In Belgien beweisen die Namen der wallonischen Orte von Südbrabant und Limburg, dass diese Provinzen früher einmal von fränkischen Niederlassungen durchsetzt waren. In Limburg handelt es sich jedoch nur um eine kleine Anzahl Ortschaften, und wenn Grandgagnage (Mémoire sur les anciens noms de lieux S. 70. 160) die Namen richtig erklärt, so sprechen Heure-le-Romain (südlich von Tongeren) und Heure-le-Trîhe, im 13. Jahrhundert *Oire* oder *Oere-le-Tiexhe* (westlich von Visé), für das Konstantbleiben der Sprachgrenze. Wie hier das lateinische ORA vorzuliegen scheint, so ist wahrscheinlich auch der Name der Stadt Metz (wie der von Metz in Tirol) eine deutsche Umgestaltung des lateinischen META (Abl. Pl. METIS).

Die ganze von Norden nach Süden verlaufende Sprachgrenze ist durch die Ausbreitung der ripuarischen Franken nach Westen hin geschaffen worden. Der Ort Limbourg ist seit dem 15. Jahrhundert romanisch.

Die unmittelbar an der Sprachgrenze gelegene lützenburgische Ortschaft Rodange wird schon in der lateinischen Stiftungsurkunde der Abtei Münster vom Jahre 1083 in romanischer Form *(Rodenges)* genannt.

In Lothringen hat zunächst — bis ins 11. Jahrhundert — das Deutsche einige Fortschritte, grössere hat seit dem 16. das Französische gemacht, woraus sich einige Ortsnamen auf *-ange*, deutsch *-ingen*, und Audun le Tiche, das früher deutsch gewesen sein muss, innerhalb des französischen Sprachgebiets erklären. Im 14. Jahrhundert ist die Gegend um Marange-Silvange, im Anfang des 16. ist Marsal französisch geworden. Von den französischen Sprachinseln ist nach Witte als letzte die Trierer Gegend im 10. Jahrhundert deutsch geworden. Im Ganzen können die Schwankungen nur sehr unbedeutend gewesen sein, da die schon im 9. Jahrhundert bezeugte Doppelnamigkeit von Diedenhofen Thionville (Theodenhove 834, Theodonisvilla 753) den Beweis liefert, dass dieser Ort schon damals der Sprachgrenze nicht fern gelegen war. Nördlich von Metz reichte das Deutsche noch im Anfang des 17. Jahrhunderts westwärts bis Bassompierre Bettstein (Lommerange Lommeringen scheint etwas früher romanisiert), in der Gegend von Château-Salins bis nach Bruchcastel Château-Bréhain und Hüdingen Hampont, westwärts von Saarburg bis nach Rixingen Réchicourt. Auch Alberschweiler und Schirmeck bedienten sich damals der deutschen Sprache. Die Seille oberhalb Marsal, die Saar oberhalb Saarburg flossen auf deutschem Sprachgebiet. Seitdem rückte die Sprachgrenze etwa 5 Kilometer nach Osten, von Deutsch-Oth an der Grenze von Lützenburg bis zum Forste von Remilly, dessen Ostrand als Sprachgrenze konstant geblieben ist. Weiter südlich, von Mörchingen bis zum Donon, ist die Sprachgrenze um 20—25 Kilometer nach Osten gewichen, indem die durch Krieg und Pest entvölkerte Gegend zwischen 1680 und 1720 durch Kolonisten aus dem Westen neu besiedelt wurde.

Auf der Westseite des Wasgenwaldes hat das Deutsche nirgends festen Fuss fassen können und ist in vereinzelten Kolonien, wie Wissembach im Kanton Saint-Dié, längst wieder erloschen. Das Französische reichte schon in früheren Jahrhunderten bis in die Westabhänge des Gebirges, und das «petit méchant village» Bussang an der Moselquelle war nach Montaignes Zeugnis schon damals «le dernier de langage françois».

In der Schweiz spricht die Nähe der Sprachgrenze noch jetzt für die Herleitung des Namens Pfyn frz. *Finge* (zwischen Siders und Leuk) von *Ad finem;* das andere Pfyn (südlich vom Bodensee, im Thurgau zwischen Frauenfeld und Steckborn, an der alten Römerstrasse die von Arbon nach Winterthur führte) ist freilich, wenn es überhaupt einmal romanischer Grenzort gewesen ist, sehr früh dieser Eigenschaft verlustig gegangen.

Ein drittes Pfin (vom rät. *ent Fin*) liegt hart an der thurgauischen Grenze, südwestlich von Muolen im Kanton Gallen.

Nach Morf hat die Sprachgrenze in der Schweiz folgende Schwankungen erfahren. Nördlich dem Oldenhorn ist sie in der Zeit von 600 bis 900 von Osten nach Westen verschoben worden; doch waren um 900 noch Plaffeyen, Murten, Ins, Biel und Bözingen romanisch. Seitdem sind das obere Gérinetal nebst Plaffeyen, die Herrschaft Murten, das westliche Berner Seeland mit Ins Anet als Zentrum, germanisiert worden. Was der Germanisierung Vorschub leistete, war der Übergang der Westschweiz mit der burgundischen Krone an das deutsche Kaiserreich (1032) und im 15. Jahrhundert die Kriege der deutschen Eidgenossenschaft gegen Burgund und Savoyen.

Im 13. Jahrhundert (1273) zog die Sprachgrenze von Murten Morat nach Gümmenen an der Saane und nach Bärfischen Barberêche. Der nördliche Teil dieses Gebiets scheint etwa im Anfang des 16. Jahrhunderts sich germanisiert zu haben. Grissach Cressier und Bärfischen wurden damals fast ganz germanisiert, ja die Sprachgrenze rückte vor bis Ependes Spinz und La Roche, um freilich ein Jahrhundert später wieder nach Osten zurückzuweichen. Ein Schwanken hat besonders in den zweisprachigen Ortschaften stattgefunden, in denen bald das Französische bald das Deutsche überwog. Das anfangs romanische, dann germanisierte Bärfischen ist heute wieder romanisiert.

Das ganze Wallis bis zur Furka war um 700 noch romanisch. Etwa im 9. Jahrhundert wurde das Oberwallis von der Furka bis in die Gegend von Brieg von Deutschen aus dem Haslital in Besitz genommen. Das Gebiet von Brieg abwärts bis zur Lonzamündung (bei Gampel) mit dem Lötschental wurde wahrscheinlich im 12. Jahrhundert germanisiert. Vom 13. bis zum Ende des 15. Jahrhunderts lag die Sprachgrenze im wesentlichen an der Lonza. Im 15. wurde das zu Savoyen gehörige Unterwallis erobert, in Leuk Louèche, Siders Sierre und Sitten Sion und in der Gegend um Leuk die in diesen Orten schon seit dem Anfang des 15. Jahrhunderts nachweisbare deutsche Sprache mehr und mehr befestigt.

Die deutschen Gemeinden auf dem linken Rhôneufer, in dem sogen. Canton des Allemands und südlich vom Genfer See (Neumann, *Sprachgrenze* S. 16, Gröber oben S. 546) haben ihre Sprache, von der noch einige Spuren im romanischen Wortschatz verblieben sind, längst mit der ihrer romanischen Umgebung vertauscht.

Ganz unberechtigt ist die mehrfach geäusserte Vermutung, die Gröber a. a. O. wiederholt, die Deutschen von Gressoney seien erst spät zugewandert: diese Deutschen, die man im Mittelalter Krischeneyer nannte, lassen sich dort schon 1218 urkundlich nachweisen.

Somit hat die Sprachgrenze nur geringfügige Verschiebungen erlitten von dem linken Ufer der vlämischen Lys, wo in Frankreich das Germanische anhebt, bis zu den Ufern der italienischen Lys, wo es aufhört.

C. NATIONALITÄTSGRENZE.

4. Die geringen Schwankungen bedeuten wenig im Vergleich mit der Ausdehnung der an einander grenzenden Nationen. Eine historische Betrachtung der Sprachgrenze lehrt, dass diese einfach die Grenze zwischen Germanen und Kelten fortsetzt und die beiden Nationen noch heute mit überraschender Schärfe scheidet.

Als Cäsar Gallien eroberte, reichten die keltischen Stämme der Morini, Nervii und Menapii am Meere bis an die Mündung der Maas; die Treviri, die freilich von manchen für Germanen gehalten werden, wohnten in der Gegend von Trier. Germanen waren die Condrusi (im heutigen le Condroz) und die Eburones nördlich der Ardennen und der Maas, sowie die Triboci, welche das Elsass eroberten. Die Vernichtung der in Belgien ansässigen Germanen durch Cäsar und die Kolonisierung der von ihnen bewohnten Landschaften durch keltische Stämme hat wahrscheinlich die Romanisierung dieser Gebiete vorbereitet. Im 5. Jahrhundert drangen die salischen und die ripuarischen Franken vor, wodurch die vom Meer aus in westöstlicher Richtung verlaufende Sprachgrenze und ihre nordsüdliche Fortsetzung entstand. Ripuarier und Chatten besetzten im 4. und 5. Jahrhundert Deutsch-Lothringen und Trier, Alemannen das Elsass, und in die verödete Mitte der Schweiz, das sogenannte Üchtland, zwischen die französische und die rätoromanische Schweiz, schoben sich keilförmig Alemannen und Baiern ein.

Der Fall, dass an der Sprachgrenze germanische Völkerschaften sich in alter Zeit zur romanischen Sprache bekehrt hätten, ist nicht nachgewiesen. Vielmehr scheint es, dass das Deutsche nur unter dem Einfluss jener langsam wirkenden Faktoren zurückgewichen ist, unter denen das allmähliche Einrücken und Einheiraten von Romanen und Romaninnen in deutsche Ortschaften für den wichtigsten gelten muss. Solch allmähliches Vorrücken bewirkt zwar eine Verschiebung der Sprachgrenzen, schliesst jedoch mehr eine Ausdehnung des lokalen Gebietes als eine Übertragung der Sprache auf fremdsprachliche Individuen ein.

Somit ist der Schluss gerechtfertigt, dass sich die keltische und die germanische Nationalität noch heute an der Linie von einander abheben, welche die französische und die deutsche Sprache von einander abgrenzt.

D. ZAHL DER SPRECHENDEN.

5. Die Zahl der Einwohner Frankreichs betrug 1901 .	38 961 945
Hiervon bringen wir in Abzug	
Fremde verschiedener Nationen, die sich in Frankreich aufhielten, 1 051 907, die Hälfte der Belgier, 395 498, und Schweizer, 74 735, ungerechnet (1896)	816 791
Zigeuner (Andree 1882)	10 000
Basken (Vinson 1888)	165 286
Bretonen (Zimmer 1898)	1 250 000
Vlamen (Böckh 1870)	176 860
Catalanen (das Département der Ost-Pyrenäen 1901)	212 121
Corsen (das Département Corsica 1901)	295 589
Drei genuesische Dörfer in der Provence (1880) .	1 000
zusammen	2 927 647
Somit bleiben Franzosen in Frankreich	36 034 298
Hierzu kommen	
die Bewohner der normannischen Inseln (1901) .	95 618
die Franzosen Belgiens (1900)	2 574 805
zu übertragen	2 670 423

Übertrag	2 670 423
die Hälfte der zweisprachigen 801 587 + 66 447 und ein Drittel der dreisprachigen 42 889 Belgier	448 313
die Hälfte der Kinder unter zwei Jahren in Belgien	163 848
französische Staatsangehörige in Belgien (1900) .	56 576
die Gegend von Malmedy in Preussen 9050 + Hälfte von 296 (1900)	9 198
drei lützenburgische Dörfer mit 205, 64, 700 (von 1503) Einwohnern 1885	969
Neuhengstett, Pinache, Serres (Waldenserkolonien in Würtemberg) (1901)	80
Friedrichsdorf im Taunus (1904)	296
die französischen Teile von Lothringen und Elsass, 198 318 + 65, dazu die Hälfte der zweisprachigen, 7110 (1900)	201 938
die französische Schweiz (1900)	730 917
die Alpenbewohner Italiens an der französischen Grenze (1861)[1], nämlich: im Bezirk Aosta .	76 736
Bezirk Ivrea 60, Pinerolo 28 021, Susa 15 312, Turin 2538 . . . . zusammen	45 931
Celle San Vito und Faeto (1889)	4 000
Guardia Piemontese (1888)	1 300
	4 410 525
Somit beträgt die Gesamtzahl derjenigen, welche in Europa die französische Sprache oder eine französische oder provenzalische Mundart als Muttersprache reden, etwa	40 444 823

Ausserhalb Europas wird das Französische in Kolonien gesprochen, die über alle Weltteile zerstreut sind[2]. Manche dieser Kolonien, wie die in Nordamerika, sind heute vom Stammlande unabhängig. Von den Kolonisten und Staatsbeamten aus ist das Französische oft auch auf die Eingeborenen oder Neger übergegangen, und von diesen durch lautliche Umgestaltung und grammatische Vereinfachung in ein Creolisches Französisch verwandelt worden; so besonders in Louisiana, auf Haïti und den Antillen, in Guyana, auf den Inseln Réunion und Mauritius. In Nordamerika hat sich für manche geographische Namen, wie Chicago und Michigan (beide mit französischem *ch*), wie Illinois (mit stummem *s*), die Aussprache der französischen Kolonisten überhaupt eingebürgert.

Die Zahl der Französischsprechenden in den Kolonien ist schwer zu ermitteln. Brunot bei Petit de Julleville, *Histoire de la langue* VIII, 862 (1900) giebt folgende Zahlen an:

A. Vom Stammland abhängige Kolonien

Saint-Pierre und Miquelon	6 000
Guadeloupe	167 000
Martinique[3]	190 000
zu übertragen	363 000

[1] Die von Gaidoz angeführten Zahlen weichen ab. Ich finde sie nicht in der von ihm citierten Quelle, die gar nicht bis S. 764 reicht.

[2] Vgl. auch oben S. 544.

[3] Der vulkanische Untergang der Stadt Saint-Pierre am 8. Mai 1902 ist hierbei noch nicht in Rechnung gesetzt.

Übertrag	363 000
Réunion (Bourbon)	168 000
Algier und Tunis	322 000
B. Vom Stammland unabhängige Kolonien:	
Canada (1893)	1 473 322
Louisiana	80 000
Haïti und Antillen	1 000 000
Mauritius (Ile de France) und Seschellen	350 000
	3 756 000

wobei Guyana, Madagascar, Cochinchina, Tonkin u. a. noch gar nicht gerechnet sind.

Allgemeines.

Gothaischer geneal. Hofkalender 1904, S. 614, 684 f., 761. — Einige Aufsätze in Paul Langhans' Zeitschrift «Deutsche Erde», 1902—1904. — Brachelli, *Die Staaten Europa's*, 4. Aufl., Brünn 1884, S. 30, 35. — R. Andree, *Die Völkergrenzen in Frankreich*, im Globus, Bd. XXXVI, S. 6, 25 (1879), mit Karten. — Gaidoz in der *Revue des questions historiques* XVI, 228, 1874. — de Mortillet, *Formation de la nation française*, Paris 1897, S. 156 f. — Gallois, *Les limites linguistiques du français*, in den *Annales de géographie*, Bd. IX, 15 mai 1900, S. 211 f. mit 6 Karten, die bei Petit de Julleville, *Histoire de la langue* VIII reproduziert sind.

Sprachgrenzen innerhalb Frankreichs.

a) Nach dem Baskischen:

Luchaire, *Etude sur les idiomes pyrénéens*. S. 97 f., 347 f. (1879), mit Karte.

b) Nach dem Bretonischen:

Sébillot in den *Bulletins de la Société d'anthropologie de Paris*. Année 1878, S. 236—247 und in der *Revue d'ethnographie*, 1886 V, S. 1. — E. Windisch, Artikel *Keltische Sprachen*, in Ersch und Grubers Encyklopädie, S. 179 (1884). — H. Zimmer in den *Preussischen Jahrbüchern*, Bd. 99, 1898, S. 470. — Comte Régis de l'Estourbeillon, *Groupement des populations de l'Armorique*, im *Bulletin de la Société archéologique de Nantes*. Band XIX, 1881, mit Karte.

c) Nach dem Catalanischen:

Hovelacque, *Limite du catalan et du languedocien*, in der *Revue mensuelle de l'Ecole d'anthropologie de Paris* I, 1891, S. 143 f.

d) Nach dem Vlämischen:

Bulletin de la Commission historique du Département du Nord, III, 51 (1845), mit Karte. — *Messager de sciences historiques*, Gand 1858, mit Karte (= *Annales du Comité flamand de France*, III, S. 377, 1857). — A. Courtois, *L'ancien idiome audomarois*, 1856 (auch in den *Mémoires de la Société des Antiquaires de la Morinie*, XIII, 1869).

Verlauf der Sprachgrenze ausserhalb Frankreichs.

a) In Belgien:

Karl Brämer, *Nationalität und Sprache im Königreiche Belgien*, Stuttgart 1887, mit Karte.

b) Im Deutschen Reich:

Böckh, *Der Deutschen Volkszahl und Sprachgebiet*, 1870. — R. Andree, *Allgemeiner Handatlas* (1881), Karte 21 und 49 (die Sprachkarten blieben später hinweg, so in der 4. Aufl. von 1899). — Böckh, *Sprachkarte vom Preussischen Staat* (1864). — Hans Witte, *Deutsche und Keltoromanen in Lothringen nach der Völkerwanderung*, Strassburg 1892. *Das deutsche Sprachgebiet Lothringens*, Stuttgart 1894. *Zur Geschichte des Deutschtums im Elsass*, Stuttgart 1897. — *Petermann's Mitteilungen*, 1875, Tafel 17 (reproduziert die Kiepertsche Karte, vgl. oben S. 542).

c) In der Schweiz:

H. Morf, *Deutsche und Romanen in der Schweiz*, Zürich 1901. — Tappolet, *Über den Stand der Mundarten in der deutschen und französischen Schweiz*, Zürich 1901. — Zemmrich, *Verbreitung und Bewegung der Deutschen in der französischen Schweiz*, Stuttgart 1894.

d) In Italien:

Statistica del regno d' Italia. Popolazione, censimento generale (31 dicembre 1861) III, 1866, S. XXXVIII, 204. — Ascoli im *Archivio glottologico italiano* VIII, 99 (1882), wozu man die Karte von Biondellis *Saggio sui dialetti gallo-italici* (1854) benutze. — L. Neumann, *Die deutsche Sprachgrenze in den Alpen* (1885), mit Karte. — Salvioni, *I dialetti alpini d'Italia*, in La Lettura, Mailand 1901, S. 715 f. — Gaidoz, *Les vallées françaises du Piémont*, in den Annales de l'Ecole libre des sciences pol. 1887, S. 53 bis 86. — W. Förster in den Gött. gel. Anz. 1888, Nr. 20, 21. — L. Funel, *Les parlers populaires du département des Alpes maritimes*, im Bulletin de géographie historique et descriptive du Comité des travaux historiques et scientifiques, année 1897, S. 299 f. — Zuccaro, *Le colonie prov. della Capitanata*, in den Atti del congresso di scienze storiche, Rom 1903 (mir nicht zugänglich).

Die Litteratur über das koloniale und creolische Französisch hat Coelho besprochen im *Boletim da Sociedade de geographia de Lisboa*, 1881 S. 180 f., 1882 S. 478 f., 1886 S. 705 f. Ich füge hinzu Baissac, *Le Folk-lore de l'île Maurice, texte créole et traduction française*, Paris 1888. — Vgl. auch Foncin, *La langue française dans le monde*, Paris 1900 und das *Bulletin du parler français au Canada* (seit 1903).

Weitere Litteratur teilt Gröber mit (oben S. 542). Bei den statistischen Angaben hat mich mein Kollege Herr Dr. jur. et phil. Albert Hesse freundlich unterstützt.

2. LAUTLICHE ENTWICKLUNG DER SCHRIFTSPRACHEN.

Als Ziel muss der Sprachgeschichte eine Darstellung vorschweben, welche die einzelnen sprachlichen Veränderungen in streng chronologischer Ordnung aufführt und bei einer jeden auch das von derselben betroffene räumliche Gebiet zu bestimmen und zu umgrenzen sucht. Eine solche Darstellung ist bis jetzt nicht versucht worden und lässt sich auch innerhalb der einem Grundriss der romanischen Philologie gesteckten Grenzen zur Zeit nicht ausführen. Wir ordnen daher die sprachlichen Veränderungen nach andern Gesichtspunkten.

Es haben sich im Mittelalter in Frankreich zwei Mundarten zu Schriftsprachen herausgebildet, die eine im Norden, die andere im Süden. Die litterarischen Denkmäler, die uns aus dem 11., reichlicher erst aus dem 12. Jahrhundert erhalten sind, zeigen, dass die Bildung dieser mit keiner Mundart sich total deckenden, sondern aus der Ausgleichung mehrerer mundartlicher Züge hervorgegangenen Schriftsprachen den Anfängen der zusammenhängenden Litteratur vorausgegangen ist. Die Ausgleichung hatte sich zunächst im höheren Verkehr vollzogen, bevor sie in der Schrift zum Ausdruck kam.

Die französische Litteratur feierte, wenn von der nur im Gesange lebenden oder doch in Handschriften uns nur getrübt überlieferten Heldensage abgesehen wird, ihre erste Blüte am Hofe der anglonormannischen Könige, von der Zeit Heinrichs I. bis zur Zeit Heinrichs II. und seiner Söhne. Die Schriftsteller dieses Kreises haben sich einer Sprache bedient, die nur geringe mundartliche Schattierung zulässt und daher als eine einheitliche Sprache, als Schriftsprache, bezeichnet werden darf. Die Verschiedenheiten, die sich in der Handhabung dieser Sprache zeigen, beruhen fast nur auf Lautveränderungen, wie sie dieselbe sprachliche Form im Munde der jüngeren Generation zu erleben pflegt, oder auf der jenseits des Kanals etwas anders als diesseits desselben gestalteten Aussprache. Schon im Anfang des 12. Jahrhunderts lässt sich eine anglonormannische Gruppe von einer kontinentalen Gruppe von Schriftstellern sondern, von denen jene von Anfang an *ie* und *e*, *ue* und *u* (in beiden Fällen durch Monophthongierung des Diphthongs), *ein* und *ain* vermischt, die Kongruenz des prädikativen Adjektivs vernachlässigt und den Akkusativ häufig in der Bedeutung des Nominativs gebraucht, lauter Eigentümlichkeiten, die sich auf englischem Boden bald nach der Eroberung herausgebildet hatten und die der Sprache der kontinentalen Dichter zunächst fremd blieben. Das Anglonormannische hat sich sodann allmählich weiter und weiter von der Sprache des Kontinents entfernt. Ein wichtiger Wandel, der sich bald nach der Mitte des 12. Jahrhunderts vollzogen hat, ist die Angleichung der Infinitive auf *eir* (*aveir* HABERE) an die Infinitive auf *er* lat. ARE (*aver*).

Ungeachtet dieser Abweichungen ist unverkennbar, dass die Litteratursprache der kontinentalen und der anglonormannischen Dichter dieselbe mundartliche Grundlage hat, welche die älteste erreichbare Gestalt der französischen Schriftsprache für uns darstellt. Wir nennen diese die normannische, doch soll damit nicht gesagt sein, dass sie einer Mundart der Normandie entspricht; vielmehr liegt ihr wahrscheinlich die Mundart des Herzogtums Francien zu Grunde, von der sie sich nur in wenigen prinzipiellen, der Normandie angehörigen Zügen entfernte. Die francische Mundart in ihrer einheimischen, von fremden Beeinflussungen unberührten Form ist zwar auch im 12. Jahrhundert litterarisch verwendet worden (z. B. in der Mort Aimeri de Narbonne, dem Thomasleben Garniers von Pont-Sainte-Maxence), doch sind uns Handschriften aus dieser Zeit nicht erhalten. Erst kurz vor der Mitte des 13. Jahrhunderts tauchen Texte auf, die, in Paris oder der Umgegend von Paris geschrieben, uns die dort gesprochene, allmählich zur Schriftsprache von ganz Frankreich entwickelte Mundart in annähernder Reinheit zeigen.

Bis jetzt sind wir zur vollen Klarheit über die Bildung der französischen Schriftsprache ebensowenig gelangt wie über die Entstehung der provenzalischen. Beide haben unter dem Einfluss mundartlicher Abweichungen Wandlungen durchgemacht: wenn z. B. die älteren Troubadours Formen wie *chivau, mau, ostau,* für *chival, mal, ostal,* im Reime anwenden, so sind gegen Ende des 12. Jahrhunderts derartige Formen verpönt und werden von dem Grammatiker Raimon Vidal (S. 86) getadelt. Es ist noch nicht festgestellt, weshalb er das s. g. *Dreg Proensal* (das gebildete, schriftgemässe Provenzalisch) vor allem mit der limousinischen Mundart identifizieren möchte, neben welcher er auch die Mundarten von Auvergne, Quercy und Provence will gelten lassen (S. 70); vielleicht weil das Limousinische die alte Deklination, die im 13. Jahrhundert den Dichtern aus südlichen Landschaften Schwierigkeiten machte, länger rein erhielt.

7. Fassen wir nun die lautliche Gestaltung dieser Schriftsprachen näher ins Auge[1].

[1] Ein Accent hinter einem Konsonanten bezeichnet im Folgenden dessen Mouillierung. *k'*, *g'* bezeichnet palatale Aussprache von *k*, *g*. Mit *ọ* und *ẹ* bezeichne ich, wie sonst im Grundriss geschieht, die geschlossenen Laute, mit *ǫ* und *ę* die offenen, mit *ạ* tiefes, *o* ähnliches *a*. Einen Laut, der dem Ausfall oder Abfall unterliegt, klammere ich ein: PE(N)SU(M), BON(O)S.

Ich schicke die Bemerkung voraus, dass es Lautveränderungen, die gerade das Gebiet der französischen und provenzalischen Mundarten umfassten, nicht giebt: entweder geht deren Wirkung über die Alpen oder die Pyrenäen hinaus, oder sie umfasst nur einen Teil des romanischen Galliens.

Wir unterscheiden vorläufig ausser den französischen Mundarten im Norden und dem Gros der provenzalischen Mundarten im Süden das Gascognische im Südwesten und das Mittelrhônische (Franco-provenzalische) im Osten im weiteren Umkreise von Lyon.

A. BIS INS 12. JAHRHUNDERT.

α. Betonte Vokale.

8. In der Entwicklung der betonten Vokale sind eine Zeit lang die Sprachen Frankreichs zusammengegangen. Wenn von den wenigen Veränderungen abgesehen wird, welche die provenzalischen Vokale vor folgendem Nasal erleiden, so repräsentiert der provenzalische Vokalismus eine Stufe, die auch der französische einmal durchlaufen haben muss.

Diese Veränderungen sind von ten Brink auf eine Dehnung der kurzen betonten Vokale in freier Silbe zurückgeführt worden, auf die auch die Umwandlungen der spätlateinischen Metrik hindeuten. Die Dehnung der Vokale in freier Silbe brachte für *a* zunächst keine wesentliche Klangänderung mit sich. Freies *ụ* (lat. *ŭ*) und freies *ị* (lat. *ĭ*) gingen, weil die für einen kurzen Zeitraum verwendete Kraft nunmehr für einen längeren ausreichen musste (nach Canellos Erklärung), durch Herabsetzung ihrer Artikulation in *ọ̄* und *ẹ̄* über. *ǫ* und *ę* (auch lat. *ae*) bekamen bei der Dehnung zweigipfligen Accent (*ǫ́ǫ̀, ę́ę̀*), der die Verstärkung des betonten Teiles (*ǫo, ęe*) und die Entwicklung der Diphthonge *íe* und *úo* zur Folge hatte. *íe* verlegte den Accent auf den zweiten Bestandteil, das vollere *e*, ebenso *uo*, nachdem der zweite Teil dieses Diphthongs, im Französischen ziemlich durchgehends, im Provenzalischen wenigstens mundartlich, zu *e* abgeschwächt worden war (*ue*). Ein Unterschied bestand aber bei *ue* auch in Bezug auf die Aussprache des ersten Bestandteils, der in einem Teile Nordfrankreichs mit *o* wechselt (*poet, puet* POTEST), also wie *ọ* lautete, im Süden aber, und so auch im Lothringischen, den Laut *ü* hatte. Unabhängig von der Dehnung der Tonvokale hat die Diphthongierung von *ǫ* und *ę* vor mouillierten Lauten stattgefunden.

Der Norden hat überhaupt die Diphthongierung allgemeiner als der Süden durchgeführt. Im Provenzalischen ist sie nur in folgenden Fällen eingetreten: 1) vor *i* und mouillierten Konsonanten: *uoi uei* HODIE frz. *uei ui, puoissas pueissas* POSTEA frz. *pueis puis, nuoit nueit nuoch nuech* NOCTEM frz. *nueit nuit, fuolha fuelha* FOLIA frz. *fueille, miei* MEI frz. *miei mi, ieis* EXIT frz. *ieist ist, lieit liech* LECTUM frz. *lieit lit, vielhs* VETULUS frz. *vielz;* 2) vor mouilliertem *r*, das im Auslaut gewöhnlich die Mouillierung einbüsst: *muoira mueira* MORIAR frz. *mueire muire,* aber *muer* MORIOR frz. *mueir muir, cuer* CORIUM frz. *cueir cuir, quieira* *QUAERIAM, aber *quier* *QUAERIO, *mestier* MINISTERIUM frz. *mestier, ier* HERI frz. *ier.* 3) vor *u* oder *v: buou bueu* BOVEM frz. *buef, prueva* PROBAT frz. *pruevet, mueva* MOVAT für MOVEAT frz. *muevet, mieu* MEUM, *brieu* BREVEM, hierher auch *ieu* EGO, *Juzieua* JUDAEUM + *a.* 4) vor *c* in FOCUM LOCUM JOCUM COCUM CROCUM prov. *foc fuoc fuec, loc luoc luec, joc juoc juec, coc cuoc cuec, groc gruoc gruec,* wozu wohl *suegre* SOCRUM und *suegra* SOCRAM zu stellen sind.

Diese Formulierung schliesst sich im Wesentlichen an Voretzsch an (in Forschungen zur romanischen Philologie, Halle 1900, S. 575f.), der auch die entgegenstehenden Fälle zu erklären sucht. Ich glaube, dass nach der Analogie von 1. Sg. *vuelh* VOLIO 3. Sg. *vol, muer* MORIOR 3. Sg. *mor* auch die 1. Sg. *truep* (von *trobar*) den Diphthong erhielt, und dass nach Fällen wie 1. Sg. *fier* FERIO 3. Sg. *fer* dann *quier* QUAERO 3. Sg. *quer* und *sieç* SEQUOR 3. Sg. *sec* durch den Diphthong unterschieden wurden. Vor *nh* findet die Diphthongierung des ĕ nicht statt: *venha* VENIAT frz. *viegnet,* wohl aber die des ŏ: *luenh* LONGE, *cuenhde* COGNITUM. Überhaupt zeigt die Sprache neben der Form mit dem Diphthong in den meisten Fällen auch den einfachen Vokal.

Auch darin gingen die Sprachen Frankreichs zusammen, dass sie gedecktes ĭ und ŭ, die wohl von Anfang an offne Aussprache gehabt haben, zu ẹ und ọ werden liessen.

Endlich haben sie das lateinische ū, wenn es betont war, in ü umgelautet. Dieser Umlaut erstreckt sich auch über das rätoromanische Gebiet ostwärts bis zum Avisiotal und zum Gaderatal, für welches letztere Gartner lombardische Einwirkung vermutet; ferner über ganz Piemont, über das Gebiet der ligurischen und lombardischen Mundarten und über Teile der Emilia. Andererseits giebt es zwei Gebiete heutiger Volksmundarten, die ungeachtet ihrer sprachlichen Zugehörigkeit zu Frankreich das lateinische ū wie *u* aussprechen, beide hart an der Grenze des deutschen Sprachgebietes:

a) ein Gebiet im äussersten Nordosten des Romanischen, das sich von Waremme südwärts bis Marche und Bastogne erstreckt und als grösste Stadt Lüttich einschliesst. Beispiele: aus Lüttich *rivnou (revenu), pierdou (perdu), touwé (tué),* aber *ine (une);* aus Malmedy *one (une), fout (fut)*[1].

b) die beiden östlichsten Täler des romanischen Wallis, die Vallée d'Hérens und das Val d'Anniviers oder Einfischtal. Beispiele aus jenem: *nuk* (mit lat. *u*) NUDUM, *mou* (mit diphthongischem *ou*) MATURUM.

Ascoli und andre vor ihm haben den Übergang des ū in ü auf eine keltische Eigenheit zurückführen wollen, da auch im Kymrischen ū zu ü und sogar weiter bis zu *i* vorgeschritten ist. Vgl. Ascoli, Miscellanea in memoria di Caix e Canello 444.

Gegen diese Erklärung Ascolis ist zwar manches eingewendet worden, doch hat sie auch heute noch die grösste Wahrscheinlichkeit für sich.

Meyer-Lübke, Gr. I S. 70 freilich hält den Lautwandel für so spät, dass er auch im 11. Jahrhundert noch nicht ganz durchgeführt gewesen sei. Bonnard und Salmon, *Grammaire sommaire de l'ancien français,* 1904, S. 67 lassen ihn sogar erst im Ende des 11. Jahrhunderts eintreten. Mich dünkt, dass hierbei ein Grundprinzip der romanischen Lautentwicklung ausser Acht gelassen ist; denn das diesem Lautwandel unterliegende Wortmaterial liefert den Beweis, dass er zu einer Zeit eingetreten sein muss, wo die lateinische Vokalquantität noch intakt war (bis auf gewisse Fälle, die sich entsprechend auch bei dem ū parallel gehenden ī wiederfinden). Folglich kann er nicht später eingetreten sein als im 4. Jahrhundert n. Chr. Wenn die Catalanen und nördlichen Anglonormannen für ü wieder den lateinischen Laut eingeführt haben, so handelt es sich um Lautsubstitutionen unter dem Einfluss fremder Lautsysteme. Wenn es bei Bonnard-Salmon heisst: ū, après avoir sans doute passé par un son intermédiaire, est devenu ü, so wird der Wert unserer phonetischen Zeichen verkannt. Unser ü ist

[1] Vgl. hierzu Horning im Litbl. 1892, 342.

keine haarscharfe Bezeichnung, sondern umfasst eine Reihe ähnlicher Vokale. Dass *ü* von Anfang an ein sehr dunkler Laut gewesen ist, glaube auch ich. Allenfalls könnte auch einer der von Sievers, *Phonetik* § 248, 257, beschriebenen gemischten Vokale in Betracht kommen; dann ist allerdings verwunderlich, dass keine Mundart des weiten Gebietes einen solchen Laut überliefert. Dafür dass der «son intermédiaire» im 11. und nicht etwa schon im 1. oder 2. Jahrhundert den Wandel zu frz.-prov. *ü* durchgemacht hätte, fehlt der Beweis, und was a. a. O. über die allmähliche Ausbreitung des *ü* gesagt wird, ist aus der Luft gegriffen.

Was sonst von Einflüssen des Keltischen auf die Lautgestaltung des Romanischen angesetzt worden ist, hat im Ganzen geringe Sicherheit. Merkwürdig ist die (nach D'Arbois de Jubainville) keltische Betonung TRÍCASSES DURÓCASSES fz. *Troyes Dreux,* vgl. NEMAUSUS *Nîmes* und überhaupt hierzu Meyer-Lübke, *Die Betonung des Gallischen,* Wien 1901.

Ich schliesse hier gleich andere Fälle des Umlauts an, auf welche dieser Terminus der deutschen Philologie noch besser passt, da es sich um die Einwirkung eines nachtonigen *i* handelt.

Ob CERESIA aus CERASEA (Voc. I, 192) hierher gesetzt werden darf, ist zweifelhaft: es könnte Umdeutung wegen CEREUS in *CEREASEA logud. *keriasa* in Frage kommen. Andere Arten des Umlautes hat W. Foerster in der Zeitschrift für Rom. Phil. 3, 481 behandelt (hierzu Schuchardt 4, S. 113, Voretzsch a. a. O. S. 635 f.); Foerster war der erste, der das Wirken des Umlautes im Romanischen im weiteren Umfange nachwies. Vielleicht gehören hierher A(U)GURIUM prov. *agur* frz. *aür oür,* FUGIT prov. *fug* frz. *fuit* (aber Inf. afrz. *foïr*), COGITAT prov. *cuida* frz. *cuidet,* ŌSTIUM prov. frz. *uis us,* ANGUSTIA nur pic. *anguisse* (sonst *angoisse*), Fälle, in denen romanisches *i* folgt. Am entschiedensten wirkt auslautendes *ī:* TUTTI prov. frz. *tuit.* Ein *i* ist durch das *ī* der Endung gehalten worden in VINTI prov. fz. *vint* (gegen TRENTA)[1], im Nom. Pl. *ist cist il cil* aus ISTI ECCISTI ILLI ECCILLI (und nur im Französischen im gleichlautenden N. Sg. aus ISTIC ECCISTIC ILLIC ECCILLIC), in FECISTI DIXISTI VOLUISTI prov. *fezist dissist volguist* frz. *fesis disis volis* (vgl. 46), ferner in der 1. Sg. Pf. prov. *fis* FĒCI, *pris* PRE(N)SI, *fui* FUI, 2. Sg. *fust* (Matth. 25, 21. 23) FUISTI (aber die 3. Sg. lautet *fetz, pres, fo*). Das Französische hat, nach Neumanns Auffassung, den umgelauteten Vokal in sämtliche stammbetonten Formen der genannten Verba, auch in das Part. Pf. *pris,* eingeführt.

9. Die wenigen Lautveränderungen, welche spezifisch provenzalisch sind, betreffen die Aussprache von *a e o* vor freiem *n*: die drei Vokale nahmen die geschlossene Aussprache an *(pạn, bẹn, bọn), ę* auch vor gedecktem *n (dolęnt), o* vor gedecktem *n* im Limousinischen und der prov. Litteratursprache. Auf einem umfangreichen Gebiete des Südens konnte isoliertes *n* im Auslaut abfallen (*pa* neben *pan, be* neben *ben, bo* neben *bon*); vgl. Karte VII. Man nennt dieses *n* das lose oder indifferente.

Von den französischen Lautveränderungen schicke ich diejenigen voran, die auch das Mittelrhônische teilt.

au ist im Provenzalischen bis auf den heutigen Tag im allgemeinen rein erhalten, im Französischen und Mittelrhônischen aber zu *ǫu,* vor Konsonanten zu *o* geworden, z. B. *causa* mrh. *chosa* frz. *chose.*

---

[1] Da VINTI und TRENTA oft genug belegt sind, bedurfte es nicht weiter einer Motivierung, die Rydberg bei mir vermisst (Mélanges Wahlund S. 343). Dass VINTI erst über *vęnti* zu fz. prov. *vint* geworden wäre, wie Rydberg glaubt, ist nicht nötig anzunehmen.

ā (lat. *ā*, *ă* in freier Silbe) ist im Französischen vor *m* und *n* zu *ai* geworden: PANEM *pain* prov. *pa(n)*, EXAMEN *essaim* prov. *eissam*. (Das Mittelrhônische schwankt.) Vorhergehendes palatales *c* oder *y* verhinderte den Lautübergang: CANEM *c'an*, daraus *chien*, prov. *ca*, PAGANUM *paian*, daraus *paien*, prov. *paga(n)*.

Sodann liessen der Norden und das Mittelrhônische *ē* in *ei* und parallel *ō* in *ou* übergehen. Einige Worte hatten vorher *ẹ* in *i* gewandelt, in der Regel unter Einfluss eines Palatals: *cire* CERAM vgl. mrh. prov. *ciri*, RACEMUM *raisim* mrh. *raysin* prov. *razim;* andere hatten *ọ̄* vorher zu *ū* verkürzt: frz. *mustret* MO(N)STRAT, *duze* DUODECIM, *custet* CONSTAT, *cusdre* CONSUERE. Weshalb JUGUM frz. *joug* eine Ausnahme macht, ist noch unerklärt.

Der Parallelismus von *ei* und *ou* ist kein vollständiger: *ei* trat auch vor *m* und *n* ein (STRENAM frz. *estreine*, jetzt *étrenne*), wo *ou* nicht vorkommt. *ei* wurde allgemeiner durchgeführt als *ou*, das in manchen Landschaften nur unter bestimmten Bedingungen entstand.

ei trat aber auch auf einem weit grösseren Gebiete als *ou* ein, das dem Westen unbekannt blieb. Dieser zeigt *ou* nur in den wenigen Fällen, in denen es in eine weit frühere Zeit hinaufreicht, nämlich in *dous* DUOS, *toue* TUAM, *soue* SUAM, *lou* LUPUM.

Ein paar Jahrhunderte später sind dann die Bestandteile der Diphthonge *ei* und *ou* dissimiliert worden zu *oi* und *eu*. Auch hier decken sich die beiden Gebiete nicht; der Westen hat *ei*, der Osten (das Wallonische, Lothringische und Mittelrhônische) *ou* beibehalten. *oi* ist in Paris erst im 13., *eu* wahrscheinlich schon im 12. Jahrhundert durchgeführt worden.

Diese Diphthongierungen sind bereits spezifisch französisch. Ebenso die Tonerhöhung des *ā*. Dieselbe ist von Ascoli und Paul Meyer mit Recht als wichtigstes Merkmal zur Einteilung der romanischen Mundarten Galliens benutzt worden. Der Wandel stellte sich zuerst hinter Palatalen ein, und dieser Zustand wurde von dem Mittelrhônischen festgehalten. Beispiele aus Lyon: *taillier pleydier*, aber *alar assemblar*. Französische Beispiele: *amād* AMATUM zu *amed*, *nas* NASUM zu *nes*, *pa(d)re* PATREM zu *pe(d)re*. Vor *l* schwankt die Sprache: *mal tal*, *mel tel*. Wo im Französischen *a* nicht zu *e* wurde, darf vorhergegangene Kürzung vermutet werden *(amas amat as at vas vat va);* so auch vor *i* und vor dem *i*-Vorschlage mouillierter Laute: *amai* AMAVI, *esclar'at* EXCLARIAT; in den Endungen *able* und *abde* (*amable* AMABILEM, *sa(b)de sade* SAPIDUM).

ā wurde im Französischen zu *ie*:

1. hinter *i̯*: *païier* PACARE, *preïier* PRECARI.

2. hinter den Palatalen *c*, *ch*, *g*: *noncier* NUNTIARE, *chacier* CAPTIARE, *chien* CANEM, *chier* CARUM, *vengier* VINDICARE, *nagier* NAVIGARE.

3. hinter den mouillierten Konsonanten: *moillier vergoignier, laissier baisier pitié aidier aïrier amistie(d) acointier;* auch hinter *śm* und *śn*: *aproismier*, *maisniee*.

e und *ie*, die anfangs offen lauteten, sind dann später zu *ẹ* und *iẹ* erhöht worden.

Wo betontes *ĕ* oder *ŏ* mit *i* zusammentraf, entstand der Triphthong *iei* oder *uei*, z. B. *lieit* LECTUM, *nueit* NOCTEM. Ein Gebiet im hohen Norden, das noch Paris einschliesst, hat diese Triphthonge zu *i* oder *ui* vereinfacht: *lieit* zu *lit*, *nueit* zu *nuit*. Vgl. Karte XII.

Die nasalen Vokale, an denen die französische Sprache noch jetzt so reich ist, unterscheiden sich von den gewöhnlichen bekanntlich dadurch, dass bei jenen das Gaumensegel gelockert ist. Im Altfranzösischen hat die Nasalierung einen noch grösseren Umfang gehabt als gegenwärtig, da sie nicht nur vor gedecktem und auslautendem *m* und *n* (wie noch heute), sondern auch vor dem mouillierten, geminierten und einfachen Nasal eintrat, z. B. in den Worten *Bretaigne, femme, aimet, peine,* sogar in *blasme*. Eine Ausnahme macht die unbetonte Endung der 3. Pl. *(ent),* in der die Nasalierung nicht stattgefunden hat.

Über die Frage, wann jene Lockerung des Gaumensegels eingetreten ist, gehen die Meinungen zur Zeit noch aus einander. Gaston Paris glaubte aus der Bindung eines Vokals vor *n (fin)* mit demselben Vokal vor anderen Konsonanten *(amis)* in assonierenden Dichtungen den Schluss ziehen zu dürfen, der betreffende Vokal sei vor *n* noch nicht nasal gewesen. Die Prämisse dieses Schlusses, welche die Ansicht involviert, im Altfranzösischen sei die Bindung eines nasalen Vokals mit dem entsprechenden nichtnasalen (oralen) verpönt gewesen, steht auf schwachen Füssen, und so zögere ich nicht, Diez Recht zu geben, der die Nasalierung des *o* schon für das 9. Jahrhundert ansetzt (I, 448). Ich glaube, dass sämtliche Vokale zugleich von der Nasalierung ergriffen wurden[1]. Wenn nasales *e* und *a* im Altfranzösischen niemals mit reinem *e* und *a* gebunden werden, so war die durch die Nasalierung bewirkte abweichende Klangfarbe, nicht aber die Nasalierung als solche das Hindernis. Die Nasalierung vertiefte den Klang der Vokale *ǫ, a, ę, ẹ* der Art, dass *ǫ* mit *ọ* (vor *nd* war *ŏ* im Vulgärlatein überhaupt geschlossen: *respọnt* RESPONDET), dass *ẹ* mit *ę* vor Nasalen identisch wurden; daher afrz. *mọnt* MONTEM, *sọme* sauma SAGMA, *ęnz* INTUS.

β. Unbetonte Vokale.

10. Bei den wichtigsten Veränderungen, welche die unbetonten Vokale betroffen haben, handelt es sich um deren Existenz. Die Sprachen haben ganz allmählich mit den Gleitworten *(sdruccioli)* aufgeräumt und anfangs durch dieselben Mittel, später auf verschiedene Weise, aus ihnen Paroxytona gemacht. Manche derartige Fälle sind schon lateinisch wie CALDUS, FRIGDUS, VIRDIS, DOMNUS, LAMNA, ALTRUM (Bücheler, Grundriss S. 26), ASPRUM App. Probi, MASMA aus MAXIMA (Rom. I. 95, aus dem 2. Jahrhundert). In anderen gehen die Sprachen Frankreichs zusammen wie *almosna* (an ALERE angelehnt) aus ELEEMOSYNA, prov. *clergue* frz. *clerc* CLERICUM, prov. frz. *amable* AMABILEM, *net* NITIDUM (aber mrh. *nede*), prov. *dopta* frz. *doute* DUBITAT, prov. *colpa* frz. *coupe* COLAPHAT. In anderen hat das Französische früher synkopiert als das Provenzalische, prov. *pieuze* frz. *puce* PULICEM (*c* wurde nur zwischen Vokalen erweicht), prov. *deuda* frz. *dete* DEBITA (auch *t* wurde nur zwischen Vokalen zu *d*), prov. *tebe* frz. *tiede* TEPIDUM, prov. *tebeza* frz. *tiede* TEPIDAM, prov. *jonher* frz. *joindre* JUNGERE, prov. *joven* frz. *juevene* JUVENEM. Als die unbetonten Endungsvokale fielen, hat das Französische die Gleitworte verschont: offenbar war die vorletzte Silbe bereits derart abgeschwächt, dass sie nur als Nebensilbe empfunden wurde. Das Provenzalische liess den Auslaut von *tebedo, jonhere, jovene* so gut abfallen wie den von *amado, vedere, pane*: offenbar war die Betonung der Gleitworte eine absteigende: prov. *tébèðo tébèð tebe,* aber frz. *tiebedò tiebdò tiede*.

Der Abfall der Endvokale hing, nach Darmesteters Formulierung (Romania V. 140), mit dem Ausfall der vortonigen Vokale zusammen. Es

[1] Ich verweise auf die trefflichen Ausführungen Rydbergs im Jahresber. VI, 229 (wo indessen zwischen Nasalität und Klangfarbe nicht streng genug geschieden wird).

fielen ab oder aus *u, o, e, i* (nicht *a*), sobald sie unmittelbar hinter der betonten oder nebentonigen Silbe standen und für die Aussprache nicht absolut nötig waren: ÀMBU-LÁRE prov. *amblar* frz. *ambler* oder, da hier die gleitende Betonung des Präsens (ÁMBULAT) mitspielt, RÀDICÍNAM prov. *razina* frz. *racine*, ÀDJUTÁRE prov. *aidar* frz. *aidier*.

In VÀLĒR(E)-(H)ÁBEO ist der Ausfall des *ē* ganz regelmässig, und es ist nicht nötig, aus *valrai valdrai* einen Infinitiv *VALĔRE zu rekonstruieren.

Im Französischen blieben die Endungen vollsilbig nicht nur in den auf der drittletzten betonten 1. Pl. Ind. Perf., wie *chantames sentimes* und in einigen präsentischen Formen wie *faimes dimes*, sondern unter deren Einfluss auch in der 2. Pl. *chantastes sentistes*, *faites dites*. Auch *somes estes* schlossen sich an, sowie *fumes* (mit *u* aus lat. *ui*) und *fustes*.

Im Provenzalischen blieb der Vokal der Endung, wenn er von *s* eingeschlossen war: *florisses* FLORESCIS, *verses* Acc. Pl. VERSUS, *falses* FALSUS[1].

Auch die Pronomina *lo* und *los* verloren *o*, sobald die vorhergehende Silbe betont war und vokalisch auslautete: EGO (IL)LUM fz. *jó lo jol*, prov. *eu lo eul* oder *ieu lo iel*, QUI (IL)LOS frz. *kí los kils* dann *kis* prov. *quí los quils*. Im Provenzalischen werden auch *me, te, se, nos, vos* in dieser Weise verkürzt (im Französischen *me, te, se* nur in der ältesten Zeit).

Ähnlich verschmilzt der Artikel mit den Präpositionen *de, a(d) en*: *dé lo, á lo, én lo* werden im Französischen zu *del al enl* (Eulalia, Canterburypsalter) *el ou*, im Provenzalischen zu *del al el*. *dé los* oder *las*, *á los* oder *las*, *én los* oder *las* werden im Französischen *des, as* (Wace, Montebourgpsalter) *az* (Greg. Dial.), *es*; nur die Verbindungen mit *los* werden im Provenzalischen zu *dels als els*, während *de las, a las, en las* unverkürzt bleiben. Der Verlust des *l* im Französischen (vgl. oben *kis* aus QUI ILLOS) erklärt sich aus der proklitischen Stellung der Formen (vgl. prov. *pus* aus PLUS); er mag vor mit mehrfacher Konsonanz anlautenden Worten (*dels clers*) begonnen haben.

Auch die französische Verkürzung von *nostres, vostres* zu *noz, voz* (jetzt *nos, vos*), aus denen im Picardischen auch eine Form ohne flexivisches *s* herausgebildet wurde (*no, vo*), ist aus der proklitischen Stellung zu erklären.

Nach Schuchardt (Z. IV 142) hängt die Abschwächung und der Ausfall der unbetonten Vokale mit der Diphthongierung der betonten derart zusammen, dass beides von derselben Ursache bewirkt worden ist, nämlich von einer Verstärkung der betonten Silbe, welche zweigipflige Betonung erhielt, und von der gleichzeitigen Abschwächung der unbetonten Silbe, die auf das geringste Mass der Betonung herabsank. *a* blieb, als der Vokal, dem die grösste Schallfülle eigen, erhalten.

Ascoli hat das Mittelrhônische Francoprovenzalisch genannt; indessen haben an der Mundart das Französische und Provenzalische keineswegs gleichen Anteil: das Mittelrhônische ist mit dem Französischen in den wichtigsten Lautveränderungen zusammengegangen, und wo es mit dem Provenzalischen übereinstimmt, liegt in der Regel der unveränderte lateinische Laut zu Grunde. Ich gebe deshalb der Benennung Mittelrhônisch den Vorzug.

In einem Punkte ist das Mittelrhônische sogar altertümlicher als alle anderen Mundarten Galliens: es hat unbetontes *o* nicht zu *e* geschwächt. Vgl. prov. *libre* frz. *libre* mrh. *livro* LIBRUM, prov. *dezire* frz. (besonders wall.) *desire* mrh. *desirro* DESIDERO, auch prov. *foron* frz. *furent* mrh. *furont* FUERUNT.

[1] Da *falses* als N. Sg. in der Romania XXI, 16 angezweifelt wird, so berufe ich mich auf Flamenca 4284.

Das Provenzalische hat unbetontes *o,* wo dasselbe in Endungen erhalten blieb, zu *e* geschwächt und nur in der 3. Pl. auf *-on(t)* hinter dem Accente geduldet (wofür das Limousinische mit strenger Durchführung des Prinzips schon im Boethius *-en* sagt).

Unbetontes *i* wurde *e* im Französischen und Provenzalischen, unbetontes *a* wurde *e* nur im Französischen. Im Mittelrhônischen blieb jenes erhalten, dieses wurde vor auslautendem *s* und *t* zu *e*. Daher ALTERI mrh. *autri* prov. frz. *altre autre,* LITTERAM prov. mrh. *letra* frz. *letre,* LITTERAS prov. *letras* mrh. frz. *letres,* CAUSAM prov. *causa* mrh. *chosa* frz. *chose,* CAUSAS prov. *causas* mrh. frz. *choses,* DONAT prov. *dona* mrh. frz. *donet,* DONABAT prov. *donava* mrh. *donavet* ostfz. *doneivet,* aber westfz. *donowet donout.*

In der letzten Form liegt der älteste Fall der Verstummung des dumpfen *e* vor. Die Endungen ABAT und EBAT lauteten zunächst im Französischen *owet* und *eiet;* sie gingen — wie die erhaltenen Texte zeigen im Laufe des 10. Jahrhunderts — in *out* und *eit* über. *ouet,* und somit auch *out,* war auf den Westen mit Einschluss Franciens (und auf einen Teil des Nordens, wo es bald durch *eit* verdrängt wurde) beschränkt. *-eit* = EBAT war allen französischen Mundarten gemeinsam, auch über das Mittelrhônische verbreitet; ihm steht vielleicht das westgascognische *e* gleich (*ave* HABEBAT, *faze* FACIEBAT, *emendere* EMENDARE HABEBAT, von Bordeaux bis Bearn, aber nicht weiter nach Osten üblich).

Wir wenden uns nun zu den wichtigsten Veränderungen der lateinischen Konsonanten.

γ. Konsonanten.

11. Auch hier seien diejenigen vorausgeschickt, die sich über ganz Gallien und darüber hinaus erstreckt haben, womit freilich nicht gesagt sein soll, dass die Veränderungen, welche nur einen Teil des galloromanischen Gebietes umfasst haben, zu einer späteren Zeit eingetreten sein müssten: einige Lautwandlungen haben sich im Norden und im Süden vollzogen zu einer Zeit, wo diese Gegenden bereits phonetisch gespalten waren.

Jedenfalls liegt dieser Spaltung voraus die Gleichsetzung von intervokalem *di* und *j;* RADIUS und MAJUS sind wohl überall zunächst zu *raios* und *maios* geworden, und die provenzalische Verwandlung des intervokalen *i* in *dž,* die nur landschaftsweise erfolgte, gehört in eine spätere Zeit.

Nicht minder alt ist die Gleichsetzung von *g* und *j,* wenn auf jenes *e* oder *i* folgte, und die Assibilierung des in diesem Falle *j* oder *g* entsprechenden Lautes *y,* der mit *di-* gleichstehend zu *dy, dzy, dž* wurde. Eine Ausnahme macht die Stellung von *y* hinter mouillierten Konsonanten: FOLIUM zu *fol'l'o,* PLANGIT zu *plan'n'it,* MORIAR Activ MORIAM zu *mor'a,* BASIO zu *baśo;* sowie die Kombination *-ndi-*^vok^ z. B. VERECUNDIAM prov. *vergonha* frz. *vergoigne.* Beispiele der Assibilierung: DIURNUM prov. frz. *jorn, jam* prov. frz. *ja,* GENTEM prov. frz. *gent,* ARGENTUM prov. frz. *argent.*

Wie *dy* zu *dzy,* so wurde *ty*^v^*-* zu *tsy*^v^*-,* z. B. SPERANTIA prov. *esperanza* frz. *esperance,* PRETIUM *pretsyo* prov. *pretz* frz. *pris,* PUTEUM *potsyo* prov. *potz* frz. *puiz.*

Das s. g. prothetische *e,* welches vor *s* impurum (anlautendem *sc, st, sp*) eintrat, hat sich aus dem Übergang des *s* in eine Nebensilbe entwickelt: S-TA-RE, S-PE-RAT. Mehrere Indicien deuten darauf hin, dass dieses *e* ursprünglich wie *i* lautete oder doch dem *i* sehr nahe stand. In *isnel* aus dem deutschen *snel,* in der provenzalischen Nebenform *istar* neben *estar* ist *i* erhalten geblieben (oder beruht *istar* auf INSTARE?), und in *istrument* INSTRUMENTUM ist sogar langes *i* von dem Sprachgefühl mit dem prothetischen Vokal identifiziert worden, daher prov. afrz. *estrument*.

Abgefallen ist der prothetische Vokal nur in einigen Grenzdistrikten: so im Wallonischen (schon in der Übersetzung von Gregors Dialogen) und in lothringischen Patois auf dem Westabhange des Wasgenwaldes unter der Einwirkung der deutschen Nachbarschaft; im Waldensischen und in Menton unter der Einwirkung des Italienischen.

Indem ich in Bezug auf die Entwicklung der Konsonanten die Ansicht Vilhjalm Thomsens für die plausibelste halte, setze ich für die vorlitterarische Zeit mehrere mouillierte Konsonanten an, die aus verschiedenen lateinischen Quellen hervorgegangen sind und in der späteren Überlieferung uns nur noch spurenweise entgegentreten. Das auf Strichen Lothringens und Languedocs erhalten gebliebene mouillierte *s* darf als *š* angesetzt werden: es wird, wo es nicht phonetische Umwandlungen erfahren hat, als *š* gesprochen. Es entspringt aus lat. *ssi*^{v}-, aus *sce, sci, sti*^{v}- und *x*. Z. B. BASSIARE *baššare* prov. *baissar* frz. *baissier*, FASCEM *fašše* prov. frz. *fais*, POSTEA *pošša* prov. *pueissas* frz. *puis*, LAXARE *laššare* prov. *laissar* frz. *laissier*, SEX *seš* prov. *seis* frz. *sis*.

Das mouillierte *t* ist gewöhnlich aus *ct* hervorgegangen, z. B. FACTUM *fat'ťo* prov. frz. *fait*. Erhalten oder doch nur gelinde modifiziert ist das mouillierte *t* auf einem umfangreichen Teile des provenzalischen Sprachgebietes von Limousin bis zu den Alpen, wo es fast wie *tš*, heute auch wie *ts* lautet, anfangs aber wahrscheinlich mit der im Rätoromanischen erhaltenen Aussprache *t'χ'* gesprochen wurde.

In TUTTI prov. *tuch, tug* neben *tuit* frz. *tuit*, in fränk. *wahta*, auch *wactha* geschrieben, prov. *gacha* neben *gaita* afrz. *guaite*, ist derselbe Laut aus anderen Quellen hervorgegangen.

Von den Zwischenstufen, die von verschiedenen Gelehrten angesetzt werden, um den Übergang des lateinischen *ct* in die romanischen Laute zu erklären, scheint mir Thomsens (mouilliertes oder jotiertes) *t't'* die grösste Wahrscheinlichkeit für sich zu haben. Doch hat Schuchardt für eine abweichende Ansicht (die Zwischenstufen *χt, γt*) gewichtige Gründe vorgebracht (Z. 4, 146), sodass die Frage für noch unentschieden gelten muss. Die Annahme, dass das Gallische den Anstoss gegeben habe, vertritt Meyer-Lübke, Einführung § 186.

l mouillé ist aus *l* + *y* (FOLIA prov. *folha* frz. *fueille*, COLLIGIT prov. *cuelh* frz. *cueilt*), aus *gl* (VIGILAT prov. *velha* frz. *veille*), und *cl* (VECLUM aus VETLUM prov. *velh* fz. *vielh*) entstanden.

n mouillé entspricht *n* + *y* (SENIOREM prov. *senhor* frz. *seignor*, PUNGIT prov. *ponh* frz. *point* aus *pońt*), *nd* + *y* (VERECUNDIAM prov. *vergonha* frz. *vergoigne*), *gn* (AGNELLUM prov. *anhel* frz. *aignel*).

Wenn ein Konsonant folgte, hat das Französische den mouillierten Laut in *i* + Konsonant aufgelöst (*point* aus *pońt* PUNGIT), aber auch blosses *i* oder blosses *l* aus *l'* hergestellt: *merveit* und *mervelt* 3. Sg. Subj. von *merveillier*.

Zwischen Vokalen sind *l* und *n mouillés* auf allen Gebieten erhalten geblieben (von modernen Veränderungen abgesehen). Von den übrigen mouillierten Lauten wurde das aus *ś* erweichte *z'* überall zu *iz*, *r'* überall zu *ir*, *t'* auf dem grössten Gebiete zu *it*, *śś* auf dem grössten Gebiete zu *iss*: BASIARE *baśar baz'ar* prov. *baisar* frz. *baisier*, MORIAR prov. *moira* frz. *muire*, FACTUM prov. frz. *fait*, LAXARE prov. *laissar* frz. *laissier*.

Die Assibilierung des *c* vor *e* und *i* ist bekanntlich auf dem gesamten romanischen Sprachgebiete mit Ausnahme Sardiniens und der Insel

Veglia[1] eingetreten. Die ältesten inschriftlichen Zeugnisse tauchen gegen Ende des 6. Jahrhunderts auf. Wenn zunächst von den Kombinationen *ci* und *ti* in intervokaler Stellung abgesehen wird, so zeigen die Mundarten überall an Stelle des assibilierten *c* denselben Laut wie an Stelle des (weit früher) assibilierten *t*: dieser Laut ist im äussersten Norden *tš*, im übrigen Frankreich *ts*. Die Grenze der beiden Laute geht durch die Départements der Oise und Aisne, z. B. *caelum* picardisch *chiel* norm. Schriftsprache *ciel* prov. *cel*, SPERANTIA pic. *esperanche* norm. *esperance* prov. *esperanza*. Bei intervokalem *ti* und *c* aber hat das *y* eine ganz andere Wirkung gehabt als bei intervokalem *ci*: dort ist nach der Assibilierung *(tsy) y* dadurch in *ts* aufgegangen, dass es die Gruppe mouillierte, also die Organstellung modifizierte ohne die Quantität zu verändern (PRETIAT *pretsyat pret'śat* prov. *preza* mit Verlust der Mouillierung, frz. *priset*, PLACĒRE *plat'śere* prov. *plazer* frz. *plaisir*); hier ist nach der Assibilierung *(tsy) y* dadurch hinter *ts* geschwunden, dass es sich an *ts* assimilierte, d. h. die Quantität vermehrte, ohne die Organstellung zu modifizieren (FACIAT *fatsyat fatssat fattsat* prov. *faza fassa* frz. *facet*; ich erinnere an die Schreibung *manatce* MINACIA der Eulalia). Ich bemerke noch, dass die aus *ci* entsprungene Gruppe *ts* eine Zeit lang weiter hinten gesprochen sein muss (etwa *tš*) als die aus *ti* entstandene, dass also mit *ts* in beiden Fällen hier keineswegs vollkommen identische Laute bezeichnet werden sollen. Auch an Stelle des intervokalen *ci* spricht der picardische Teil des Nordens *tš (fachet)*, und in diesem einen Falle könnte das Picardische einen ursprünglich über ganz Frankreich verbreiteten Laut bewahrt haben. In allen übrigen Fällen aber ist das picardische *tš* als Vergröberung von *ts* anzusehen, da die picardischen Formen *plaisir* und *priset* aus PLACERE und PRETIAT den Beweis liefern, dass vor der Erweichung der stimmlosen Intervokalis das Picardische einfaches (nicht mit *i* kombiniertes) *c* und *ti*ᵛ wie *t's* aussprach. Aus *platšere pretšat* hätten durch die Erweichung *pladžere predžat* pic. **plagier* **prieget* werden müssen, die nicht existieren[2].

[1] Vgl. jedoch Guarnerio, Arch. glott. it., Suppl. IV, 50.

[2] Aus dem Nachlass von G. Paris ist jetzt ein Aufsatz aus dem Jahre 1892 erschienen (Rom. XXXIII, 321), der meinen hier im *Grundriss* vorgetragenen Gedankengang einfach hinübernimmt, allerdings mit Vermutungen über das zeitliche Eintreten der einzelnen Vorgänge. Hätte G. Paris dieses bei Lebzeiten veröffentlicht, so würde er sicher nicht unterlassen haben, auf den *Grundriss* hinzuweisen. In meiner obigen Formulierung hatte ich den Einfluss des Accents auf die Umgestaltung der lateinischen Laute *c* (vor *e* und *i*), ᵛ*ci*ᵛ, ᵛ*ti*ᵛ stillschweigend geleugnet. Horning hat darauf in einem lesenswerten Aufsatz der Z. XVIII, 232f. gegen meine Annahme allerlei Einwendungen gemacht und seine frühere Ansicht zu halten gesucht, derzufolge ᵛ*tj*- vor dem Accent anders behandelt werde als hinter dem Accent. Er beruft sich dabei hauptsächlich auf Worte unsicherer Herkunft. So führt er *la viz* (die Schraube) an und will es von *VITEUM, da *viz* mundartlich Masculinum sei, oder von *VITEA herleiten. «Vielleicht haben beide neben einander bestanden und sich gegenseitig beeinflusst.» Das ist doch weit gekünstelter als die Annahme, die Form *viz* sei aus dem Plural in den Singular oder aus dem N. Sg. in den Akk. Sg. übertragen worden. Horning beruft sich ferner auf eine Verbalform *visse*, die bei Baudouin de Condé I, 189 steht. Er scheint die Stelle, auf die er seine Ansicht begründet, nicht nachgeschlagen zu haben; denn *visse* reimt hier zu *riche* und lautet in zwei Handschriften *wiche*. Ein Schwanken der Sprache zwischen *pais* und *paiz* PACEM u. dgl. kann nicht gegen meine Ansicht sprechen, da dem Auslaut beider Formen im Inlaut stimmhaftes *-is-* entspricht. Neben das altpic. *puch* PUTEUM setzt Horning die phonetische Transcription *püš*, leugnet also den *t*-Vorschlag, den das altpic. *ch* sicher besessen hat. Was das pic. *agucher* *ACUTIARE u. s. w. betrifft, so glaube ich, dass in dieser Mundart die Lautgruppe *ūtj* frühe zu *ūkj* geworden war, indem das velare *ū* die Artikulation des *t* nach hinten rücken liess. Das gleiche trat in PŬTEUM ein, wo der anlautende Labial das *u̧* zu *ü* vertieft hatte (PUTEUM frc. *puiz*), daher pic. *(pütju → pükju →) puch*. Man könnte auch an Kreuzung

Der Laut *t'ś* hat, wo er die Erweichung der Intervokalen überdauerte, überall die Mouillierung eingebüsst und wurde zuerst im Provenzalischen, dann auch im Französischen zu (stimmlosem) *s* vereinfacht. Im Provenzalischen finden sich die ersten Spuren dieser Vereinfachung in Urkunden des 10. Jahrhunderts; das Französische hat erst im 13. Jahrhundert, zuerst in Lothringen, den *t*-Vorschlag aufgegeben.

In zwei Lauterscheinungen sind die romanischen Sprachen Frankreichs noch zu einer späteren Zeit zusammengegangen: sie haben konsequent konsonantische Längen (Geminationen) mit Ausnahme von *rr* gekürzt (*ábbas* zu *ábas, nétta* zu *néta* u. s. w.) und haben im Auslaut die Stimmlosigkeit durchgeführt (*verd* zu *vert, long* zu *lonc* u. s. w.).

12. Wieder in eine frühere Zeit führt uns die Erweichung der stimmlosen und der stimmhaften Intervokalis zurück. Die stimmlosen Laute, um die es sich handelt, sind *c, t, p, s, ś, t'ś,* ferner die Verschlusslaute der Gruppen *cr, qu, tr, pr:* sie gingen in intervokaler Stellung in die entsprechenden stimmhaften Laute *(g, d, b, z, z', d'z')* über. Die stimmhaften Laute, welche erweicht wurden, sind *g, d, b* (auch *gu* und Kombinationen mit *r* und *l*): dieselben wurden zu den entsprechenden stimmhaften Reibelauten *(y, ð, v)*. Beide Erweichungen sind im Französischen und im Provenzalischen eingetreten; da jedoch im Süden wesentlich andere Laute als im Norden resultieren, so muss der Vorgang hier einen anderen Verlauf als dort genommen haben. Die Verschiedenheit lässt sich darauf zurückführen, dass im Französischen und im Mittelrhônischen zuerst die Erweichung der stimmlosen Laute erfolgte und dass dann mit den primären *g, d, b* auch die sekundären, aus *c, t, p* entstandenen, zu Reibelauten fortschritten, während das Provenzalische mit der Erweichung der stimmhaften Laute begann (*aver* HABERE, *veder* gesprochen *veðer* VIDERE, *leyal* LEGALEM) und die Erweichung der stimmlosen darauf folgen liess, daher die letzteren nur um eine Stufe fortschreiten konnten (*saber* SAPERE, *amada* AMATAM, *pagar* PACARE). Im Französischen stehen in den erwähnten Beispielen dieselben Laute für die lateinische Media wie für die Tenuis: *aveir saveir, ve(d)eir ame(d)e, leial paier.*

Von Fällen, die dieser Formulierung nicht ganz entsprechen, sei nur der Ausfall von *c* oder *g* neben dunklen Vokalen im Französischen (*soür* SECURUM, *rue* RUGAM) und das Fortschreiten des *c* um zwei Stufen im Provenzalischen erwähnt, wo sich *braga* und *braya* lat. BRACAM, *plegar* und *pleyar* lat. PLICARE neben einander finden.

Den Laut *ð* hat das Französische im Laufe des 11. und in der ersten Hälfte des 12. Jahrhunderts allmählich verloren, und zwar sowohl im Inlaut als auch im Auslaut, wo es wahrscheinlich stimmlose Aussprache (*ϑ*) hatte.

---

mit dem deutschen Fremdwort *putti* (vgl. *Pfütze*) denken. Die von mir angeführte Form *puiz*, die Horning nicht gefunden hat, steht in den Büchern der Könige S. 183. Ob *enticier* von INTĪTIARE gleichfalls auf einem *ītj → īkj* beruht, lasse ich dahingestellt sein. Als einzige Ausnahme bleibt *chevez* von CAPITIUM. Ich vermute, dass das Wort den Einfluss des Suffixes -ITTUM erfahren hat; ohne den Einfluss dieses Suffixes (frz. *-et*) ist auch die nfrz. Form *chevet* nicht zu Stande gekommen. Aus *CAPITTIUM musste ohne weiteres *chevez* werden. Ich bleibe also bei meiner Formulierung, die sich auf die Worte gründet, deren Herkunft unzweifelhaft feststeht wie *aguise* *ACUTIAT, *Cuise* COTIA (Wald südlich von Paris), *palais* PALATIUM, *prise* PRETIAT u. s. w. Die Beurteilung der unsicheren Fälle muss sich nach dem so gewonnenen Ergebnis richten. Horning kann seine Formulierung nur dadurch halten, dass er gerade von den unsicheren Fällen ausgeht, um dann die sicheren Fälle für zweifelhaft oder für «nicht massgebend» zu erklären.

Das Provenzalische hat den Laut *ð*, nur wo er in den Auslaut trat, gänzlich aufgegeben: *tebe* TEPIDUM, *fe* FIDEM, *au* AUDIT, und ihn im Inlaut bis etwa 1150 durch *d*, seitdem durch *z* ausgedrückt, womit vielleicht eine phonetische Veränderung des Lautes zum Ausdruck gebracht wurde.

Ganz eigentümlich ist dem Provenzalischen die Verwandlung von *dr* (lat. *tr*) und *ðr* (lat. *dr*) in *ir*. Wahrscheinlich ist zunächst *dr* zu *ðr* geworden, sodass hier also ein Fall vorliegt, wo der lateinische Laut wie im Französischen zwei Stufen überschritt, und *ðr* wurde dann zu *yr*, in der Schrift durch *ir* ausgedrückt (vgl. Nyrop in der Z. III, 476); daher *paire* PATREM, *caire* QUADRUM.

Der Laut *v* ist im Provenzalischen, wo er hinter einem Vokale stand und in den Silben- oder Wortauslaut zu stehen kam, in *u* übergegangen: *liura* LIBRAM, *viure* VIVERE, *viu* VIVIT oder VIVUM, *niu* (für *nüu*) NUBEM.

Eine für die mundartliche Gestaltung Frankreichs sehr wichtige Verwandlung hat *c* vor *a* erlitten, indem es auf einem breiten Gürtel, der von Westen nach Osten reicht und den Süden des französischen und den Norden des provenzalischen Sprachgebietes umfasst, palatal wurde. Dieser Gürtel (vgl. die Karten IV und V) setzt sich durch Rätien nach Osten fort und erreicht mit Friaul das Adriatische Meer. In Frankreich ist aus *c'* allmählich der Laut *tš* entwickelt worden, der mundartlich bis heute erhalten ist, aber im Provenzalischen vielfach zu *ts* verdünnt, in Francien im 13. Jahrhundert zu *š* erleichtert wurde. Beispiele: CANTAT prov. *chanta* frz. *chantet*, VACCAM prov. *vacha* frz. *vache*, ARCAM prov. *archa* frz. *arche*.

Das hinter Vokal auslautende *t* wird in den ältesten Texten des Französischen bewahrt und ist erst im 11.—12. Jahrhundert allmählich geschwunden. Das Provenzalische hingegen zeigt auslautendes *t* nur in der 3. Sg. Ind. der schwachen Perfekta auf AVIT, DEDIT, IVIT: *amet* AMAVIT (neben *amec*), *vendet* VENDEDIT (neben *vendec*), *auzit* AUDIVIT (neben *auzic*). In allen übrigen Fällen fehlt ihm das auslautende *t* seit dem 10. Jahrhundert (*atra* ATTRAHIT und vielleicht *pas'* aus *passa* in der ältesten Alba). Ich wage nicht zu entscheiden, wann das Provenzalische die auslautenden *t* verloren hat. Im Südwesten bis einschliesslich Mont-de-Marsan und Tarbes ist auslautendes *t* überhaupt nicht nachzuweisen, z. B. *cante* (Dép. Landes) *canta* (B. Pyr.) CANTAVIT.

Die Südgrenze des in französischer Weise erhaltenen *t* trifft bis zur Loire mit der Südgrenze des Französischen zusammen, schliesst aber rechts von der Loire noch Oingt und Lyon und auf dem linken Ufer Grenoble ein.

Auch die Lautgruppe *t'ś* wurde zwischen Vokalen stimmhaft, ist also wie ein einfacher Laut behandelt worden. Es entsprach daher zu der Zeit der intervokalen Erweichung lateinischem *c* und lateinischem *ti* zunächst *d'z'*: PLACERE *plat'śere plad'z'ere*, PRETIAT *pret'śat pred'z'at*. Dieser Laut *d'z'* verlor im Französischen den Vorschlag *d'*, und *z'* erfuhr die gewöhnliche Auflösung der mouillierten Laute (*pla-z'-ir pla-is-ir*, *prie-z'-at prie-is-et*, woraus *priset*). Im Provenzalischen ging die Mouillierung verloren und der Verlust des Vorschlags *d* darf, wenn er mit dem Verlust des *t* von *ts* gleichzeitig eintrat, um das Jahr 1000 angesetzt werden.

Gegen einzelne der aus dem Lateinischen überlieferten Konsonantengruppen waren der Norden und der Süden gleich empfindlich, z. B. SUBTUS **suttus* prov. *sotz* frz. *soz*, CAPTIVUM prov. *caitiu* frz. *chaitif*, ADVENIRE prov. frz. *avenir*. Späterhin lässt das Provenzalische viele Härten zu, die das Französische vermeidet, vgl. MISCULARE prov. *mesclar* frz. *mesler*, CAPITALE prov. *captal* frz. *chatel*, N. Sg. prov. *draps* frz. *dras*, prov. *pics* frz. *pis* schon in den Kassler Glossen, prov. *verms* VERMIS fz. *vers*. Aber in HOSPITALE prov. *ostal* fz. *ostel*, BLASPHEMARE prov. *blasmar* fz. *blasmer* u. a. gehen die beiden Sprachen zusammen.

Gleich unbeliebt war in beiden Sprachen der Auslaut *-sts*. Gewöhnlich wird das erste *s* entfernt und so entspricht dem lat. CHRISTUS prov. *Critz* fz. *Criz*, aber in *estz* ISTOS, *aquestz* ECCUM ISTOS wird diese Lautgruppe im Provenzalischen geduldet.

δ. Veränderungen im 12. Jahrhundert.

Zu den bis jetzt besprochenen Lautwandlungen kommen noch einige aus dem Beginn der litterarischen Zeit.

13. Im Französischen ist im 12. Jahrhundert ganz allmählich der Diphthong *ai*, der bereits vorher zu *ęi* geworden war, wie die Assonanzen ausweisen, zu *ę* kontrahiert worden, zuerst vor *str* (*naistre* Phil. von Thaün), dann in gedeckter Silbe (*mais* : *aprés* im Kreuzleich von 1146), erst im 13. Jahrhundert auch in freier Silbe (*faire*). Vor *n* ist *ai* bis ins 17. Jahrhundert diphthongisch geblieben, während *-ein -eine* seit etwa 1150 allgemein mit *-ain -aine* gleichlautet (lothr. und auf einem weiten Gebiet, zu dem Orléans gehört, lautet *ein* wie *oin* hinter Labialen: *poine* prov. *pẹna* POENAM).

Sodann wurde im 12. Jahrhundert die Auflösung des *l* durchgeführt, die in einzelnen Fällen, besonders hinter *a*, weiter hinaufreicht. *Rainaudo* Huismes bei Chinon 950 und *Faucaudi* (aus *Falcaldi*) *Curtis* jetzt *Fécocourt*, arr. Toul 1044 sind alte Belege. Die Bewegung ist von Süden nach Norden gegangen. Reime verraten sie erst in Dichtungen um 1140[1].

Im Provenzalischen scheint die Auflösung des *l* etwas früher als im Norden (vor dem Übergang von *ts* in *ss*, *auça* aus ALTIAT findet sich schon im Boëthius), aber unter engeren Bedingungen eingetreten zu sein, nämlich nur vor *t*, *d*, *ts*, *dz*, *n*, also vor den Zungenlauten mit Ausnahme des *s*. Beispiele: *aut* ALTUM, *beutat* BELLITATEM, *ribauda*, *caussa* CALCEAT, *sauze* SALICEM, *feunia* aus *felon* FELLONEM + -ÍA.

Im Französischen ist *l* vor jedem Konsonanten aufgelöst worden: *els* ILLOS zu *eus* prov. *els*, *chevals* CABALLUS zu *chevaus* prov. *cavals*, *colp* COLAPHUM *coup* prov. *colp*, *vils* VILIS *vius* prov. *vils*.

Auf die bei der Auflösung des *l* eingetretenen Vokalveränderungen gehe ich hier nicht näher ein.

Für die älteste Entwicklung des Lateins in Gallien kommen in Betracht: H. Schuchardt, *Vokalismus des Vulgärlateins*. I—III. 1866—68. — E. Seelmann, *Die Aussprache des Latein*. 1885. — Meyer-Lübke, *Einführung in das Studium der Romanischen Sprachwissenschaft*, Heidelberg 1901. — G. Gröber, *Vulgärlateinische Substrate romanischer Wörter*, in Wölfflins Arch. f. lat. Lexikographie und Grammatik I—VII. Der Inhalt von Wölfflins Archiv umfasst noch manches, das hier zu nennen wäre; z. B. Sittl, *Zur Beurteilung des sogenannten Mittellateins*, II 550. Geyer, *Beiträge zur Kenntnis des gallischen Lateins*, II 25. Sonst ist am wichtigsten Jules Pirson, *La langue des inscriptions latines de la Gaule*, Brüssel 1901. Auf die einschlägigen Abschnitte in Vollmöllers Kritischem Jahresbericht über die Fortschritte der Romanischen Philologie, der die wissenschaftliche Litteratur seit 1890 verzeichnet, sei ein für alle Mal hingewiesen.

Die wichtigsten Arbeiten über die Geschichte der französischen Sprachlaute sind, von Diez' Grammatik abgesehen, in den Zeit-

[1] Das von G. Paris, Rom. XVII, 428 angeführte *Girous* Gen. *Giroi* halte ich für *Gêrhôh*. *Girau* von 941 könnte dasselbe sein, und *Gaulterius* ist sicher blosser Schreibfehler für *Gualterius*.

schriften Romania und Zeitschrift für romanische Philologie erschienen, ferner im Archiv für das Studium der neueren Sprachen, seit Tobler die Leitung übernommen hatte (einiges auch in der Zeitschrift für französische Sprache und Litteratur). Da fast aus jedem Jahrgang mehreres anzuführen wäre, so verzichte ich ganz auf die Aufzählung. In Bezug auf die Entwicklung der *i*-haltigen Konsonanten habe ich mich an Vilhjalm Thomsen angeschlossen; vgl. Mémoires de la Société de linguistique de Paris, III 106. — Zur richtigen Erkenntnis der Entwicklung der betonten Vokale haben viele beigetragen; so abgesehen von dem, was in den genannten Zeitschriften erschien, besonders Böhmer, *A E I im Oxforder Roland*, in Böhmers Romanischen Studien, Band I, S. 599. — Ten Brink, *Dauer und Klang*, 1879. — W. Foerster, *Bestimmung der lateinischen Quantität aus dem Romanischen* im Rheinischen Museum, Band XXXIII und *Schicksale des lateinischen ŏ im Französischen* in Böhmers Romanischen Studien III, 174. — Gaston Paris, *Études sur le rôle de l'accent latin dans la langue française*, 1862. — Ich führe noch an: A. Horning, *Zur Geschichte des lat. c vor e und i im Romanischen*, 1883 und Joret, *Du C dans les langues romanes*, 1874. — H. Schuchardt in Kuhns Zeitschrift für vergleichende Sprachforschung XXII, 153. — A. Tobler in derselben XXIII, 414.

Die Grammatik der Normannischen Litteratursprache des 11. und 12. Jahrhunderts ist von Gaston Paris (*La vie de saint Alexis*, 1872, besprochen von A. Tobler, Gött. Gel. Anz. 1872, 881, und *Estoire de la guerre sainte* par Ambroise 1897), von E. Mall (*Li cumpoz de Philipe de Thaün*, 1873) und E. Walberg (*Le bestiaire de Ph. de Thaün*, Paris 1900), auch in Verf.s Einleitung zur *Reimpredigt* (1879) und in Warnkes Ausgaben der *Marie de France* behandelt worden. Als sorgfältige Formensammlung der wichtigsten anglonormannischen Handschrift führe ich an: Meister, *Die Flexion im Oxforder Psalter*, 1877. Die betonten Vokale der normannischen und francischen Schriftsprachen stellte ich dar in der ersten Lieferung meiner *Altfranzösischen Grammatik*, 1893. Schwan-Behrens, *Grammatik des Altfranzösischen*, 6. Aufl., 1903, ist durch die Verbesserungen des zweiten Herausgebers, die in der Verwertung eingehender Kritiken bestanden, allmählich brauchbarer geworden.

Die zerstreute Litteratur in den Ausgaben altfranzösischer Werke und in Untersuchungen, welche die romanischen Sprachen überhaupt zum Gegenstande haben (Mussafias in den Sitzungsberichten der Wiener Akademie, Ascolis in seinem Archivio glottologico italiano u. a.) lasse ich hier unerwähnt. Man sehe die S. 126 erwähnten Bibliographien, sowie die Verzeichnisse neuer Schriften in Neumanns Litteraturblatt f. rom. u. germ. Philologie, auch den soeben erwähnten, vortrefflich orientierenden Kritischen Jahresbericht Völlmöllers.

Für das Provenzalische sind zu nennen die Werke von Diez und Raynouard, die Revue des langues romanes, Paul Meyer, *O provençal* in den Mémoires de la Société de linguistique de Paris I. — Desselben Artikel *Provençal language* in der Encyclopædia Britannica, 1885. — E. Wiechmann, *Über die Aussprache des provenzalischen E*, 1881. — *Die beiden ältesten provenzalischen Grammatiken: Lo Donatz Proensals und Las Rasos de Trobar*, herausgegeben von E. Stengel, 1878. — Die *Leys d'amors* in Monuments de la littérature romane publiés sous les auspices de l'Académie des jeux floraux par Gatien-Arnoult, 1842. Bd. I bis III. Eine Ausgabe der noch ungedruckten Redaktion der Leys d'amors verspricht Chabaneau. — Die wertvollen Arbeiten Thomas's in der Romania sind, so weit sie hier verwertet sind, an geeigneter Stelle erwähnt. Vgl. auch dessen gesammelte *Essais de philologie française*, 1898 und *Nouveaux essais*, 1905.

B. ÜBERSICHT DER LAUTE DES 12. JAHRHUNDERTS.

α. Der provenzalischen.

14. Die Laute des Provenzalischen waren im 12. Jahrhundert die folgenden.

Selbstlaute

ọ ǫ ạ ą ę ẹ i — ü
uo, mundartlich *ue* *ie*

Ich setze nur die aus einfachen Vokalen entstandenen Diphthonge hierher.

Mitlaute

	Verschlusslaute		Reibelaute		Nasale	Zitterlaute	Halbvokale
	stimmlose	stimmhafte	stimmlose	stimmhafte			
velares	*c*	*g*			*ŋ*		
palatales			*tš*	*dž*			*y (i̯)*
dentales	*t*	*d*	*s*	*z, δ*	*n*	*r, l*	
labiales	*p*	*b*	*f*	*v*	*m*		*u̯, ü̯*

Hierzu mouilliertes *l* und *n*.

Da *š* und *ž* nur in den Kombinationen *tš* und *dž* vorkommen, so habe ich gleich diese in die Tabelle aufgenommen.

15. Über die graphische Darstellung dieser Laute ist Folgendes zu bemerken. Im allgemeinen werden die Laute wie in der vorstehenden Tabelle (natürlich ohne diakritische Zeichen) geschrieben.

Der Laut *ü* wird durch *u* bezeichnet.

Der Laut *k* wird vor *u* durch *c*, vor *o* und *a* durch *c* oder *qu*, vor *e* und *i* durch *qu* ausgedrückt.

Der Laut *g* wird vor *u* durch *g*, vor *o* und *a* durch *g* oder *gu*, vor *e* und *i* durch *gu* ausgedrückt.

Der Laut *z* wird *z* oder *s* geschrieben; der Laut *s* wird zwischen Vokalen gewöhnlich durch *ss* ausgedrückt: *cessa, baissa.*

Der Laut *dz* wird gewöhnlich durch *z* ausgedrückt, der Laut *ts* durch *c*, vor *a, o, u* auch durch *z*. Vgl. *marce* MERCEDEM, *dreca* DIRECTIAT, *faca* FACIAT Boethius, *facam* FACIAMUS Passion. *c* für den Laut *dz* ist sehr selten (*conducent, dicen* Pass.).

Für auslautendes *ts* wird *z* geschrieben, seit dem 12. Jahrhundert daneben auch *tz.*

Der Laut *δ* wird *d* geschrieben, erst seit der Mitte des 12. Jahrhunderts, wo er wahrscheinlich in den Laut *z* überging, auch *z* (12).

Der Laut *tš* wird *ch* geschrieben *(sapcha, tuch)*; wo er im Auslaut vorkommt dafür auch *g (tug).*

Der Laut *dž* wird durch *j* (in den Handschriften *i*), vor *e* und *i* auch durch *g*, ausgedrückt.

Für *ŋ* wird *n* geschrieben, für mouilliertes *l lh* oder *ill*, für mouilliertes *n nh* oder *ign.*

β. Der französischen.

16. Folgende Laute dürfen wir der französischen Schriftsprache des 12. Jahrhunderts zuschreiben.

Selbstlaute

ọ ǫ ā̃ a ę̄ ę ẹ̆ ẹ̄ i — ü
ue ie ei

Hierzu dumpfes *e* (aus unbetontem *o, a, i*).

Von Nasalvokalen sind hier nur diejenigen aufgeführt, welche besondere Laissen bilden, da ihnen eine eigentümliche Klangfarbe zukommt; von Diphthongen ebenfalls nur diejenigen, welche besondere Laissen bilden (Monodiphthonge). Es existierten noch die Nasalvokale *ọ̃ ĩ ü̃*.

Mitlaute

	Verschlusslaute		Reibelaute		Nasale	Zitterlaute	Halbvokale
	stimmlose	stimmhafte	stimmlose	stimmhafte			
velares	*c*	*g*			*ŋ*		
palatales			*tš*	*dž*			*y (i̯)*
dentales	*t*	*d*	*s*, *ϑ*	z, *δ*	*n*	*r*, *l*	
labiales	*p*	*b*	*f*	*v*	*m*		*w* oder *ụ̯*, *ü̯*

Hierzu mouilliertes *l* und *n*. Ferner *h*.

Da *š* und *ž* nur in den Kombinationen *tš* und *dž* vorkommen, so habe ich diese auch hier in die Tabelle aufgenommen.

17. Der Laut *ü* wird durch *u* bezeichnet.

Der Laut *o* wird gern mit *u* ausgedrückt, das also doppelte Funktion hat. Für *ue* wird entsprechend *oe* geschrieben, besonders im Anlaut und hinter handschriftlichem *u* im Sinne von v. Die nasalen Vokale werden wie die oralen Vokale geschrieben.

gue, *gui* bedeuten im 12. Jahrhundert zunächst noch *gwe*, *gwi*, erst nachdem *u* = *w* verstummt ist, wird *gue*, *gui* für den Laut des velaren *g* vor *e*, *i* gesetzt: *gigue*.

Der Laut *z* wird mit *s* bezeichnet, der Laut *s* zwischen Vokalen mit *ss*.

Der Laut *ts* wird vor *e*, *i* durch *c*, vor *a*, *o*, *u* ebenso, doch auch durch *ce* (*chanceun*, jetzt *chanson*) und im Auslaut durch *z* ausgedrückt.

z bezeichnet den Laut *dz* in den Zahlwörtern von *onze* bis *seze*.

Das im Auslaut verstummende *t* wechselt in der Schreibung mit *d*. Für den Laut *δ* wird gewöhnlich *d*, zuweilen auch das englische *th* geschrieben (*veüthe*). Im Auslaut tritt auch *t* dafür ein, welches vielleicht den Laut *ϑ* bedeuten soll.

Der Laut *dž* wird durch *j*, vor *e* und *i* auch durch *g* ausgedrückt. Für *c* vor *a* wurde anfangs *c''*, dann *ch* geschrieben; dieses *ch* (auch in *riche*, *chevalchier* u. s. w.) hatte einen Laut, bei dem nicht festzustellen ist, welche Stufe zwischen *k̔* und *tš* ihm zukommt. Entsprechend *g''*, das im 12. Jahrhundert bereits bei *dž* angelangt ist, also dem *c* vermutlich vorauseilte.

Ein alter Laut *tš* liegt wohl nur in *sache* SAPIAM und entsprechenden Worten vor.

Mouilliertes *l* wird im Inlaut gewöhnlich durch *ill*, im Auslaut durch *il* bezeichnet, mouilliertes *n* gewöhnlich durch *ign*.

Der französische Lautbestand unterscheidet sich von dem provenzalischen hauptsächlich durch seine Nasalvokale. Wenn das Provenzalische vor dem verstummenden *n* (oben 9) einmal nasale Vokale entwickelt hatte, so hat es diese wohl bald wieder aufgegeben. Die Schwächung der Vokale unbetonter Endungen zu *e* hat nur das Französische durchgeführt; das Provenzalische unterscheidet beim Verbum *ant ont ent* und zeigt auch sonst in der letzten unbetonten Silbe des Wortes *a* (DOMINA *domna*) oder *i* (ODIUM *odi*, dieses in lat. Lehnworten). Auch besitzt nur das Französische den von den Franken importierten Laut *h*, den das Lateinische schon in der ältesten romanischen Zeit eingebüsst hatte; vgl. fz. *herde* fränk. *hirda*, fz. *hache* fränk. *hapja*. Dem Provenzalischen und den südlichen französischen Mundarten von Saintonge bis zum Jura ist *h* unbekannt geblieben: prov.

apcha Axt; die Halle heisst im Südwesten des französischen Sprachgebietes *ale*, im Südosten *aule*, und in Berri liegt ein Ort *les Aix d'Angillon*, der früher *les Haies dan* (= DOMINUM) *Gillon* genannt wurde. Zu dem Laute *dz* sei bemerkt, dass er im Französischen und Provenzalischen nur in den Zahlworten von *onze* bis *seze* (prov. *sedze*, *setze*) erhalten geblieben ist und dass er in *onze*, *catorze*, *quinze*, wenigstens im Süden (im Norden nur picardisch), mit *s* wechselt.

Das germanische *w* ist auch ins Provenzalische aufgenommen und da wie im Norden behandelt worden: *wardên* wurde *guardar* fz. *guarder*. Hinter *g* ging sodann *u* verloren, im Provenzalischen (aber nicht in der Gascogne) schon im 10. Jahrhundert, im Französischen erst in der 2. Hälfte des 12. Jahrhunderts. Ein Unterschied zwischen dem Norden und dem Süden zeigt sich darin, dass dieser den Laut *gu-* auch in den *ui*-Perfekta hat eintreten lassen (*ac* HABUÏT, *agues* HABUISSET gasc. *agos*, aber mrh. *oüst*), wo ihn der Norden nicht kennt.

C. DIE ENTWICKLUNG DER FRANZÖSISCHEN LAUTE SEIT DEM 13. JAHRHUNDERT.

18. Nach der Rückgabe der Normandie an Frankreich (1204) verwildert das Französische in England mehr und mehr; in Frankreich macht die normannische Litteratursprache, die wir als ein durch mundartliche Einflüsse etwas temperiertes Francisch bezeichnet haben, der reinen francischen Mundart Platz, aus der sich die noch jetzt übliche französische Schriftsprache entwickelt hat.

Das Francische unterscheidet sich vom Normannischen zunächst nur graphisch dadurch, dass es den Laut *ọ* mit *o* oder *ou* bezeichnet, für den das Normannische *o* und gewöhnlicher *u* schrieb, und dass es in *paiier*, *proiier* u. s. w. das zweien Silben angehörige *i* gern zweimal schreibt (norm. *paier*, *preier*).

Die mundartlichen Züge, durch welche sich das Francische vom Normannischen unterscheidet, sind folgende drei:

1) Das Francische hat den Laut *ẽ* zu *ã* werden lassen, ausgenommen wo mitlautendes *i* unmittelbar vorherging (*bien*, *moyen*), z. B. *formant* FORTI MENTE, *vant* VENDIT, *vandange* VINDEMIAM.

2) Das Francische hat parallel mit *ẹ̄* auch *ọ̄* diphthongiert, während das Normannische nur *ei* aus *ẹ̄*, nicht aber *ou (eu)* aus *ọ̄* kennt. Das Francische hat den aus *ọ̄* entwickelten Diphthong schon im 12. Jahrhundert in *eu* übergehen lassen: franc. *joieus seigneur eure*, norm. *joius seignur ure*.

3) Wie *ou* in *eu*, so ging *ei* in *oi* über, jedoch erst im 13. Jahrhundert. Den Mundarten des Westens ist *oi* stets unbekannt geblieben. Im Norden und Osten (*noieds* Jonas, *poine* in den Reimen der Loherens) hat sich *oi* schon früher eingestellt. *oi* nimmt schon im 13. Jahrhundert die Aussprache *oẹ*, *oę* an.

19. In anderen Fällen finden wir im Francischen jüngere Lautstufen, die sich schon im Normannischen vorbereiteten. Dahin gehört das Zusammenfallen von *ẹ* mit *ę* (*net : fait*). Dieser Übergang ist ganz allmählich eingetreten; er hat im 12. Jahrhundert begonnen, ist aber erst im 13. durchgeführt worden. In *ẹls* ILLOS unterblieb der Übergang, weil *l* bereits aufgelöst war. Auch das Verstummen des *s* vor Konsonanten hat im 12. Jahrhundert begonnen, zunächst vor stimmhaften Lauten. Dasselbe hat eine Dehnung des vorhergehenden Vokals zur Folge gehabt,

die nur in unbetonten Silben (bei anlautendem *es*[e] z. B. *escrire*, in *cest ceste chascun*, in schwach betontem *nostre*, *vostre*) unterblieb oder wieder rückgängig gemacht wurde.

Im 13. Jahrhundert werden *z* und *s* im Auslaute gleich. *tš dž ts dz* (*chanter*, *joïr*, *cent*, *doze*) verlieren den *t*- oder *d*-Vorschlag. Auslautendes *t* verstummt (*ce jour* für *cest jour* ist schon 1246 belegt). Der Diphthong *ue* wird zu *ǫ̈* kontrahiert, abgesehen von *avec* aus *avuec* APUD HOC, *ilec* aus *iluec* (schon 1248), *malveillant*, *bienveillant*, wo er schon vorher zu *e* reduziert war.

20. Während des 14. und 15. Jahrhunderts sind hauptsächlich vier durchgreifende Lautwandlungen eingetreten, die das Altfranzösische mehr und mehr der modernen Sprachform genähert haben.

Altes *ié* ist zu *é* geworden, teils in der Verbalflexion, wo in derselben Endung *e* und *ie* nebeneinander standen (*garder laissier*, *gardez laissiez*, *gardé laissié*), teils im Sprachschatz überhaupt, wenn *ch* oder *g* dem *ie* vorausging (*cerchier*, *legier*). In jenem Falle liegt wahrscheinlich ein associativer, in diesem ein kinetischer Wandel vor. Dieser hat sich etwas später als jener vollzogen und ist erst an der Schwelle des 16. Jahrhunderts durchgeführt worden. Vor *n* blieb *ie* erhalten (einziges Beispiel *chien*).

Für das 14. und mehr noch für das 15. Jahrhundert ist charakteristisch ein Schwanken in der Silbenzahl bei zahlreichen Worten, die derselbe Dichter bald in der vollern bald in der kürzern Gestalt verwendet. Dieses Schwanken erklärt sich besonders aus folgenden Erscheinungen des Lautwandels. (Ich folge hier vielfach Tobler, Vom französischen Versbau, Leipzig 1883, jetzt 4. Aufl. 1903.)

Dumpfes *e* im An- und Inlaut verstummt vor folgendem Vokal: *cheveleüre empereeur Loeïs Beorges*, *veoir*, *veü*, *veïsse*, *eüsse*, *eage*. Schreibungen wie *Boorges aage* zeigen, dass *e* zunächst an den folgenden Vokal assimiliert wurde und dann in diesem aufging. *e* ist erhalten geblieben und zu *ẹ* geworden in einigen Ausdrücken des Gerichtsstils (*séance échéance péage*), in *abbaye* (eig. *abeïe*) wegen *abbé*, in *géant* und *céans* die durch den Ausfall des *e* mit anderen Worten zusammengefallen wären, und in *obéir*.

a verstummt ähnlich vor betontem Vokal: *saoul* SATULLUM, *gaaing* und *gaaignier*, *aoust* AGUSTUM, *chaeine chaaine* CATENAM.

Die Aussprache von Orléans, Chartres und der Normandie kontrahierte *eü* zu diphthongischem *eu*. *bonheur* und *malheur* afrz. *bon eür*, *mal eür* aus BONUM (MALUM) AGURIUM wurden in Paris noch im 17. Jahrhundert wie *bonur*, *malur* gesprochen; die gebildete Sprache schloss sich dann in der Aussprache den südlichen und westlichen Nachbardialekten an. Ebenso lauten afrz. *jeüner* JEJUNARE und *feü* FATŪTUM, von FATUM + -ŪTUM, jetzt *jeuner* und *feu*.

Zusammenziehung der beiden Vokale zu einem Diphthong, dessen Accent auf den bis dahin unbetonten Vokal gelegt wurde, trat auch ein bei *aï*, *oï*, *uï*: *traïtre traitre*, *aïde aide*, *haïne haine*, *roïne roine*, daneben *reïne reine*, *fuïr fuir*; ferner bei *ië* in *peestre* PEDESTREM *piètre*, *anciien* ANTE + -IANUM *ancien*, *crestiien* CHRISTIANUM *chrétien*, *familiier* FAMILIAREM *familier*; bei *uë*, *ia*, *oui* in *écuelle* SCUTELLAM, *viande*, *diable*, *oui* afrz. *oïl*; bei *ions iez* in der 1. 2. Pl. des Imperfektum und Kondizionale; bei *oë*, welches durch die Zusammenziehung mit dem *oi* geschriebenen Diphthong gleichlautend wurde, in *moelle* afrz. *meole* MEDULLAM, *poêle* afrz. *paele* PATELLAM, *fouet* aus *fau* FAGUM + -ITTUM.

Zweisilbig blieben *trahir*, *trahison*, *pays* u. a.

Das dumpfe *e* verstummt ferner, wo ihm ein voller Vokal oder Diphthong vorausgeht, z. B. *prai(e)rie li(e)mier mi(e)nuit agré(e)ment dévoû(e)ment*; hinter betontem Vokal *iau(e)* AQUAM, *trouvoi(e) vendoi(e)*, und ebenso in der 2. Sg. und 3. Pl. des Imperfektums und Kondizionales. Hinter Konsonanten verstummte *e* in der vulgären Sprache seit dem 16. Jahrhundert: *p(e)tite, mir(ent)*, in der gebildeten Sprache erst später.

21. Die wichtigsten Veränderungen, welche das 16. Jahrhundert erlebte, sind die Umgestaltungen der Diphthonge *au, oi, ai* (vor *n* und in den soeben besprochenen Fällen von *ai* aus *aï*).

au wurde zu Bezas Zeit (1584) bereits monophthongisch gesprochen, z. B. *autre, hausse*. Der Laut des daraus kontrahierten *ō* war offen *(ǭ)* und wurde erst im 17. Jahrhundert zu *ọ̄* vertieft. Ebenso wurde *beau* zu *beǭ*, im 17. Jahrhundert zu *beọ̄* und mit Verlust des *e* zu *bọ̄*.

Der Diphthong *oi* wurde seit dem 13. Jahrhundert wie *oẹ*, dann wie *oę* gesprochen. Im 16. Jahrhundert zeigte die Sprache des Pöbels und des Hofes für den Diphthong ein *ę* in einer Anzahl von Worten und Formen, in denen zumeist auf betontes *oi* ein *e* oder auslautendes *s* folgt[1]. So in *François* Franzose, *Anglois* Engländer, *monnoie* MONETAM, *croie* CRETAM, *foible* FLEBILEM, *connoistre* COGNOSCERE, *emploite* IMPLICITA, *croire* CREDERE, *croistre* CRESCERE, *droit* DIRECTUM, *soit* SIT. Am häufigsten ist die Erscheinung in den Imperfecta und Kondizionalia: *vendoi(s)* VENDEBAM, *vendroi(s)* VENDERE (HAB)EBAM. Die gebildete Sprache hielt zunächst in den genannten Worten am Laute *oę* fest; doch verschaffte sich die Aussprache *ę* mehr und mehr Geltung auch in der höheren Rede, die nach einigem Schwanken sich bei *croire croître droit soit* für die Aussprache *oę*, bei den übrigen Worten und Formen für das einfache *ę* entschied, das Voltaire als *ai* auch in die Schreibung einführte (Siècle de Louis XIV, 1751), die die Akademie erst 1835 anerkannte *(connaître, faible, vendais, vendrais)*.

In allen übrigen Fällen ist der Diphthong *ọę* zu *ọá*, jetzt *uá* geworden, während die mittelalterliche Schreibung *oi* unverändert blieb. Dieses *ọa* war schon Palsgrave bekannt (1530); es war im 16. Jahrhundert vulgär und drang seit dem 17. Jahrhundert in die gebildete Sprache ein, wo es erst im 18. zur Alleinherrschaft gelangte. Auch die Worte *moelle poêle fouet* (oben 20) haben regelrecht die Aussprache *ọa* angenommen, nur dass daneben noch die durch die Orthographie empfohlene Aussprache *oę* besteht.

Nasales *oę*, z. B. in *joint point*, ist nicht zu *oa* fortgeschritten und erinnert noch heute an die ehemalige Aussprache von *oi*.

ai in *traître haine* hat die diphthongische Geltung nicht lange festgehalten und wurde in *ę* kontrahiert. Dieselbe Kontraktion erfuhr *ai* in den beliebten Endungen *ain aine*. Schon Joachim Du Bellay erklärt 1550 den Reim *fontaines : Athènes* für befriedigend; andere Grammatiker des 16. Jahrhunderts kennen noch die diphthongische Aussprache; doch hat diese kaum das 16. Jahrhundert überdauert.

22. Die auslautenden Konsonanten pflegten im 16. Jahrhundert, mit Ausnahme des *r*, vor konsonantischem Anlaut zu verstummen. Gesprochen wurden sie nicht allein vor vokalischem Anlaut, sondern auch vor einer Pause. Einige Reste dieser Aussprache haben sich bis auf den heutigen Tag erhalten *(soit!, net, fait, plus, sens, gens, tous)*; von ihnen abgesehen, ist die Sitte, den Auslaut vor einer Pause (also auch im Versschluss) hören zu lassen im Anfang des 17. Jahrhunderts ausser Gebrauch gekommen.

---

[1] Über die nicht völlig aufgeklärten Bedingungen des Wandels vgl. Horning in der Z. XXIII, 481.

Das 17. Jahrhundert hat bis auf die bis jetzt verbliebenen Ausnahmen (*mourrai, acquerrai*) die Länge *rr* verkürzt; also *terre* und *guerre* für die Aussprache in *tęre* und *gućre* verwandelt. Vereinzelte Beispiele für diese Verkürzung kommen seit dem 14. Jahrhundert vor.

Ausserdem hat es bei sämtlichen Nasalvokalen wie auch bei *ọę* (das zu *ọa* wurde) und bei *ẹ*, dem ein Konsonant folgte, eine sehr offene, wahrscheinlich zunächst vulgäre, Aussprache begünstigt. Die Nasalvokale *ü̃ (un)* und *ĩ (in)* nahmen wahrscheinlich im 16. Jahrhundert eine etwas geöffnete Aussprache (*ϕ̃* und *ẽ*) an, die im 17. Jahrhundert noch weiter geöffnet wurde. Das gleiche gilt für *ọ̃*. Dadurch flossen die ehemaligen Laute *eun* und *un*, *ain* und *in* in der Aussprache zusammen. Seitdem besitzt die französische Sprache nur die vier Nasalvokale *ọ̃ ę̃ ã ϕ̃*.

e und *ie* haben erst seit dem 18. Jahrhundert die heute übliche Aussprache: geschlossene im Auslaut oder vor einem verstummten Konsonanten, offene vor einem lauten Konsonanten. Diese Regel hat sich erst allmählich festgesetzt. Schon im 15. Jahrhundert ist die offene Aussprache der Endungen *iel, ier, ierre, ienne* (*miel, hier, pierre, gardienne*) nachweisbar; in der Mehrzahl der übrigen Endungen hat erst das 18. Jahrhundert die Aussprache *ę* eintreten lassen, so in *pere mere premiere*, in den Infinitiven auf *-er*.

Ein ganz allmähliches Sichherausbilden der heute geltenden Regel lässt sich in ähnlicher Weise bei dem auslautenden *r* beobachten. Im 17. Jahrhundert verstummte *r* in der gebildeten Sprache eine Zeit lang vor konsonantischem Anlaut auch in Infinitiven auf *ir* und in Substantiven auf *oir* und *eur*, in welchen erst das 18. Jahrhundert den Auslaut wieder befestigte. In einigen Worten (*faucheux, gâteux, piqueur*, gespr. *piqueu*) ist die Form mit verstummtem *r* üblich geblieben.

23. Nasales *o* und *a* ist heute vor nasalem Konsonanten im allgemeinen nicht mehr üblich; nur der Vokal vor mouilliertem *n* hat noch heute nasalen Anflug. Dagegen kannte das Altfranzösische nasales *o* in *donne* und *homme*, nasales *a* in *notanment, granmaire* (Molière), *femme*. In beiden Fällen gab die Sprache im 17. und 18. Jahrhundert die Nasalierung auf, doch ist eine Spur der letzteren in der offenen Aussprache des *o* (oben 22) und in der Aussprache *a* für lat. *e* (*femme* oben 18) geblieben. Anlautendes *ã* findet sich noch vor *n* oder *m* in *ennui ennoblir emmène*.

Die Verwandlung des *l* mouillé in *y* und das Verstummen der sog. *h* aspirée fällt ins 18. Jahrhundert. Dieses war provenzalische Sitte, die im Norden Eingang fand (doch sind Wallonen, Lothringer und Normannen beim lauten *h* geblieben); jenes gehörte im 17. Jahrhundert der niederen Pariser Sprache an, welche allem Wehren und Warnen der Grammatiker zum Trotz in den wichtigsten Umwälzungen, die seit dem 16. Jahrhundert die gebildete Aussprache erfahren hat, tonangebend gewesen ist.

Ein Lautwandel, der sich erst in jüngster Zeit vollzogen hat und durch den Einfluss der Schreibung und der Schule Hemmungen erfährt, ist die Angleichung eines Konsonanten an die stimmhafte oder stimmlose Form des ihm unmittelbar folgenden: *avec vous (gv), tu veux qu(e) je vienne (gž), l'évêqu(e) de Dijon (gd), une têt(e) de veau (dd), une tach(e) d'huile (žd), une pièc(e) d'or (zd), le s(e)gond (zg); la langu(e) française (kfr), la ru(e) de Seine (ts), là-d(e)ssus (ts), une rob(e) sale (ps), ils sav(ent) tout (ft)*. Dass die Assimilation im Französischen regressiv, im Deutschen progressiv wirkt (*hást du* wird *háste, Wintbraue Wimper*), beruht darauf, dass dort der Accent auf dem Ende, hier auf dem Anfang der Atemgruppe steht: ein Konsonant, der dem Accente näher steht, bleibt fester als der entferntere.

24. Neben den bis hierher beschriebenen Fällen des kinetischen Lautwandels, der auf anfangs minimalen, allmählich verstärkten Änderungen in den Bewegungen der Sprachorgane beruht, kommen auch andere Arten in Betracht. Fälle des springenden Lautwandels sind oft nur ein zur Gewohnheit gewordenes Sichversprechen. Dahin darf die Assimilation gerechnet werden, z. B. in *chercher*, neben *cercher* circare noch im 16. Jahrhundert gebraucht, dann allein üblich. Hier ist der Anlaut *s* der ersten Silbe an den Anlaut der zweiten angeglichen worden. Dissimilation zeigt sich in *foible* (jetzt *faible*), afrz. auch *floible* FLEBILEM, in *sujurne*, jetzt *séjourne*, aus *surjurne*, in *flairer* FRAGRARE, in *gencive* GINGĪVAM, prov. *angiva*; im prov. *gan ren* neben *gran ren* geht die Wirkung sogar von dem folgenden Worte aus. In der Regel ist der dem Accent am nächsten stehende Konsonant der beharrende, der widerstandsfähigere.

Zusammenlegung (Haplologie, *superposition*) von Lauten (wie im deutschen Worte *Kunststück*, wo nur ein *st* gesprochen wird) oder Silben ist im Französischen spärlich vertreten, z. B. in *contrôle* aus *contrerôle*, in *analyste* für **analysiste*.

Ein Fall von Metathesis liegt z. B. vor in dem prov. *laironici* LATROCINIUM, in COLURUS aus CORULUS, frz. *coldre*, jetzt *coudre*. Hier handelt es sich um Lauttausch (reciproke Metathese). Innerhalb derselben Silbe wird oft *r* umgestellt (*brebis* VERVĒCEM, *fromage* FORMATICUM). Dass diese Erscheinung mit voller Regelmässigkeit auftreten kann, zeigt die Umstellung von *Vokal* + *r* in *r* + *Vokal* im Auslaute, z. B. QUATTOR ib. *quattro* prov. *catre* frz. *quatre*, INTER prov. frz. *entre*.

Es giebt Wörter, deren Anwendung sich aus den Umständen oder dem Zusammenhang als so selbstverständlich ergiebt, dass eine blosse Andeutung ihrer Lautform genügt. Man nennt solche gekürzten Formen Kurzformen (Prestoformen). Vielleicht gehören dahin aus dem Vulgärlatein Formen wie AIO AS AT Subj. AIA aus HABEO HABES HABET HABEAM, VAO VAIS VAIT Imper. VA aus VADO VADIS VADIT VADE. Die Schrumpfung von AMBULARE zu *aller* und prov. *anar* wird von Bovet (Ancora il problema andare, Rom 1902), der einen Gedanken Baists verwertet, ansprechend auf im römischen Heer als Kommandowort gebrauchtes AMBULATE, das zu *ALLATE u. dgl. entstellt worden sei, zurückgeführt. Die Segen- und Fluchformeln *buer* und *mar* (älter *mare*) aus BONĀ HORĀ, MALĀ HORĀ darf man hierher ziehen, vielleicht auch *or(e)* aus HĀC HŌRĀ. Aus *de he ait..!* Gottes Hass habe..! ist *dehait* (im Sinne von Verwünschung) geworden, das dann ein neues *ait* neben sich nehmen konnte: *dehait ait..!* Das prov. *per amor* (mit *de* = wegen, mit *que* = weil) ist in heutigen Mundarten zu *pramo, permo* u. s. w. geworden (vgl. Mistral, Dict. unter *amor*). Besonders stark werden Höflichkeitsworte, die vor Eigennamen oder in der Anrede gebraucht werden, gekürzt. So erklärt sich *sire* aus SENIOR, *sieur* aus SENIOREM, das heutige *monsieur* (mit stummem *n* und *r*), das prov. *(e)n* aus DOMNE, *na* aus DOMNA. Möglicherweise sind auch *cit* und *cosin* prov. *cozi(n)* Kurzformen für lat. CIVITATEM frz. *citet* und CONSOBRINUM.

Euphemistische Wortentstellungen werden in Flüchen angewendet: *diantre* für *diable, parbleu pardi pardienne* für *par Dieu, sacrelotte* oder *saprelotte* für *sacrement, sacristi* oder *sapristi*, nach Littré für *sacristie*, eher für *sacramentum Christi*. In *tudieu* liegt Verkürzung vor aus *par la vertu Dieu*.

Wortkürzungen um mehrere Silben kommen bei modernen Lehnworten vor: *kilo(gramme)*, *auto(mobile)*, *métro(politain)*. Die von Molière gebrauchten *aga!* (vgl. it. *gua'*) aus *agar(e)!* und *ardez!* aus *regardez!* erklären sich wohl daraus, dass Gefahr im Verzuge wäre.

Von beiden Mitteln macht das Argot reichen Gebrauch (*sergot* für *sergent de ville, sous-off* für *sous-officier*); doch gehe ich darauf nicht weiter ein.

Nur angedeutet sei die Regelung der Aussprache nach der Schreibung: so ist das stumme *d* in *adjoindre, advenir, n* in *convoiter* schliesslich laut geworden, und das jetzt zuweilen gehörte *aiguiser* mit stummem *u* dürfte mit der Schreibung von *déguiser* zusammenhängen.

Die französische Grammatik des 16. Jahrhunderts ist dargestellt von Darmesteter et Hatzfeld, *Le seizième siècle en France.* Septième édition 1904 und von Marty-Laveaux in *La Pléïade française*, 1895. — Für die Lautentwicklung seit dem 16. Jahrhundert ist grundlegend das Werk von Ch. Thurot, *De la prononciation française depuis le commencement du XVIe siècle*, 1881. — Für das 14. Jahrhundert kommen O. Knauers *Beiträge zur Kenntnis der französischen Sprache des 14. Jahrhunderts* (im Jahrbuch für romanische und englische Literatur, Band VIII—XIV) in Betracht.

Reich an wichtigen Beobachtungen über die Entwicklung des Französischen ist Toblers Schrift: *Vom französischen Versbau alter und neuer Zeit.* 4. Auflage. 1903. — Ich nenne ferner des Abbé Bellanger *Etudes historiques et philologiques sur la rime française*, 1876. — H. Nagel, *Die metrischen Verse Jean Antoine de Baïfs*, 1878. — M. Hossner, *Zur Geschichte der unbetonten Vokale im Alt- und Neufranzösischen*, 1886. — Rydberg, *Zur Geschichte des französischen ə*, Upsala 1896—1898, 3 Teile. — D. Behrens, *Über reciproke Metathese im Romanischen*, Greifswald 1888. — M. Grammont, *La dissimilation consonantique*, Dijon 1895, dazu G. Paris im *Journal des Savants*, Februar 1898.

Yve-Plessis, *Bibliographie raisonnée de l'argot*, Paris 1901. — Villatte, *Parisismen*, 5. Auflage, 1900.

Verf. gedenkt immer noch im Verlag von Niemeyer in Halle erscheinen zu lassen: *Die Lautentwickelung der französischen Sprache von der Romanisierung Galliens bis zur Gegenwart.*

D. DIE LEBENDE FRANZÖSISCHE SPRACHE.

25. Gegenwärtig setzt sich die französische Sprache aus folgenden Lauten zusammen.

Selbstlaute.

ụ ọ ǫ̃ ǫ ã ạ ą ę̃ ę ẹ ị | *ụ̈ œ̣ œ̨̃ œ̨* z. B. *nous dos rond encore vent pâte patte faim mais aimé mari — nature eux un leur.*

Die offenen Laute *ų, į, ų̈, œ̨* (im Deutschen *Butter, Rippe, Hütte, Götter*) fehlen dem Französischen. Die unbetonten Vokale nehmen gern eine mittlere Aussprache an. Beispiele für diese mittleren *u, o, a, e, i, ü, œ* zeigen die ersten Silben der Worte *bouton voler partir baiser rideau lutter fleurir*.

Mit diesem mittleren *œ* trifft das dumpfe *e* (betont hinter dem Imperativ: *donnez-le*, unbetont z. B. in *besoin*) zusammen.

Mitlaute.

	Verschlusslaute		Reibelaute		Nasale	Zitterlaute	Halbvokale
	stimmlose	stimmhafte	stimmlose	stimmhafte			
velares	*k*	*g*					
palatales				*y*			*i̯*
dentales	*t*	*d*	*s, š*	*z, ž*	*n*	*r, l*	
labiales	*p*	*b*	*f*	*v*	*m*		*u̯, ü̯*

Beispiele: *car, gant, paille, pieu, tant, dent, cent, chant, baiser, jardin, bonne, rien, laver, père, bain, faim, vain, main, roi, huit.*

Hierzu mouilliertes *n: besogne.* Stimmlos sind *n, m, i̯, u̯, ü̯, r, l,* z. B. in *picnic schisme tien toit puis pré clou.*

Der Laut *š* wird *ch*, *ž* wird *j* (vor *e*, *i* auch *g*) geschrieben. Für *u* steht *ou*, für *ü* steht *u*.

Die besonders in Paris übliche diphthongische Aussprache der Ausgänge von *paye*, *voient* (= *pę̨i̯*, *vuai̯*) und die Aussprache des *l mouillé* z. B. in *grenouille deuil Versailles soleil* widerlegt die oft geäusserte Behauptung, dass der französischen Sprache die echten Diphthonge fehlen.

26. Nach Vietor 264 entfernt sich die moderne französische Aussprache dadurch von der deutschen, dass die Zunge zu vorgeschobener, enger und bestimmter Artikulation neigt und dass die Labialisierung sehr ausgeprägt ist. Die enge (gespannte) Aussprache umfasst die betonten Mundvokale, doch werden die Nasalvokale (sicher *ã* und *ẽ*) weit (ungespannt) hervorgebracht[1]. Auch wird der anlautende Konsonant vom Franzosen voller artikuliert als vom Deutschen. Wenn z. B. dieser in *Biene*, *Busen* die *b*-Stellung sogleich wieder verlässt, um nur den Gleitlaut zum folgenden Vokal hervorzubringen, stellt der Franzose zunächst den Mund auf den folgenden Vokal ein und artikuliert dann den Konsonanten vollständig, sodass zwischen dem *b* in frz. *bis* und dem *b* in frz. *bout* ein hörbarer Unterschied ist. Der Stimmton setzt im Französischen schon vor der Explosion, im Deutschen erst einen Augenblick nach ihr ein. Sonst sind es besonders folgende Punkte, welche bei der Aussprache des heutigen Französisch dem Deutschen Schwierigkeit machen: das Verstummen des dumpfen *e*, die Quantität der Vokale, die Quantität der Konsonanten, die Betonung, die Melodie, das Tempo, die Bindung.

Das in der Prosa stumme *e* ist auch im Verse nicht laut. Dagegen macht sich die ehemalige Zweisilbigkeit noch darin geltend, dass der nasale Vokal in *tante*, *ronde* (freilich auch in *sens*, *cinq*) eine längere Dauer hat als in *tant*, *rond* und dass z. B. *borne*, *morte* mit den deutschen Worten *Born*, *Mord* keineswegs gleichlauten: im frz. *borne*, *morte* wird auf dem *r* länger verweilt, wodurch das folgende *n* oder *t* den Wert einer Nebensilbe erhält. Auch in *amie*, *bouchée* (Subst.) ist *e* nicht spurlos untergegangen, sondern *amie* unterscheidet sich von *ami*, *bouchée* vom Participium *bouchée bouché* durch längere Dauer des *i* oder *e* und, nach Poirots Beobachtung, auch durch eine tiefere Tonlage (Mémoires de la Société néophilologique à Helsingfors III 540 f.). Unter bestimmten Bedingungen ist das dumpfe *e* noch heute deutlich hörbar, wie in *le* hinter einem Imperativ *(donnez-le)*, der einzige Fall, wo es noch heute den Hochton trägt, oder vor einem ehedem gesprochenen *h (dehors*, *cette haine)*, in welchem Falle freilich die Verstummung des *e* mehr und mehr um sich greift, auch in Fällen wie *exactement*, *département*, *Charleville*, *table d'hôte*. Es handelt sich hier um die zuerst von Passy formulierte *loi des trois consonnes*, die *e* laut bleiben lässt, um das Zusammentreffen dreier Konsonanten zu vermeiden; doch sind Gruppen mit *r*, *l*, *u̯*, *i̯*, *ü̯* als drittem Konsonanten gestattet: *bell(e) grandeur (lgr)*, *tu l(e) prends (lpr)*, *tout(e) blanche* (*tbl* oder *dbl*), *cach(e)-toi (štu̯)*, *cach(e)-lui (šlü̯)*. In *ours blanc* «Eisbär» und ähnlichen Fällen wird hinter dem *s* in der Aussprache ein dumpfes *e* eingeschaltet. Ganz stumm ist *e* nur hinter *l*, *m*, *n*, *r*, *ss*, *ch*, z. B. *mule*, *sublime*, *reine*, *pure*, *masse*, *glace*, *ruche*, während es sich hinter *p t f qu (dupe imite calife chaque)* dem Verstummen nähert und hinter *b d g v x* noch leise hörbar ist.

Die Quantität der Vokale lässt sich nicht mit den beiden Gruppen der Länge und der Kürze erschöpfen; vielmehr muss noch eine halblange

---

[1] Nach Zeitschrift für französische Sprache XXI, 2, 163 würden die frz. Nasalvokale heute alle eng *(narrow)* gesprochen.

oder schwankende Dauer angesetzt werden, und vor *r* z. B. in *dire, finir* kann man in der Pariser Aussprache oft eine vierte Quantität, die Überlänge, beobachten. Julius Jäger hat in seiner Abhandlung «Die Quantität der betonten Vokale im Neufranzösischen», Heilbronn 1883, die genauen Angaben des Sachsischen Wörterbuchs gut verwertet, allein die gebräuchlichsten Konjugationsendungen mit Stillschweigen übergangen. Bei den unbetonten Vokalen verdienen die Längen z. B. in *pāsser, nātion, grōssir, arrōser, māison, bāron*, die Kürzung z. B. in *faisons, otage, chacun, rôtir hôtel* (trotz der Schreibung mit Circumflex) Beachtung. Doch ist die unbetonte Länge überhaupt von geringerer Quantität als die betonte, vgl. *pâte pâté, vendre vendrons*, daher auch *la part* am Ende einer Atemgruppe längeres *a* hat als im Innern, z. B. in *faire la part du feu*. Die früher übliche Dehnung, die einzutreten pflegte, wo ein auslautendes *s* verstummte, und die eine Unterscheidung des Plurals vom Singular auch vor konsonantischem Anlaut gestattete, hat sich wieder verloren. Vor einfachem *r* ist jeder Vokal lang (*or* und *adore* haben gleichen Vokal). Einfaches *l* liebt fast ebenso entschieden die Kürze, daher in *étoile, sociale* trotz der Verstummung des *e* keine Länge vor *l* gesprochen wird (doch sind lang *pâle, brûle, coule, roule, croule, soûle, goule*). Im allgemeinen neigen offene Vokale zur Kürze, geschlossene zur Länge. Stimmlose Verschlusslaute, auch mit *r* kombiniert, lieben vor sich kurzen Vokal (doch steht langer in *prêche, meute, traître, autre*). Stimmhafte, allein oder mit *r*, lieben vor sich langen Vokal (Ausnahme die Endungen *able ade ode*). Wo *s* verstummte oder Kontraktion stattfand, ist der Vokal zum Ersatz gedehnt (*prêtre, vêpre*), doch ist der Vokal dennoch kurz in *bûche, embûche, épître, huître, voûte, flûte, aumône, ruche, mouche, croûte, forêt, écoute* (und bei anlautendem *é-* aus *es-* überhaupt) sowie in der 1. 2. Pl. des Perfekts: *aimâmes, rendîtes, fûtes*, in *notre, votre*. Vor mehrfacher Konsonanz und im Auslaut steht gewöhnlich Kürze. Die Unterscheidung von *aimât* und *aima* bereitete schon dem jungen Rousseau Schwierigkeit (doch ist in *fût-ce* die Länge erhalten). *table* und *mœurs* haben langen Vokal beim Verstummen des auslautenden *e* und *s*, doch ist der Tonvokal beträchtlich kürzer, sobald *e* und *s* gesprochen werden.

Über die Quantität der Konsonanten hat Trautmann richtig beobachtet. In einzelnen Fällen ist im Anschluss ans Latein in Fremdworten konsonantische Länge wieder hergestellt worden (*immense, inné, illégal*). Sonst pflegt hinter kurzem Vokal konsonantische Länge zu stehen (*robe, école, ballade* u. s. w.), die wohl als Ersatz für das verstummende *e* eingetreten ist.

Die Betonung des Französischen ist von der des Deutschen sehr verschieden: sie ist minder kräftig und von dem Bestreben beherrscht, beim Aussprechen der einzelnen Silben die Kraft ziemlich gleichmässig zu verteilen. Die Sprache hat die Tendenz, einen regelmässigen Wechsel von Hebung und Senkung herzustellen und scheut daher die Ausstossung eines dumpfen *e* (*remis, ce, un(e), leçon*, aber *il le r(e)met, de c(e) temps, la l(e)çon*) eben so wenig wie eine Accentverlegung (*voùs avéz*, aber *àvez-vóus, là maisón*, aber *la màison roúge*).

Auch das Verhältnis der verschiedenen Wortaccente in der Rede zu einander hat seine Besonderheiten, zumal im Satzende. Pierson hat von den Eigentümlichkeiten der Aussage, der Frage und des Ausrufs gehandelt und auch auf die Melodie der Rede, die mit der Satzbetonung in engem Zusammenhange steht, dabei Rücksicht genommen. Die französische Sprache lässt, und zwar schon seit dem 16. Jahrhundert, die Tonhöhe und Tonstärke am Satzschlusse gern aus einander fallen, sodass der stärkste Accent auf die letzte Silbe, der höchste Ton der Sprachmelodie auf die vorletzte Silbe fällt. Dieses Auseinanderfallen von chromatischem und expiratorischem Accente hat dann in der gewöhnlichen Rede oft eine Zurückverlegung des letzteren auf die von jenem betroffene Silbe herbeigeführt (*as-tu fini?* Pierson S. 175, 244), wodurch sich manche Gelehrten über die wahre Stelle des französischen Wortaccentes haben täuschen lassen. Auch macht die französische Rede von monotonen, d. h. auf eine und dieselbe Note gesprochenen, Sätzen oder Satzteilen Gebrauch, besonders, wenn zu dem mit Affekt gesprochenen Hauptteile der Rede noch nachträglich ein Nebenumstand hinzugefügt wird (Pierson S. 161):

Näheres bei Pierson, wo auch von den Pausen (Cäsuren) der Rede und dem ihnen vorausgehenden Tonfall gehandelt wird.

Das Tempo der französischen Rede weicht stark von dem Tempo der deutschen Rede ab. Das Deutsche vermehrt gern die Dauer der betonten Silbe auf Kosten der unbetonten, indem es jene, wenn sie lang ist, überlang macht oder vor eine kleine Pause setzt, sodass z. B. *Steht die Form aus Lehm gebrannt* im folgenden Tempo gesprochen wird:

während der Franzose in der affektlosen Rede, z. B. im ersten Vers einer bekannten Fabel: *Un chien vendu par son maître*, im Ungefähren allen Silben mit Ausnahme der letzten gleichen Abstand geben wird. Man vergleiche auch die Aussprache des französischen Wortes *régiment*  mit der des deutschen Wortes *Regiment* .

Die *liaison* oder Bindung des auslautenden Konsonanten mit dem vokalischen Anlaut des folgenden Wortes, die in das Gebiet der Satzphonetik oder *sandhi* gehört, beruht auf dem für das Französische charakteristischen leisen Einsatz des anlautenden Vokals (der Vokaleinsatz des Deutschen ist fest). Sie ist in der Sprache des gewöhnlichen Lebens nur noch in beschränktem Masse, nur bei eng verbundenen und häufiger angewandten Wortfolgen, üblich geblieben. Es giebt Wörter, die ihre volle Form nur in einer einzigen Redensart (*corps et bien, un pied-à-terre*) gewahrt haben.

M. Trautmann, *Die Sprachlaute im Allgemeinen und die Laute des Englischen, Französischen und Deutschen im Besonderen*, 1886, neue Bearbeitung 1901. — W. Vietor, *Elemente der Phonetik und Orthoepie des Deutschen, Englischen und Französischen*, 1884, 3. Aufl. 1894. — P. Pierson, *Métrique naturelle du langage*, 1884. — Lütgenau in Herrigs Archiv 72, 59. — Benecke in seiner *Schulgrammatik*. — Wulff, *Några ord om aksent*, in den *Forhandlingar ved det nordiske Filologmode i Kristiania*, 1881. — Rodolfo Lenz, *Fonética francesa*, Santiago de Chile 1893. — Paul Passy, *Les sons du français*, 5. Aufl. 1899 und *Le français parlé*, 4. Aufl. 1897. — Rousselot et Laclotte, *Précis de prononciation française*, Paris 1902. — Nyrop, *Manuel phonétique du français parlé*, 2. éd. 1902. — Sudre, *Petit manuel de prononciation française*, Paris 1903. — Zünd-Burguet, *Méthode pratique, physiologique et comparée de prononciation française*, Paris 1902. 2 Bde. — Jean Passy et Adolphe Rambeau, *Chrestomathie française*, 2. Aufl., Paris 1901. — H. Michaelis et P. Passy, *Dictionnaire phonétique de la langue française*, 1897. — Ph. Wagner in Vietors *Phonetischen Studien* VI, 1 f.; Aage Mörch in dessen

Neuern Sprachen III, 581 f. — Mende, *Die Aussprache des französischen unbetonten* e *im Wortauslaut*, Zürich 1889. — Koschwitz, *Zum tonlosen* e *im Neufrz.*, Z. f. frz. Sprache XIII, 1, 118. — Genlis, *L'e connu sous le nom général et souvent impropre d'*e *muet*, Chaumes 1901.

3. LAUTLICHE ENTWICKLUNG DER MUNDARTEN.

Infolge des Wandels eines bestimmten Lautes wird ein sprachliches Gebiet von dem umgebenden differenziert und durch eine Grenze geschieden, die ich Lautgrenze nenne. Zum Begriff der Sprachgrenze oder Mundartgrenze gehört es, dass an einer und derselben Linie sich mehrere sprachliche Züge von einander abheben, ein Fall, der auf dem Boden Frankreichs mehrfach vorkommt.

27. Man kann die Mundarten eines Landes in verschiedener Weise darstellen, je nachdem man Lokalitäten oder sprachliche Züge als Einteilungsprinzip wählt. Ich gebe dem zweiten Prinzip so sehr den Vorzug, dass ich es zur Erreichung voller Einsicht in die mundartliche Gestaltung für notwendig erachte, dass in Bezug auf jeden für eine bestimmte Gegend charakteristischen Zug das Verhalten des Gesamtgebietes überblickt wird. Wo meine Angaben hinter dieser Anforderung zurückbleiben, fehlt mir zur Zeit noch die vollständige Kenntnis der sprachlichen Tatsachen.

So gut wie auf jedem andern muss auch auf diesem Gebiete Exaktheit erstrebt werden. Bei einer Entwicklung, wo alles in einander greift, dürfen auch Einzelheiten nicht vernachlässigt werden, und wie soll es möglich sein, die zahlreichen heimatlos überlieferten Texte der mittelalterlichen Litteratur lokal zu bestimmen, so lange nicht über die Ausdehnung der einzelnen Lauterscheinungen exakte Feststellungen gemacht sind? Die Forschung darf erst da Halt machen, wo das zur Verfügung stehende Material versagt.

Hieraus geht schon hervor, dass mit der Erforschung der lebenden Patois der Anfang gemacht werden müsste. Dazu aber sind Wanderungen von Ort zu Ort nötig; denn gedruckte Proben und grammatische Darstellungen fehlen noch für weite Strecken, sodass ein vollständiger Überblick zur Zeit unmöglich ist. Reiche Belehrung gewährt in dieser Hinsicht schon jetzt, und verspricht noch mehr, der *Atlas linguistique de la France* von Gilliéron und Edmont (seit 1902 erscheinend); doch war es begreiflicherweise nicht möglich, die in rascher Folge erschienenen vierzehn Lieferungen, die 654 Karten von *A* bis *Gonflée* umfassen, für die zweite Auflage des *Grundrisses* systematisch auszunutzen. Ich habe mich daher auch in dieser auf die älteren mundartlichen Texte beschränkt, die etwa seit der Mitte des 13. Jahrhunderts fast aus allen Gegenden Frankreichs vorliegen (aus manchen wie Savoyen, Ardèche, Corrèze, Hautes-Alpes fast nur aus späteren Jahrhunderten) und natürlich mit vielen Reserven benutzt werden müssen, da eine Urkunde, deren Abfassungsort feststeht, darum noch nicht in der daselbst heimischen Mundart geschrieben zu sein braucht.

Durch die Untersuchungen de Tourtoulons, Revue des langues romanes XXXIV, 130, Hornings, Z. XVII, 160[c], Gauchats, Arch. f. d. St. d. n. Spr. CXI, 365 u. a., ist die Methode der Mundartenforschung in ein neues Stadium getreten. Es ist Gröbers Verdienst, dieses theoretisch angebahnt zu haben (*Grundriss*, 1. Aufl. S. 416 f.; 2. Aufl. S. 586 f.). Als Hauptaufgabe muss einstweilen die Ermittlung der Gebiete erscheinen, auf denen die Mundart annähernd konstant bleibt, und die Ermittlung der Grenzen, an denen mehrere Erscheinungen des Lautwandels zugleich einsetzen. Erst nach der Erledigung dieser und andrer Vorfragen lässt sich die Frage nach der ältesten mundartlichen Gestaltung Frankreichs und nach der spätern Fortentwicklung in Angriff nehmen. Jene wird an die Sprachen der Urbevölkerung angeknüpft und auf Lautsubstitution beruht, aber auch durch Besonderheiten der Artikulation den Keim zu spätern Lautwandlungen gelegt haben.

Ein historischer Lautwandel findet seine Schranke teils in Abweichungen der Lautbildung — eine Gegend, deren Sprache den dem Wandel unterliegenden Laut nicht aufweist, kann von diesem Wandel auch nicht betroffen werden — teils in Stockungen des Verkehrs, die in natürlichen Hindernissen, wie Bergen, Wäldern, Steppen, in politischen oder kirchlichen Abgrenzungen begründet sind, während Verkehrswege, wie Land- und Wasserstrassen, der Besuch von Jahrmärkten, Messen, Handelsplätzen und Wallfahrtsorten, den Verkehr fördern. Eine Erforschung der Zusammenhänge des sprachlichen Lebens mit den teils festen teils im Laufe der Zeit veränderlichen Verkehrsströmungen ist noch kaum in Angriff genommen.

Eine wertvolle Beobachtung verdanken wir Böhmer (Rom. Studien I, 629), der darauf hinwies, dass die Grenzen des Mittelrhônischen sich zum Teil in auffallender Weise decken mit den Grenzen des ersten Königreichs Burgund, das 534 mit dem fränkischen Reich vereinigt wurde.

Der Fall, dass die mundartlichen Laute über ein Gebiet von einiger Ausdehnung fast konstant bleiben, scheint der seltnere zu sein. Ein solches Gebiet scheint im Südwesten vorzuliegen, wo in den Gauen der Sarthe, von Eure-et-Loir und Seine-et-Oise die Sprache geringe Schattierungen aufweist, ähnlich auch in den südwärts anstossenden Maine-et-Loire, Indre-et-Loir, Loir-et-Cher, Loiret. Vom Val d'Ajol (an der Grenze von Vosges und Haute-Saône) sagt P. Passy: Lorsqu'on parcourt ce vaste territoire, on est tout étonné de ne pas y trouver de variations dialectales marquées, und vom östlichen Rouergue Durand: Le patois est d'une uniformité presque parfaite. Anderseits sondern sich selbst in Stadtgemeinden einzelne Viertel mundartlich ab. So die Marseiller Vorstadt Saint-Jean, der Plan de l'Olivier zu Montpellier, der auf dem linken Garonneufer belegene Teil von Toulouse, der bereits Gascognisch spricht.

Horning konstatiert auf galloromanischem Boden neun Grenzlinien, die freilich noch nicht in ihrem ganzen Verlauf, sondern nur in Teilstrecken ermittelt sind. Am Besten sind wir über die meist als Gürtel erscheinende Grenze zwischen Provenzalisch und Französisch unterrichtet. Die übrigen Linien laufen zwischen Francisch und Picardisch, Picardisch und Wallonisch, zwischen diesem und Lothringisch, zwischen *saulnois* und *vosgien*, zwischen *vosgien* und Burgundisch, zwischen diesem und Mittelrhônisch. Eine Linie trennt das Auvergnische vom Rouerguischen, eine andre im Rouerguischen selbst den Osten vom Westen.

Heute sind die Patois in rascher Zersetzung begriffen, ihr Untergang nur eine Frage der Zeit. Sie werden von der auf der francischen Mundart beruhenden Gesamtsprache zurückgedrängt und durch ein lokal temperiertes Schriftfranzösisch ersetzt.

Dieser Prozess zeigt sich spurenweise im 12. Jahrhundert, und nimmt mit jedem folgenden weitere Ausdehnung und stärkere Wirkung an. Er ergreift zunächst die litterarisch interessierten Kreise, die Geistlichen, Adlichen und Beamten. Die Ungebildeten in den Städten und die Landbewohner werden erst weit später von der Bewegung erfasst. Die Mundarten halten sich um so länger, je mehr sie vom Francischen verschieden sind; auch begünstigt die politische Trennung im allgemeinen die Erhaltung sprachlicher Selbständigkeit, wie in Lüttich, in Metz, in der eine Zeit lang England zugehörigen Gascogne, auf den normannischen Inseln. Doch giebt es Ausnahmen. So wird in der Grafschaft Savoyen schon im Mittelalter beständig in der Schriftsprache geurkundet, nicht in der heimischen Mundart. Von den noch nicht abgeschlossenen Enquêten der Sociétés savantes über die «substitution du français au latin et au provençal» liegen mir die von Blanc über Narbonne (Bull. hist. et phil. 1897, S. 584) und die von Alfred Leroux über Limoges (ebd. 1900, S. 482) vor. Dort wurde die Kenntnis des Französischen in der Bevölkerung, die daneben am Provenzalischen festhielt, gegen die Mitte des 16. Jahrhunderts allgemein, während Adliche und Studierte schon seit dem Anfang des 15. Jahrhunderts französisch sprachen. In Limoges war das Latein, daneben in geringerm Masse das Provenzalische, die offizielle Sprache, bis in der ersten Hälfte des 15. Jahrhunderts das Französische beide verdrängte. In manchen Gegenden, wie in der Normandie, sind francische oder fast francische Urkunden schon im 13. Jahrhundert keine Seltenheit. Ein Vertrag des Herrn von Navailles (Basses-Pyrénées) mit dem Seneschal der Gascogne wird 1263 französisch abgefasst.

In den Städten Lyon und Genf ist das Patois im Anfang des 19. Jahrhunderts erloschen. Die Genfer Regierung, die es lange zu offiziellen Bekanntmachungen benutzt hatte, entschloss sich plötzlich im Anfang des 18. Jahrhunderts die Mundart aus dem offziellen Verkehr und der Schule zu verbannen, was dann die erwähnte Folge gehabt hat. Aus dem Kanton Neuenburg wird das Patois demnächst, mit dem Tode einiger alten Leute, verschwunden sein, und um die Kantone Genf und Waadt steht es nicht viel besser.

Ich lege hier die mir zugänglichen Urkunden des 13. Jahrhunderts zu Grunde und habe nur zur Ergänzung die heutigen Patois auf Grund des Sprachatlasses und anderer Quellen herangezogen. Ich werde auf die Angaben des Atlasses bei wichtigeren Erscheinungen wenigstens hinweisen.

28. Mit Ascoli und Paul Meyer wähle ich zum Haupteinteilungsgrund die Behandlung des freien betonten A. Dasselbe bleibt *a* im Provenzalischen, wird *ie* hinter Palatalen und bleibt sonst *a* im Mittelrhônischen, wird *ie* hinter Palatalen und wird sonst zu *e* (mundartlich zu *ei*) im Französischen[1].

Ich habe einige der wichtigsten Lautunterschiede innerhalb Frankreichs auf Karten dargestellt. Dabei habe ich die mir zugänglichen lokalisierbaren Texte zu Grunde gelegt und, wo mir mittelalterliche Texte fehlten, die heutigen Patois ergänzend herangezogen. Die Lautverhältnisse habe ich durch Unterstreichen derjenigen Ortsnamen dargestellt, aus denen mir Texte zugänglich waren, und zwar beziehen sich die fortlaufenden Striche auf mittelalterliche Urkunden (die meisten aus dem 13., andere aus dem 12.—16. Jahrhundert), die unterbrochenen Striche auf Patoistexte (die meisten aus dem 19., einige auch aus dem 17. und 18. Jahrhundert). Das Verharren auf der älteren Lautstufe wird durch blaue, das Fortschreiten zu einem neuen Laute durch rote Striche ausgedrückt. Wo drei Stufen neben einander stehen, ist die konservative durch Blau, die fortgeschrittene durch Rot und die mittlere Stufe durch Schwarz — die Farbe des Centrums im deutschen Reichstag — bezeichnet. Da mir nicht aus sämtlichen Orten Sprachproben vorlagen, auch die mir vorliegenden Sprachproben zuweilen befriedigende Auskunft versagten, so habe ich die Grenzen

[1] Vgl. Atl. ling., Karte *chanter* und *chasser*.

der einzelnen Lauterscheinungen nur annähernd bestimmen können. Man denke sich die mit gleicher Farbe unterstrichenen Orte durch eine Linie verbunden; dann gehören sämtliche von dieser Grenzlinie eingeschlossenen Orte zu der gleichen Farbe.

Auf Karte I habe ich mit Blau die Lokalitäten ausgezeichnet, die das freie betonte A des Lateinischen festhalten, mit Schwarz diejenigen, welche es nur hinter Palatalen verwandeln, mit Rot die, welche es stets in *e (ei)* oder *ie* übergehen lassen. Von den Bedingungen, unter denen der Diphthong *ie* entsteht, ist oben (9) die Rede gewesen; hier sei noch bemerkt, dass im Osten (in Lothringen und südlicher) *ie* auch hinter *ür* lat. ŪR aus A entsteht, dass hier also wohl *ü* vermöge einer besonderen Artikulation die Fähigkeit besass das R zu mouillieren: *curié* CURATUM, *mesurier* MENSURARE.

A. DIE MITTELRHÔNISCHEN (FRANCOPROVENZALISCHEN) MUNDARTEN.

29. Die in Karte I eingetragenen Grenzen sind als die Hauptgrenzen des Französischen, Mittelrhônischen und Provenzalischen anzusehen. Meine Darstellung stimmt nicht ganz zu derjenigen Ascolis (Arch. glottol. III, 110; vgl. oben 10). Ascoli rechnet auch die Départements des Doubs, der Haute-Saône und des Wasgenwaldes zum Francoprovenzalischen, da die heutigen Mundarten dieser Gebiete allerdings, wo lateinisches A nicht zu *ie* werden musste, dafür *a* zeigen. Prüft man jedoch z. B. das Évangile selon S. Matthieu (environs de Baume-les-Dames, Doubs, vom Prinzen Bonaparte, London 1864, herausgegeben) auf dieses *a*, so findet man zwar zahlreiche *a*, die dem Französischen *e* aus A entsprechen, aber auch zahlreiche *a*, die sicher aus E entstanden sind und welche die Möglichkeit erweisen, dass auch in jenen *a* eine Rückkehr des alten *e* oder *ei* zu dem lateinischen A stattgefunden haben kann: *aivât* HABEBAT, *las* ILLŌS frz. *les*, *târe* TERRAM, *fâtes* FACITIS frz. *faites*. Die gleichen Formen kommen in den von Ascoli citierten Texten aus Besançon vor, und in dem Text aus Giromagny heisst der letzte Satz *a s'ah retrova* = *il s'est retrouvé*. In den Noëls d'Arbois (Recueil de poésies, Arbois 1802) ist *é* vorherrschend, und wenn sich *compâre* findet (frz. *compère*), so reimt es zu *târe* TERRAM. Die ältesten Beispiele dieser *a* aus *e* sind mir in der Handschrift des Priorat von Besançon aufgestossen, nämlich *las*, *das* für *les*, *des*. So lange das *a* dieser Mundarten nicht als ununterbrochene Fortsetzung des lateinischen *a* erwiesen ist, kann ich die fraglichen Gebiete nur zum Französischen rechnen.

Der Livre d'or de Saint-Claude (1315—1325) und die Franchises de Clairvaux (1305) führen im allgemeinen das französische *e* durch; jener verrät aber durch Ortsbenennungen (*le mas de pra* MANSUM DE PRATO), diese durch die Formen einer Flurbeschreibung die unmittelbare Nähe der Sprachgrenze.

Über den gegenwärtigen Verlauf der Sprachgrenze im Département des Jura spricht Toubin sich in folgender Weise aus (Revue des sociétés savantes, VI. Serie, IV. 65): *Si à quelques kilomètres au sud de Lons-le-Saunier vous tracez une ligne allant de l'est à l'ouest, vous aurez divisé notre arrondissement en deux contrées bien différentes au point de vue de l'étude qui nous occupe maintenant; au sud dans les cantons d'Orgelet, d'Arinthod, de Beaufort*[1], *de Saint-Julien, de Clairvaux et de Saint-Amour abonde la termi-*

[1] Wo freilich für *ils allaient allévin* gesagt wird.

naison a (Orbagna, Soucia, Bissia etc.); au nord cette désinence est aussi inconnue que dans les arrondissements de Poligny et de Dôle. Prolongez cette ligne à travers la circonscription de Saint-Claude, et elle divisera cet arrondissement comme elle divise le nôtre; Moirans et Saint-Laurent vous offriront le même antagonisme qu'Orgelet et Voiteur. Hiernach gehören Lons-le-Saunier, Voiteur und Saint-Laurent bereits zum französischen Sprachgebiet, und das Mittelrhônische reicht östlich vom Jura weit mehr nach Norden als westlich desselben.

Unbetontes A bleibt, vom Gascognischen abgesehen, bis an dieselbe Grenze, wo auch betontes A sich wandelt. Über die mittelrhônische Schwächung des unbetonten A zu *e* oder *i* giebt Ascoli Auskunft.

Das Mittelrhônische umfasst nach Karte I drei Départements auf dem rechten Rhôneufer (das Département des Ain, das der Loire und das der Rhône) und drei auf dem linken (die der Isère, Savoie und Haute-Savoie), wozu noch der Süden des Juragaues kommt; ferner die französische Schweiz nordwärts bis über Neuchâtel hinaus und die an Savoyen angrenzenden Alpengebiete Italiens.

Der südliche Teil des Isèregaus mit etwa 40000 Bewohnern spricht Provenzalisch. Die Grenze geht von Saint-Lattier an der Isère ostwärts, im Ungefähren dem Lauf der Isère parallel, bis zu den Grandes-Rousses.

Ein wichtiges Merkmal des Mittelrhônischen ist die Erhaltung des unbetonten o (oben 10). Dieselbe zeigt sich besonders in der 1. Sg. Prs. Ind. *(teno, dono, meto)*. Auf Karte II habe ich diejenigen Orte, welche unbetontes o bewahrt haben, mit blauer Farbe ausgezeichnet; diejenigen, welche unbetontes *o* im allgemeinen zu *e* schwächten, aber in der 1. Sg. Prs. Ind. unverändert liessen, mit schwarzer Farbe; diejenigen, welche auch in der 1. Sg. Prs. Ind. o zu *e* abschwächen oder ganz abstossen, mit roter. Die Karte zeigt, dass das zweite Gebiet (dasjenige, welches o bis auf Verbalformen der 1. Sg. aufgegeben hat) sich am Südrande des Mittelrhônischen hinzieht[1].

Ferner hat das Mittelrhônische die Verschlusslaute in französischer Weise behandelt, indem es den Unterschied, der im Latein zwischen der stimmhaften und stimmlosen Intervocalis bestand, aufhob. Da die Beispiele für den Ausfall der lateinischen Laute *t, d* am häufigsten vorkommen, habe ich auf Karte III nur diesen dargestellt. Der Ausfall ist hier älter als im Französischen, da er schon im 11. Jahrhundert vorkommt (Urkunde aus Montélier, canton de Chabeuil, Drôme, bei Paul Meyer *Recueil* S. 159, vgl. auch Rom. IV, 189). Er setzt sich auch nach Piemont und Ligurien fort.

B. DIE GASCOGNISCHEN MUNDARTEN.

30. Von den Mundarten Südfrankreichs sei ferner das Gascognische im Südwesten ausgeschieden, das im Mittelalter auch als besondere Sprache neben dem Provenzalischen aufgefasst wurde. Wir sind über das Gascognische durch die vortrefflichen Arbeiten Luchaires orientiert. Dasselbe reicht in den Pyrenäen nach Osten bis über das Flüsschen Garbet hinaus, welches bei Oust im Ariègegau in den Salat mündet. Darauf bildet die Arize von der Quelle bis zur Mündung in die Garonne, darauf die Garonne von der Mündung der Arize bis ans Meer die ungefähre Sprachscheide. Auf dem rechten Ufer der Garonne gehören noch zum Gascognischen die Städte Libourne und Castillon im Département der Gironde, sowie der Ort

[1] Vgl. Atl. ling., Karte *j'allume* und *j'entends*.

Gontaud in Lot-et-Garonne. Das Gascognische grenzt an das Französische bis in die Gegend von Castillon, von da an an das Provenzalische.

Gascognisch reden somit die Départements der Basses-Pyrénées (wo nur das baskische Gebiet in Abzug kommt), der Hautes-Pyrénées, der Landes, des Gers, der Süden des Départements der Haute-Garonne, der Westen des Départements Ariège, der Westen von Lot-et-Garonne und das Département Gironde bis auf einen Streifen an der Nordgrenze des Départements.

31. Von den sieben Kennzeichen des Gascognischen, welche Luchaire (*Études* S. 203) aufzählt, sind nicht alle in gleichem Masse charakteristisch. Der Übergang von V in *b* ist auch in Languedoc mehr und mehr üblich geworden[1]; der des F in *h* zwar schon früher constatiert, aber doch erst in der zweiten Hälfte des 15. Jahrhunderts durchgeführt worden (gerade wie im Kastilischen)[1]. Die Auflösung des L in *u* ist nach Zeit und Ort verschieden gestaltet. Der Ausfall des intervokalen N ist zwar, wo er vorkommt, charakteristisch, fehlt aber in einzelnen Texten oder Gegenden (Luchaire 210. 230)[2]. Der Übergang des anlautenden R in *arr* (*arram* RAMUM, *arriu* RIVUM) verliert sich um so mehr, je mehr man sich der Garonne nähert. Es bleiben noch als vielleicht die zutreffendsten Kennzeichen die Verwandlungen des LL: das inlautende geht in *r* über, z. B. *caperaa* CAPELLANUM, *apera* APPELLAT, *nabere* NOVELLAM[3]; das auslautende wird *d (t)*, im 12. Jahrhundert selten (Luchaire, *Recueil* N. 15), seit dem 14. häufiger auch *g (ig)*, das indessen nach Paul Meyers Beobachtung in Bordeaux und Umgegend unbekannt is: *ed (et)*, *eg* ILLUM, *saied* SIGILLUM. Mit dem Auslaut *g (ig)* soll wohl, wie im prov. *fag faig* FACTUM, ein *tš*-Laut bezeichnet sein, der heute besonders in den Tälern Baretous, Aspe, Ossau gesprochen wird[4].

Unter den einzelnen Mundarten des Gascognischen steht hauptsächlich die Mundart von Bearn im Gegensatz zu der von Armagnac. Jene bewahrt lateinisches D *creder* CREDERE, *beder* VIDERE; diese verwandelt D in *z* (oder *s*): *crezer, bezer*[5]. Jene stösst auslautendes N ab (*plee* PLENUM, *arrazoo* RATIONEM, die Verdoppelung des Vokals in diesem Falle ist ein graphisches Kennzeichen des Bearnischen), diese behält N (*plen, arrazon)*. Jene setzt *b* für Provenzalisches *v* zwischen Vokalen (*cantábe* CANTABAT, *abé* HABEBAT; diese setzt dafür einen dem Englischen *w* verwandten Laut (*cantáua, aué)*[6].

Einiges ist besonders für die Sprache der Pyrenäenbewohner charakteristisch. So das anlautende *lh*, das freilich auch in anderen Distrikten des Provenzalischen vorkommt; die Verwandlung von ND in *nn* oder *n (demanar)*; *ipse* als bestimmter Artikel (in den Landschaften Bigorre und Comminges, Luchaire *Recueil* S. 192), *el (ed, et, eg)* f. *era* in gleicher Funktion (bis an die Ostgrenze des Gascognischen reichend, von Accous bis Oust)[7]. Die beiden letzterwähnten Eigentümlichkeiten weisen nach dem Süden hin, wo sich das kastilisch-catalanische *el, ela* und in catalanischen Mundarten des Festlandes der (bekanntlich auch sardische) Artikel *ipse* wiederfindet. Endlich zeigt das Gascognische der Pyrenäen (ausgenommen die Gegend ober-

[1] Vgl. Atl. ling., Karte *fève.*
[2] Vgl. Atl. ling., Karte *échine.*
[3] Vgl. Atl. ling., Karte *belle.*
[4] Vgl. Atl. ling., Karte *château.*
[5] Vgl. Atl. ling., Karte *croyais.*
[6] Vgl. Atl. ling., Karte *commençait.*
[7] Vgl. Atl. ling., z. B. Karte 39, 223, 226, 558.

halb Saint-Gaudens an der oberen Garonne) sich noch darin mit dem Catalanischen verwandt, dass es der lateinischen Endung der 3. Sg. des Perfekts der ersten schwachen Konjugation (CANT-AVIT) *-a* entsprechen lässt (*canta,* nicht *cantet* wie im Provenzalischen und im nördlichen Gascognisch), vgl. Karte VIII.

C. DIE PROVENZALISCHEN MUNDARTEN.

32. Nach Abzug des Mittelrhônischen und des Gascognischen umfasst das Provenzalische 26 Départements teils vollständig teils zu beträchtlichen Teilen. Hierzu kommt die Nordwestecke des Départements Gironde, wo Puynormand provenzalischer Grenzort ist gegen das französische Lussac und gegen das gascognische Tayac. Ferner kommt hinzu der Ostrand des Départements der Charente mit la Valette, la Rochefoucault, Confolens.

Wir teilen die provenzalischen Mundarten ein nach der Behandlung der Lautgruppen CA und CT; jene wird auf einem Teile des Gebietes zu *cha,* diese auf einem Teile zu *ch*; z. B. CAUSAM wird entweder zu *chauza* oder *cauza,* FACTUM wird entweder *fach* oder *fait*[1]. Ich habe die Ausdehnung des *cha-* auf zwei Karten (IV und V) dargestellt; Karte IV zeigt dass auch das Französische nur bis an eine gewisse Grenze den Lautübergang durchgeführt hat. Eine andere Karte (VI) zeigt die Ausdehnung des spezifisch provenzalischen *ch* = CT. Da die Gebiete der beiden *ch* sich nur teilweise decken, so gestattet eine Kombination der beiden Karten eine Einteilung Frankreichs in vier Gebiete, je nachdem 1) weder das eine *ch* noch das andere *ch* vorkommt: *cauza fait* 2) *cha* aus CA, aber nicht *cha* aus CT: *chauza fait,* 3) sowohl *cha* = CA als *ch* = CT: *chauza fach,* 4) *ch* aus CT, aber nicht *cha* aus CA: *cauza fach.*

Beide *ch* fehlen auf dem normannisch-picardischen Gebiete der Langue d'oïl, von dem ich zunächst absehe. Beide fehlen ferner dem Gebiete, welches die Lücke zwischen dem Gascognischen, Catalanischen und dem Mittelmeer ausfüllt und dessen ungefähre Nordgrenze der Canal du midi bildet. Toulouse, Carcassonne und Narbonne gehören dazu.

cha aus CA, aber nicht *ch* aus CT charakterisiert das Gros der französischen Mundarten; auch die französische Schriftsprache und das Mittelrhônische gehören dahin. Von provenzalischen Mundarten schliesst sich das Auvergnische an.

Wie dieses in der Behandlung unserer Lautgruppen mit dem Französischen und Mittelrhônischen Hand in Hand geht, so trifft der Südosten von Languedoc, die *cauza-fait*-Mundart, mit dem Normannisch-Picardischen, mit dem Gascognischen und dem Catalanischen zusammen. Diese Übereinstimmungen lassen kaum Verwechslungen oder Irrtümer zu, da sich die

[1] Vgl. Atl. ling., Karte *étroite* und *chanter.*

Paul Meyers Tadel, Romania XXIV, 529, entbehrt jeder sachlichen Unterlage. Ich habe lediglich die Areale der beiden Lautwandlungen, die lat. CA und lat. CT betroffen haben, mit einander verglichen, keineswegs aber einen kausalen oder sonstigen Zusammenhang zwischen diesen Lautwandlungen angenommen. Es muss doch erlaubt sein, nicht nur zu fragen, welches Areal in Italien *ebbi* HABUI, welches Areal *vecchio* VETULUS einnimmt, sondern auch diese beiden Areale mit einander zu vergleichen, die sich teilweise örtlich decken. Ich hatte denn auch jene beiden Lautwandlungen auf verschiedenen Karten dargestellt. Diese Karten hat Paul Meyer nicht erwähnt, ebenso wenig freilich die Skizze von G. Paris in der Rev. crit. 1867, II, S. 345.

Ich nenne Formen oder Wörter, die mir für ein bestimmtes Gebiet, vielleicht auch für eine bestimmte Zeit besonders charakteristisch scheinen, Leitformen (Leitwörter), und halte auch ferner an meiner bisherigen Praxis fest!

provenzalischen Mundarten von den nichtprovenzalischen durch andere Züge deutlich genug abheben.

Es bleiben nun noch die beiden Streifen, auf denen das provenzalische *ch* = CT heimisch ist, teils mit *cha* = CA combiniert teils ohne dasselbe.

Hiernach giebt es zwei getrennte Landschaften die *chauza* mit *fach* verbinden: eine im Westen, das Limousinische[1], eine im Osten auf dem linken Ufer der Rhône. Das linksrhônische *chauza-fach*-Gebiet umfasst die Südhälfte des Départements der Drôme, das Département der Hautes-Alpes und den Norden der Basses-Alpes; es unterscheidet sich dadurch vom Limousinischen, dass es einige Züge des Mittelrhônischen teilt, wie die 1. Sg. Prs. Ind. auf *o* (die jedoch in Nyons zu fehlen scheint) und den Aus- oder Abfall des T oder D zwischen Vokalen und im Auslaut.

Auf dem vierten Gebiete findet sich die Kombination des *ca-* mit *ch* = CT von Mussidan in Périgord bis nach Menton in der Provence. Wir können dieses Gebiet das provencisch-languedokische nennen. Die Rhône bildet in ihrem unteren Lauf eben so wenig wie weiter hinauf eine Sprachgrenze, und ob ein Text nach dem östlichen Languedoc oder nach der Provence gehört, ist nicht auf den ersten Blick zu entscheiden. Die provencischen Texte zeigen oft die Formen *aquellos, aquestos* für die gewöhnlichen *aquels, aquests;* die Départements des Gard und Hérault lassen häufig *z* mit *r* und *r* mit *z* wechseln, z. B. *aurit* AUDIVIT, *faria* FACIEBAT, *aguezo* HABUERUNT, für das gewöhnliche *auzit fazia aguero.* Freilich ist die Erscheinung auf einen bestimmten Zeitraum beschränkt und findet sich auch, wenngleich minder häufig, in Roussillon, Limousin, Auvergne.

Der Artikel *ipse,* dessen Vorhandensein in Bigorre und Comminges wir soeben anmerkten (oben 31), findet sich auch im heutigen Provencisch (Sg. m. *sou* f. *sa,* Pl. *sei,* vor Vokal Sg. *sel,* Pl. *s'*), und zwar im *grassois* (Arr. Grasse, Alpes-maritimes), in Stücken der Arrondissements Castellane und Puget-Théniers, sowie in einigen Enklaven des Arr. Nizza.

Um noch ein weiteres Unterscheidungsmittel an die Hand zu geben, stelle ich den Abfall des auslautenden (lat. isolierten) N dar (Karte VII). Dasselbe fällt, sei es stets, sei es vor konsonantischem Anlaut, auf dem ganzen inneren Gebiete des Provenzalischen, welches von dem Gebiete, welches N in französischer Weise festhält, hufeisenförmig umschlossen wird.

D. SÜDGRENZE DER FRANZÖSISCHEN MUNDARTEN.

33. Die Südgrenze des Französischen berührt im Westen das Gascognische bis Lussac; darauf das Provenzalische von Puynormand bis in die Landschaft Roannais, und von da bis an die deutsche Sprachgrenze in der Schweiz, wo jene zwischen Courroux und Neuchâtel hindurchgeht, das Mittelrhônische. Hier im Osten liegt vielleicht nur eine Lautgrenze vor; wenigstens setzen sich die volleren Verbalendungen noch auf französisches Gebiet fort (Mâcon, Arbois), während sich wesentliche Züge des Französischen ohne Unterbrechung über mittelrhônisches Gebiet erstrecken. Anders die französisch-gascognische Grenze, die eine wirkliche Sprachgrenze ist, da sie eine Reihe von mundartlichen Verschiedenheiten zugleich sondert. Aber auch die französisch-provenzalische Grenze ist eine echte Sprachgrenze, deren Erforschung im Einzelnen durch die Seltenheit mundartlicher Proben aus den in Betracht kommenden Gegenden leider sehr erschwert wird.

[1] Eine limousinische Enklave, wo freilich dieses Patois fast ausgestorben ist, bildet die Töpferkolonie Saint-Eutrope bei Montmoreau (Charente), vgl. Revue des langues rom. IX, 261 f.

Was uns hierfür einigermassen entschädigen muss, sind die sprachgeographischen Angaben in folgenden Werken: de Tourtoulon et Bringuier, *Étude sur la limite géographique de la langue d'oc et de la langue d'oïl* (Archives des Missions III. Série, T. III) Paris 1876; de Tourtoulon in der Zeitschrift «la Farandole» 1879, S. 9—11; Rougerie *Vies de saint Israël et de saint Théobald,* Le Dorat 1871, S. 56; Thomas in den Archives des missions, III. Série, T. V. 1879; Foucaud, *Poésies en patois limousin,* éd. Ruben, Limoges 1870, S. LVII; Doniol, *Patois de la Basse Auvergne,* Paris 1877, S. 18—19.

Im Westen bildet zunächst die Gironde die Grenze zwischen dem Französischen und dem Gascognischen. Doch gehören einige Ortschaften im Norden der Landschaft Médoc an der Pointe de Grave, also auf dem linken Ufer der Gironde, noch zum Französischen: Le Verdon, Soulac, Royannais, Les Logis und weiter südlich am Meer Certes und Audenge; das *parler saintongeais* ist hier erst in moderner Zeit aus Marennes mit der Salzindustrie eingedrungen (Jouannet, Stat. du dép. de la Gironde, Paris 1837, Bd. I S. 182—183). Auf dem rechten Ufer der Gironde zieht sich ein schmaler Streifen gascognischer Ortschaften stromaufwärts. Hier ist der nördlichste gascognische Ort Villeneuve. Sechs Kilometer oberhalb Blaye verlässt die Grenze die Gironde um bis zu dem gascognischen Libourne dem Laufe der Dordogne parallel zu bleiben. Bei Libourne wendet sie sich nach Nordosten und nimmt bei dem französischen Orte Lussac vom Gascognischen Abschied. Der nächste Ort Puynormand ist bereits provenzalisch; desgleichen Gours und Saint-Antoine du Pizou (Gironde).

Da die Franzosen von den Gascognern Gabaï (*aï* einsilbig) d. h. Fresser genannt werden, so heisst der an der Grenze des Gascognischen gelegene Landstrich von Marcillac bis Coutras la Grande Gabacherie und auch die darin übliche Mundart Gabaï. Daneben werden auch die Bewohner *les Marotins,* die von ihnen gesprochene Mundart *le Maro* genannt. Die Petite Gabacherie ist eine französische Sprachinsel zwischen der Dordogne und der Gironde, welche ungefähr vierzig Kirchspiele in den Cantons Pellegrue (Gironde), Monségur (Gironde) und Duras (Lot et Garonne) umfasst und dem saintongischen Dialekt zugehört. Die Einwanderung der Gabaï soll in den Jahren 1524 und 1525 aus Saintonge, Anjou und Angoumois in die durch die Pest verödete Gegend stattgefunden haben. Die äussersten Ortschaften dieser Sprachinsel sind im Norden Massugas, im Westen Blasimont, im Südwesten Les Esseintes bei La Réole, im Osten, bereits im Département Lot-et-Garonne, Sainte-Colombe, Saint-Géraud und la Gupie am gleichnamigen Flusse. Als Hauptort gilt Castelmoron bei Sauveterre. (Eine Sprachprobe in den Mémoires de la Société des Antiquaires de France VI, S. 488—489.)

34. Die Grenze zwischen Französisch und Provenzalisch geht nun ungefähr der Grenze der Départements Charente und Dordogne entlang. Da wo sie die Dronne überschreitet, wird in zwölf Gemeinden (die grösste heisst Aubeterre) eine Mischsprache gesprochen, die von den Anwohnern *Angoumoisin* genannt wird. Die Sprachgrenze trifft sodann, östlich an dem saintongischen Grenzort Saint-Amand (bei Montmoreau) vorbei, auf das eine ähnliche Mischsprache redende Juillaguet (gleich westlich von dem provenzalischen La Valette), wo die Sprachgrenze die Départementsgrenze verlässt, um sich, an Angoulême vorbei, das im Westen liegen bleibt, ziemlich direkt nach Norden zu wenden, bis etwas westlich von La Rochefoucault. Von hier an wird die Grenze nicht mehr durch eine Linie gebildet, sondern durch einen breiten Landstrich, welcher sich zunächst bis an das Ufer der Vienne nach Nordnordosten, dann aber, so ziemlich die

Südgrenze der Départements der Vienne und der Indre entlang (von denen nur geringe Stückchen der Grenzmundart zugehören), allmählich breiter werdend nach Osten zieht. Auf diesem Landstrich wird *Marchois* gesprochen, eine Mischung des Französischen und Provenzalischen, die De Tourtoulon aus einem Durcheinanderwohnen von Franzosen und Provenzalen herleitet. Diese Mundart umfasst die Städte Saint-Claud, Champagne-Mouton, Availles-Limousine, Le Dorat, La Souterraine, Guéret. Die Mundart der Gemeinde Cellefrouin, westlich von Saint-Cloud, ist von Rousselot eingehend beschrieben in der Revue des patois gallo-romans, Band IV und V. Confolens und Bellac sind dem Marchois benachbart, sprechen aber bereits provenzalisch. Im Département der Creuse, bricht die von De Tourtoulon veröffentlichte Karte ab, so dass wir uns für die Fortsetzung der Sprachgrenze an die anderweiten Angaben halten müssen. Nach Rougerie bildet im Département der oberen Vienne das Flüsschen Gartempe, das zwischen Le Dorat und Bellac hindurchfliesst, die Sprachgrenze, eine Angabe, die sich mit der Darstellung De Tourtoulons so ziemlich deckt. Der Norden des Creusegaus spricht (nach Thomas, Arch. des missions scientifiques III. 5, 1879) ein Marchois von Guéret bis Boussac. Jenes liegt hart an der provenzalischen Sprachgrenze. Chénérailles ist, nach den Coutumes des Ortes zu schliessen, provenzalisch. Das Département des Allier ist zum grössern Teile französisch; doch setzt sich nach De Tourtoulon der Gürtel des Marchois längs der Grenze der Départements Allier und Puy-de-Dôme nach Osten fort, um bei der Landschaft Roannais angelangt in das Mittelrhônische einzumünden, dessen erste Spuren im Orte Saint-Haon im Département der Loire begegnen.

35. An der soeben dargestellten Grenze heben sich (mit vereinzelten Ausnahmen) die meisten Lautunterschiede von einander ab, welche das Französische vom Provenzalischen trennen. A wird nur im Norden zu *ẹ*. Nur im Süden fällt isoliertes N im Auslaut. Die französischen Diphthonge (*ei, oi; ou, eu*) machen dem einfachen *ẹ* und *ọ* Platz (doch fehlt diphthongiertes *ọ* in Saintonge und Poitou). Dem nördlichen *-ain* (lat. -ANUM -ANEM etc.) entspricht im Süden *an* oder *a*[1]. Dort bleibt, hier schwindet das auslautende T des Verbums (die näheren Bedingungen sind oben S. 738 angegeben worden). AU, das im Süden erhalten bleibt, contrahiert der Norden zu *o*. Für *fo, chantet* (mrh. *fut, chantet*) sagt er *fu(t) chanta(t)*, vgl. Karte VIII[2]. In der 1. Pl. führt der französische Westen die Endung *ons* durch (ausgenommen im Perfektum); im Osten geht die 1. Pl. Impf. und Kond. auf *iens* aus: *disiëns, fariëns;* der Süden scheidet *am ęm ẹm.* Im Imperfektum verkürzt der Norden die 3. Sg. um eine Silbe (*portoit, avoit*); der Süden bewahrt die volle Form (*portava, avia*)[3]. Isoliertes P wird im Norden zu *v*, isoliertes T schwindet; im Süden wird jenes *b*, dieses *d*[4].

Damit sind die Unterschiede noch nicht erschöpft; doch ist bereits genug erwähnt worden, um erkennen zu lassen, dass in der beschriebenen Grenze, auch wenn ein neutraler Streifen vorhanden ist, nicht eine einfache Lautgrenze, sondern eine Mundartengrenze erblickt werden darf. Dass vereinzelt französische Züge südlich des Grenzrandes, dass vereinzelt provenzalische nördlich des Grenzrandes vorkommen, stösst diese Tatsache nicht um. So liest man in den Coutumes de Charroux (Vienne) *aviet* neben *aveit,*

[1] Vgl. Atl. ling., Karte *demain.*

[2] Das lothringische Perfektum der 1. sw. Konjugation auf *et* ist auf dieser Karte nicht berücksichtigt worden.

[3] Vgl. Atl. ling., Karte *commençait, cousait.*

[4] Vgl. Atl. ling., Karte *chèvre, année.*

Pf. *donet,* in den Coutumes de Chénérailles vom Jahre 1279 *sael* SIGILLUM und *auront* (Futurum von HABEO) und in dem Texte aus Montluçon, den die Revue lyonnaise, im Sept. 1884, S. 323 mitteilte, ist im provenzalischen Sprachtypus ein starker französischer Einfluss unverkennbar. Schwer ist es freilich, im einzelnen Fall zu sagen, was in einer solchen Grenzmundart alteinheimisch, was importiert ist.

Dagegen giebt es auch sprachliche Züge, wo sich Norden und Süden an einer anderen Grenze abheben: das französische *h* verstummt überall, bevor es die Sprachgrenze erreicht (oben S. 742). Dafür reicht das *nt* der 3. Pl. über das ganze Gebiet des Auvergnischen und Mittelrhônischen und erstreckt sich nach Süden noch über Le Puy, Valence und Grenoble hinaus. Das *g,* welches die Provenzalen in den *ui*-Perfekta entwickelt haben, fehlt dem Mittelrhônischen; dafür aber erstreckt es sich im Westen auch über ein französisches Gebiet, das bis Fontenay-le-Comte, Bressuire und Poitiers reicht[1]. In Berri und westlich davon ist das conjunktive Pronomen *o* (HOC) im Gebrauch. In einem Teile Burgunds wird von einer weiblichen Mehrheit *de les* und *a les* (prov. *de las, a las,* frz. *des, aux*) gesagt, nämlich in dem Département des Allier (in den Texten bei De la Mure), in Mâcon, Saint-Claude.

E. DIE FRANZÖSISCHEN MUNDARTEN.

36. Zur Einteilung der französischen Mundarten und derjenigen der romanischen Schweiz kann die Karte IV verwendet werden, welche das *ca*-Gebiet (das normannisch-picardische) von dem *cha*-Gebiet trennt. Insoweit die Normandie in Betracht kommt, habe ich ausser Jorets Schrift *Des caractères et de l'extension du patois normand,* Paris 1883, auch die Arbeiten De Guers verwertet. Die Ausdehnung des *ch* = C vor E oder I fällt ziemlich genau mit der Ausdehnung des *ca* = CA zusammen.

Es hat ferner der Übergang von EN^{C}- in an^{c} eine Spaltung der französischen Mundarten herbeigeführt. Die Schriftsprache hat die Veränderung noch mitgemacht; der Norden und Westen ist dem alten Laute treu geblieben. Vgl. Karte IX.

Die auf dieser Karte dargestellten Verhältnisse haben Geltung etwa bis zur Mitte des 13. Jahrhunderts. Seitdem dringt allmählich, wie Görlich nachweist, die östliche Aussprache von *ẽ* wie *ã* nach Westen vor, sodass sie gegenwärtig bis ans Meer reicht, von Bures (Seine-inférieure) bis Saintes (Charente-inférieure), und heute nur noch der picardisch-wallonische Norden die alte Scheidung festhält (nicht ohne einzelne Vermischungen, besonders durch Wandlung von *ã* in *ẽ*), abgesehen von kleineren Strichen in der Normandie (dem Sairetal und der Landschaft Perche), welche den alten Unterschied nicht völlig verwischt haben[2].

Der Diphthong *ei* ist allen französischen Mundarten gemein. Die Mundarten der Mitte und des Ostens, auch die der Hauptstadt, haben den Diphthong *ei* (ausser vor *n*) in *oi* übergehen lassen. Die Bedingungen, unter welchen dieser Diphthong entstanden ist, sind nicht an allen Orten die gleichen gewesen, doch liegen diese Fragen zur Zeit noch nicht klar genug, um hier übersichtlich dargestellt werden zu können. Ich verweise nur auf die wichtigen Bemerkungen Schuchardts in der Zeitschrift für vergl. Sprachf. XX, 262. Auch ist es ausserordentlich schwer zu sagen, ob im bestimmten Falle sich das Nebeneinander von *oi* und *ei* aus gerad-

---

[1] Vgl. Atl. ling., Karte 102, *j'ai eu.*

[2] Vgl. Atl. ling., Karte *fente.* Das *ẽ* lothringischer Patois bedarf noch genauerer Umgrenzung.

liniger phonetischer Entwicklung in der alten Mundart erklärt oder ob jenes aus einer einflussreichen Mundart oder der Schriftsprache eingedrungen ist. Auf Karte X sind die Orte, welche *oi* kennen, rot unterstrichen.

Die seit dem 10. Jahrhundert romanisierten Kelten der östlichen Bretagne werden *Gallo* f. *Gallaise* genannt: hier liegt offenbar ein älteres *Gallois* f. *Galleise* vor, welches zeigt, dass die Entwicklung des *oi* aus *ai* von Bedingungen abhängig war, die erst noch gesucht werden müssen. Etwas ganz Ähnliches werden wir sogleich bei *eu* aus *ou* bemerken.

In Orléans und einem noch weiter reichenden Gebiete (*arder* im Reime bei Wilhelm von Lorris) pflegt *ei* vor *r* bewahrt zu bleiben und wohl in *ai* oder *a*, nicht aber in *oi* überzugehen.

Ähnlich wie *ei* aus *ẹ* hat sich *ou* aus *ọ* entwickelt (doch nicht vor *n*); nur ist *ou* im Westen unbekannt. Dem *oi* aus *ei* steht weiter *eu* aus *ou* parallel; doch ist das Gebiet des *eu* ein viel schmäleres: es beherrscht einen Streifen von Lille bis Bourges, der auch Paris einschliesst; doch ist es schwer, die Grenzen genau anzugeben, da ein Schwanken mittelalterlicher Texte den Verdacht nahe legt, dass zuweilen mit *o* in *or* ein *ö*-haltiges *o* gemeint war. Wenn sich heute *eu* und *u* im Département des Doubs finden, so vermute ich, dass diese Laute sich aus dem mittelalterlichen Diphthong *ou* erst später gebildet haben. Ein Zusammenhang mit der Schriftsprache braucht hier nicht angenommen zu werden, an den z. B. bei dem Namen eines Waldes (im 13. Jahrhundert *Chaillous*, jetzt *Chaillu*) nicht zu denken ist. Auf Karte XI ist zwischen *o* und *ou* kein Unterschied gemacht und nur *eu* ausgezeichnet worden.

In Lüttich findet sich *deus* und *leur* schon im 13. Jahrhundert. Daneben kommt jedoch *dois, loir* vor, und auch die Ortsnamen *Heure Oire* (? ORA), *Odeur Odoir* (deutsch *Elderen*) zeigen diesen Wechsel zwischen *oi* und *eu*. Vgl. hierzu Wilmotte, Romania XVII, 559. Ich habe auf der Karte Lüttich nicht zu bestimmen gewagt. Auch Troyes musste ich offen lassen, da die untersuchten Urkunden ein Non liquet ergaben. Die Urkunde von 1230 (Bibliothèque de l'Ecole des chartes 1855, 143) zeigt regelmässig *eur;* die Documents antérieurs à l'année 1285 in den Mémoires de la Société de l'Aube, Bd. XXI, zeigen vorwiegend *or*. Sie mögen, da sie von mehr lokalem Gepräge sind, die Mundart besser charakterisieren. Bei Christian von Troyes steht nach W. Förster Cligés S. LVIII SOLUS *seus*, neben SOLAM *sole* (-OSUS *-eus* neben -OREM *-or*). Ähnlich wird noch jetzt in Baume-les-Dames *hureux* heureux neben *oure* heure und in Saône-et-Loire *côraigeu* courageux neben *heurouse* heureuse gesagt. Wie es scheint, ist hier die Diphthongierung — denn *eu* ist Fortsetzer eines Diphthongen *ou*, der aus *ọ* hervorging — durch das *a* der folgenden unbetonten Silbe verhindert worden (ähnlich das soeben erwähnte *Gallaise*).

Man vergleiche auch die dem lateinischen *lupus* entsprechenden Ortsnamen, teils *lou* teils *leu* lautend, über deren Verteilung Gaston Paris, Romania X, 50—1, gehandelt hat.

Bei Margarete von Oingt ist *o* zu diphthongischem *ou* geworden, dessen Eintritt jedoch durch das flexivische *s* gehemmt wird: N. *amors* Acc. *amour,* Acc. Pl. *meliors* Acc. Sg. *menour,* m. *espos* f. *espousa*.

Gegenwärtig hat sich, wie auf der Karte angedeutet ist, das Gebiet des *-eur* nach Westen erweitert, indem es sich über Blois, über die Küste der Normandie und sogar über die Insel Guernsey ausgedehnt hat.

Eine wichtige Wandlung war auch die Zusammenziehung von *iei* (aus Ĕ + I) in *i: dieis* DECEM *dis, lieit* LECTUM *lit.* Dieselbe wird auf einem etwas breiteren Streifen (Karte XII) als *eu* beobachtet und gehört, wie die drei zuletzt behandelten Lauterscheinungen, zu den Merkmalen der Schriftsprache. Lüttich habe ich auch hier nicht zu bestimmen gewagt, da *ei* zwar im Auslaut durchgeführt ist (Wilmotte in der Romania XVII, 556), in anderen Beispielen aber *i* eintritt.

37. Die Schriftsprache hat sich aus der francischen Mundart entwickelt, und wir müssen uns fragen, innerhalb welcher Grenzen diese Mundart gesprochen wird. Nach Norden ist ihr Gebiet leicht zu bestimmen, da sie an den picardischen Lauten *ca (cambre)* und *ch (chiel)* sehr bald Halt machen muss; sie wird daher im Oisegau zwar noch in Senlis, aber nicht mehr in Clermont gesprochen; von oberhalb Verberie bis Creil bildet der Lauf der Oise die Grenze. Im Osten darf wohl die Mundart so weit ausgedehnt werden als *eu* = *o* reicht. Doch hat schon Provins Eigentümlichkeiten, die es von Paris unterscheiden: den Artikel *lou, oi* in *voille* VIGILAT. Nach Süden hin darf das Francische bis in die Gegend von Orléans angesetzt werden; Orléans unterscheidet sich bereits durch die Betonung der Endungen in der 3. Pl. und durch das Fehlen des *oi* vor *r* (*poeir,* gewöhnlich *poer* = frz. *pouvoir*). Die Wẹstgrenze ergiebt sich daraus, dass in Chartres Ĕ + I nicht zu *i* wird, dass Évreux mit den Picarden *ca-* spricht und dass Gisors und Rouen an dem Diphthong *ei* (nicht *oi*) festhalten. Wir dürfen daher als Hauptmerkmale des Francischen ansehen: *cha* = CA, *i* = Ĕ + I, *eu* = Ọ, *oi* (seit dem 13. Jahrhundert und unter bestimmten Bedingungen) = *ei.*

Dafür, dass neuere Wandlungen der Pariser Aussprache für die gebildete Sprache von ganz Frankreich massgebend geworden sind, geben einige Karten des Sprachatlas *(dame, beau, boîte)* schlagende Belege. In allen drei Fällen weist das Gros der Patois die ältere Aussprache *ã, yo, wę* (neben *wẹ*) noch heute auf. Die Form *dame,* mit entnasaliertem Vokal, erstreckt sich nach Süden bis an und über das provenzalische Gebiet, von wo die Lautbewegung offenbar ausgegangen ist. *o* für *yo* und *wa* für *we* haben, von sporadischem Auftreten abgesehen, nur kleine Gebiete in der Gegend von Paris, deren Aussprache *il est byo* neben *un bo chien* den Ausgangspunkt des zweiten Lautwandels deutlich erkennen lässt.

38. Zu den besprochenen Unterschieden füge ich noch einige minder ausgedehnte hinzu. Im hohen Norden wird Ę zu *ię,* z. B. *tierre* TERRAM, *iestre* ESSERE. Diese Erscheinung ist dem Hennegau und dem Wallonischen eigentümlich. In Saint-Omer tritt dieses *ie* so spärlich auf, dass wir es der Mundart dieses Ortes nicht zuschreiben dürfen. Auch Arras, Saint-Quentin, Mézières kennen *ie* nicht mehr. Dagegen findet es sich in Aire (Pas de Calais), Lille, Douai, Cambrai, Avesnes, Maubeuge, Namur, Lüttich und in den von den genannten eingeschlossenen Städten Valenciennes und Mons[1].

Ein konservativer Zug des Wallonischen, zum Teil auch des Lothringischen, ist die Bewahrung des *s* vor stimmlosen Verschlusslauten bis auf den heutigen Tag. Hierüber hat Köritz, *Über das S vor Konsonant im Französischen,* Strassburg 1885, orientiert, dessen lokale Umgrenzung ich dahin noch näher bestimmen kann, dass *s* noch jetzt laut ist in Mons, Avesnes, Revin (Ardennes), Bouillon und Neufchâteau, aber nicht mehr in Valenciennes, Cambrai, Vermand und Florenville[2].

Eine eigentümliche Erscheinung ist der Nachlaut *i,* der sich hinter sämtlichen Vokalen im Wallonischen und Lothringischen findet, z. B. *pluis*

[1] Vgl. Atl. ling., Karte *fer.*
[2] Vgl. Atl. ling., Karte *arête, été, fête.*

PLUS, *fuit* FUIT, *toiz* TOTOS, *toist* TOSTUM, *jai* JAM, *pairt* PARTEM, *beiste* BESTIAM, *meit* MITTIT, *teil* TALEM. Hinter *e*, das lateinischem freiem *a* entspricht (*teil* TALEM, *peire* PATREM, *meir* MARE), ist der Nachlaut weit verbreitet, bis nach Saint-Quentin und Saint-Omer. Hinter den übrigen Vokalen beschränkt er sich auf den Ostrand des Sprachgebiets von Lüttich bis Poligny, westwärts Verdun, Joinville, Auxonne umfassend. Doch ist die Häufigkeit seines Auftretens nicht überall die gleiche, am häufigsten ist er in Metz zu beobachten[1].

Höchst merkwürdig ist nun, dass auch eine deutsche Mundart den Nachlaut *i* kennt und dass dieselbe, wie es scheint, dem Ostrande des französischen Sprachgebietes unmittelbar benachbart ist. Es ist dies die niederrheinische (mittelfränkische) Mundart, die hauptsächlich in Trier und Köln gesprochen wird. In einem Kölner Gedichte, der Ursula (in Schades *Geistlichen Gedichten vom Niederrhein*), liest man z. B. folgende Formen: *luide, troist, moicht, dair, hait, eirde, keirt.* Der Nachlaut tritt also hier in allen Fällen auf, in denen er auch im Romanischen vorliegt.

In dem der romanischen Sprachgrenze noch näher liegenden Trier findet er sich in derselben Ausdehnung. Man liest z. B. in einer Urkunde von 1318 in Höfers *Auswahl* (Hamburg 1835) *hûis fuirsteyn* (Fürsten) *doin hain eirzebischof intheilden eirsamen* und die Jahreszahl *druzein hundert jair und echtzein jair.* Schon die älteste Trierer Urkunde vom Jahre 1248 zeigt solche Beispiele *(vuir, doit, ain).*

Wenn man nicht glauben will, dass der dem Romanischen und Germanischen an der Sprachgrenze gemeinsame Zug, der offenbar auf eine eigentümliche Lage der Sprachwerkzeuge als Artikulationsbasis zurückzuführen ist, aus einer keltischen Mundart herstammt, so wird wohl eine Beeinflussung des Romanischen durch das Germanische angenommen werden müssen. Deutsche Ansiedler waren hier nicht minder zahlreich als in Französisch-Flandern, und konnten, da sie mit ihrer romanischen Umgebung in deren Sprache verkehrten, den Anstoss zur weiteren Verbreitung der lautlichen Besonderheit geben, die sie aus ihrer deutschen Mundart auf das Romanische übertragen hatten. Damit soll natürlich nicht gesagt sein, dass in allen Gegenden, wo sich der Nachlaut findet, germanische Ansiedler denselben verursacht hatten: vielmehr konnte sich, nachdem einmal der Anstoss gegeben war, der Nachlaut auch über Gegenden verbreiten, in denen keine Germanen ansässig waren, und bei *ei* = A ist es sogar höchst zweifelhaft, ob diese auch in Flandern verbreitete Lauterscheinung mit jenem Nachlaut auf gleiche Stufe zu stellen ist.

Die Mundarten Burgunds zeigen kaum lautliche Züge, welche dieselben in Gegensatz zu denen Lothringens stellten.

Ein solcher ist *oi* für gedecktes Ĭ, welches in Lothringen unbekannt scheint und sich in Burgund und westwärts bis nach Berri (Macé de la Charité) findet; es tritt ein besonders vor *rdž* (*voirge* VIRGINEM) *ndž* (*venoinge* VINDEMIAM), *ntš* (*dimoinche* DOMINICUM)[2], vor *dž* (*noige* NIVEAM), *tš* (*soiche* SICCAM, *croiche* frz. *crèche*), *sm* (*quaroisme,* lat. *ē*)[3], so wie in *voive* VIDUAM.

Die Endung -ITTUM zeigt im Lothringischen vorwiegend *a*, im Burgundischen vorwiegend *o;* doch kennt auch jenes *o*, auch dieses *a*, und schon ein Blick auf die heutigen Patois (Adam, *Patois lorrains* S. 349, Horning,

---

[1] *ai* ist seit dem 14. Jahrhundert *ę*. Vgl. Atl. ling., Karte 87 *il a.*

[2] Vgl. Atl. ling., Karte *dimanche.*

[3] Atl. ling., Karte *carême* zeigt, dass auch das Lothringische *quaroisme* gehabt haben muss.

Die ostfranzösischen Grenzdialekte, S. 30) lehrt, dass die Verteilung nicht so einfach liegt, um sich mit einem Blick übersehen zu lassen[1].

Entschiedener heben sich die burgundischen Mundarten durch Besonderheiten in der Formenbildung und in der Funktion der Formen ab. *lor* als Accusativ des betonten Pronomens der 3. Person *(a lor, de lor)* beginnt in der Südostecke des Wasgaudépartements üblich zu werden und setzt sich von da bis zur Grenze des Mittelrhônischen fort, das diese Verwendung mit dem Provenzalischen teilt[2]. Die 1. Sg. Prs. auf *-ois* in der 1. Konjugation, die Förster im Yzopet konstatierte, und die im mrh. *-eis* lautet, auch im Sg. und der 3. Pl. des Subj. entsprechende Formen neben sich hat (*-oise* oder *-eise* u. s. w.), wird auf einer Weiterbildung durch -IZARE beruhen. (Hierzu Schuchardt im Literaturbl. 1884, Sp. 61 f.) *-ois* findet sich in den Coutumes von Salmaise *(je quitois, delivrois et laissois)*, im Cartulaire de l'évêché d'Autun S. 300, in Urkunden aus Haute-Saône (Vesoul, Faucogney) und Montbéliard, sowie bei dem Dichter Priorat aus Besançon, der den Prosaübersetzer des Vegetius (Jean de Meung) sagen lässt: *je translautois*[3].

39. Auf Grund dieser Angaben dürfte es möglich sein, einen Text aus seinen Lauten wenigstens annähernd lokal zu bestimmen. Die Verbindung des Picardischen *ca-* mit *ię* aus Ę deutet nach dem Hennegau, die Verbindung desselben Lautes mit *ei* (nicht *oi*) aus Ẹ nach der östlichen, mit *iei* (nicht *i*) aus Ĕ + I nach der westlichen Normandie. Dieser Laut *iei (ie, ei)* setzt sich dann bis nach dem Provenzalischen fort und kombiniert sich von Bressuire südwärts mit dem *g* der *ui*-Perfekta. In Berri beginnt *oi* aus gedecktem Ĭ, das sich nach Osten hin fortsetzt. In Berri wird *ŏ + l'* zu *io*, z. B. *orguios* ORGUEIL, *viost* VULT, so auch *biost* BULLIT (aber im Osten *vuet* VULT, im Westen und Norden *veut*).

In Burgund wird AL zu *aul* (*aule* Halle, *seaul* SIGILLUM) wie in Lothringen. Auch ist in Berri der lothringisch-burgundische Nachlaut *i* unbekannt. Die Wallonen endlich verbinden sich durch *ię* = Ę, durch *ent* (nicht *ant*) mit den Picarden, durch *cha* = CA und durch den Nachlaut *i* mit Lothringen, während sie nach der Behandlung von Ĕ + I (teils *i* teils *ei*) zwischen jene und diese geteilt sind. Auch sei noch erwähnt, dass die Auflösung des L in *u* in den östlichen Mundarten nicht eingetreten ist, welche vielmehr L vor Konsonanten mit Dehnung des vorhergehenden Vokales verstummen liessen: *chevals, bels, mielz, vuelt* lauten im Wallonischen und Lothringischen wie *chevās, bēs, miēz, vuēt.* Daher wird in den Ortsnamen *Belfort* und *Vesoul* (früher auch in *Toul*) das *l* nicht ausgesprochen[4].

Das Quellenmaterial zum Studium der alten Mundarten Frankreichs kann hier nicht aufgeführt werden. Es besteht in einigen Handschriften, in denen die mundartliche Färbung reinlich ausgeprägt ist, und in Urkunden. Von den zahlreichen Werken, die Urkunden enthalten, seien nur drei erwähnt, die auf die lokalen Verschiedenheiten Rücksicht nehmen: P. Meyers *Recueil d'anciens textes* (Paris 1874, noch nicht vollständig erschienen), das *Musée des archives départementales*, Paris 1878, und Luchaires *Recueil de textes de l'ancien dialecte gascon*, Paris 1881.

Das Beste über die picardischen Mundarten steht in Toblers Einleitung zu *Le dit dou vrai aniel*, 2. Aufl., 1884 und in der *Vie de saint Alexis* publiée par G. Paris et L. Pannier, 1872, S. 276. Ich erwähne noch G. Raynauds *Étude sur le dialecte*

[1] Vgl. Atl. ling., Karte *alouette.*
[2] Vgl. Atl. ling., Karte *à eux.*
[3] Über entsprechende Formen der Patois vgl. Horning Z. XXII, 95.
[4] Vgl. Atl. ling., Karte *beau, château.*

picard dans le Ponthieu, in der Bibliothèque de l'Ecole des chartes, 1876 und meine Ausgabe von *Aucassin und Nicolete*, 5. Aufl., 1903. Auch W. Försters Einleitungen zu seinen Ausgaben (*Richart le biel, Aiol, Chevalier as deus espees*) dürfen hier nicht unerwähnt bleiben.

Die Mundart von Tournai behandelt d'Herbomez, *Etude sur le dialecte du Tournaisis*, 1881.

Vom Wallonischen habe ich in der Zeitschrift für Rom. Phil. II, 255 f. gehandelt. Ich verweise ferner auf Wilmotte, Romania XVII—XIX und auf Cloëttas Einleitung zum Poème moral. Vgl. auch Leo Wiese, *Die Sprache der Dialoge Gregors*, Halle 1900 und Georges Doutrepont, *Etude linguistique sur Jacques de Hehricourt*, 1891.

Für das Lothringische kommen ausser Bonnardots Beiträgen zur Romania besonders dessen Ausgaben der *Guerre de Metz en 1324*, 1875, und des *Psautier* (Teil II noch nicht erschienen) in Betracht; ausserdem Apfelstedts Einleitung zu dem *Lothringischen Psalter*, 1881 und Buscherbruck über die Predigten Bernhards in den *Rom. Forschungen* IX, 662 f. Die Sprache eines Textes der Freigrafschaft analysiert W. Förster in der Einleitung zum *Lyoner Yzopet* 1882; vom Champagnischen handelt derselbe in der Einleitung zu *Christians Cligés* 1884.

Die südwestlichen Mundarten behandelte Boucherie, *Le dialecte poitevin au XIIIe siècle*, 1873, und besser Görlich, *Die südwestlichen Dialecte der Langue d'oïl* (1882) und *Die nordwestlichen Dialecte der Langue d'oïl* (1886); mit den letztern sind die von Bretagne, Anjou, Maine, Touraine gemeint. Ich nenne ferner Görlich, *Der burgundische Dialekt* (1889), Auler, *Der Dialekt der Provinzen Orléanais und Perche* (1889). Vom Berrichon handelt Eugen Herzog, *Untersuchungen zu Macé de La Charité*, Wien 1900.

Für die mittelrhônischen Mundarten ist das bedeutendste Ascolis leider unvollendet gebliebener Aufsatz im Archivio glottologico III, 61; ferner ist zu nennen Philipons *Phonétique lyonnaise au XIVe siècle*, Romania XIII, 542 und *Morphologie du dialecte lyonnais*, ebd. XXX, 213; Devaux, *Essai sur la langue vulgaire du Dauphiné septentrional au moyen âge*, 1892.

Einzelne Züge provenzalischer Mundarten hat Paul Meyer verfolgt: Wechsel von *z* und *r* Rom. IV, 184, 464, dazu Thomas VI, 261, die Endung der 3. P. Pluralis IX, 192, dazu Armitage 128.

P. Meyer hat Romania III, 433 über eine *Charte landaise*, Romania V, 367 über eine *Charte du pays de Soule* gehandelt. Ein grundlegendes Werk über das Gascognische sind Luchaires *Études sur les idiomes pyrénéens*, 1879. Eine bestimmte Mundart versuchte historisch darzustellen Mushacke, *Geschichtliche Entwicklung der Mundart von Montpellier*, 1884.

Die *Documents linguistiques du Midi de la France* publiés par Paul Meyer (vgl. Z. für frz. Sprache u. Lit. XXVI, 264) sind noch nicht erschienen.

Für das Studium der Patois ist vor allem D. Behrens, *Bibliographie des patois gallo-romans*, deuxième éd., Berlin 1893 zu Rate zu ziehen. Hierzu Nachtrag für die Jahre 1892—1902 von Behrens und Jung in des Erstern Z. für französische Sprache XXV. Ferner *Revue des patois gallo-romans*, 1888—92, 5 Bde.; *Bulletin de la Société des parlers de France*, 1893—99, Bd. I; de Guer, *Bulletin des parlers du Calvados*, 1897—1901, 1. Bd., und dessen *Revue des parlers populaires*, 1902—03, 2 Bde.; *Bulletin du Glossaire des patois de la Suisse romande*, seit 1902.

Von Wichtigkeit sind auch die herausgegebenen Paralleltexte, welche dasselbe Stück in verschiedenen Mundarten wiedergeben. Die beste Grundlage für die Erforschung der Patois bilden die Übersetzungen des Evangeliums Matthäi, welche Prinz L. L. Bonaparte in London drucken liess. Dieselben liegen in den Mundarten folgender Orte vor: Guernesey (1863), Amiens (1863), Jarnac (1864), Baume-les-Dames im Dép. Doubs (1864), Marseille (1866). Als sechster Paralleltext ist dann neuerdings hinzugekommen die *Traduction de l'Évangile selon saint Mathieu en patois bourguignon* par P. Mignard, Dijon 1884 (auch in den Mémoires de l'Académie de Dijon).

Für die neuprovenzalischen Mundarten kommt in Betracht die Übersetzung von Florians Gruss an Occitanien in 107 verschiedene Mundarten, die A. de Gagnaud (de Berluc-Perussis) veranstaltet hat. Die erste — und einzige — Lieferung (*Salut à l'Occitanie imité de Florian par Fortuné Pin traduit en cent sept idiomes*, Montpellier 1886) umfasst 44 mundartliche Texte; 2 weitere in den Mundarten der Waldenserkolonien Pinache und Serres in Würtemberg sind gedruckt in der Zeitschrift Occitania I, Montpellier 1887, S. 19—22.

Ein Satz in 17 prov. Mundarten ist mitgeteilt in der Einleitung zu Piats *Dictionnaire français-occitanien*, Montpellier 1894.

Es kommen ferner für die französischen und provenzalischen Mundarten eine Anzahl Texte aus Papantis im *Grundriss* bereits mehrfach zitierten *Parlari italiani in Certaldo* in Betracht, nämlich Texte von Celle San Vito (173), Aosta (490), fünf aus der Gegend von Nizza 622 f., vier wallonische (704 f.), ein neuprovenzalischer (712) und neun savoyische (718 f.). Morosi hat im Archivio glottologico it. einen Waldensischen Text aus Pral (XI, 407) und einen aus Faeto-Celle (XII, 75) hinzugefügt.

Herr Sacaze hat eine Legende in sämtliche Mundarten der Pyrenäen übersetzen lassen. Die 30 Bände umfassende Sammlung, die 1887 in Toulouse ausgestellt wurde, befindet sich jetzt auf der dortigen Bibliothek (Rev. d. l. r. XXXIV, 177).

Die umfassendste Sammlung besteht aus den Versionen der Geschichte vom verlorenen Sohn, die im Anfang des 19. Jahrhunderts (1807) auf Befehl der damaligen Regierung in die verschiedenen Mundarten Frankreichs übersetzt wurde. Die meisten dieser Versionen befinden sich seit 1872 auf der Pariser Nationalbibliothek, Nouvelles acquisitions françaises 5910—5913, ein Teil auf dem Nationalarchiv, Carton F 1209 und auf der Stadtbibliothek zu Rouen, Collection Coquebert de Montbret Nr. 183 und 433[1] (Rom. XXIV, 532). Zuerst erschienen Proben daraus in den Mémoires et Dissertations p. p. la Société royale des Antiquaires de France, Tome VI, 1824, S. 455 f., dann auch in [Coquebert de Montbrets] *Mélanges sur les langues, dialectes et patois*, 1831 S. 455 f. Von den 86 Versionen der Sammlung kommen eine catalanische, eine genuesische und zwei ladinische hier nicht in Betracht, sodass 82 den französischen und provenzalischen Mundarten verbleiben. Vgl. zu diesen de Tourtoulon a. a. O. S. 7. Dieselben Texte wurden zum dritten Male gedruckt von L. Favre u. d. T. *Parabole de l'Enfant prodigue en 88 patois divers de la France* [1879], auch in Favres Revue historique de l'ancienne langue française, année 1878. Favres Sammlung bietet nicht 88, sondern 89 Texte, nämlich die 86 aus den Mém. des Antiquaires ausser einem (dem von Le Vigan), dazu einen catalanischen Text, einen aus Pays d'Ouche (Eure, von Veuclin, auch in dessen *Récits villageois*, Bernay 1887), einen aus Saint-Maixent und einen aus der Gegend von Lisieux (Herrn Favre mitgeteilt von Moisy, juge honoraire à Lisieux, jetzt auch im Bulletin des parlers normands, 3. Jahrgang, 1899, S. 176).

Diese Sammlungen sind mehrfach ergänzt worden, am reichhaltigsten im Jahre 1895, indem auf Anregung des Professors Bourciez das Enfant prodigue in die Mundart jeder Gemeinde der zehn Départements des Südwestens übertragen wurde. Von 4414 Gemeinden sind in dieser Sammlung mehr als 4000 vertreten, 30 Ortschaften durch je zwei Texte. Dieser 4444 Versionen zählende Recueil des idiomes de la région gasconne besteht aus 17 Grossquartbänden und wird auf der Universitätsbibliothek zu Bordeaux aufbewahrt (Revue d. l. rom. XXXVIII, 286). 56 *Versions wallonnes de la parabole de l'Enfant prodigue* hat Grandgagnage herausgegeben im Bulletin de la Société liégeoise de littérature wallone VII, 1870. Es kommt hinzu aus den Mém. et Diss. eine Version aus Brabant 4½ lieues südöstlich von Brüssel zwischen Vivier d'Oie und Wavre XII, 334. Eine Version aus Couvin hat Wilmotte hinzugefügt in der *Revue de l'Instruction publique en Belgique*, Tome XXIX, 1886. 15 Versionen aus der französischen Schweiz hat Stalder, *Die Landessprachen der Schweiz*, 1819 mitgeteilt; 30 Versionen (vier davon sind aus Stalder entnommen, eine aus Hécart, eine aus Champollion-Figeac, zwei sind ladinisch, bleiben 22) Bridel, *Glossaire du patois de la Suisse romande* 1866, S. 427. Einen Text aus Vionnaz im Unterwallis bringt Gilliéron, *Patois de la commune de Vionnaz*, Paris 1880. Ein Text aus Saulny bei Metz steht bei Jaclot, *Les passetemps lorrains* 1854, S. 59.

12 Champagnische Texte hat Tarbé in seinen *Recherches sur l'histoire du langage et des patois de Champagne*, 1851, abgedruckt, wovon einer (S. 153) aus den Mém. des Antiq. VI, einer (S. 139 Anm.) noch früher erschienen war. 32 Versionen (die meisten gascognisch) finden sich in Luchaires *Etudes sur les idiomes pyrénéens*, 1879. Acht Texte aus der Normandie (den Pluquetschen aus Bayeux und sieben neue) gab Canel heraus, *Le langage populaire en Normandie*, Pont-Audemer 1889, sechs Waldensische Morosi im Archivio glottologico italiano Bd. XI, 1890, S. 406—410, 414 und Bd. XII, 1892, S. 28, 31, 74. Ein siebenter Waldensischer Text, aus Neuhengstett in Würtemberg, ist gedruckt von Alban Rössger, *Geschichte und Sprache einer Waldenser Kolonie in Würtemberg*, 2. Auflage, Greifswald 1883. Was sonst noch von Paralleltexten gedruckt ist, ordne ich alphabetisch nach den Namen der Départements.

Basses-Alpes. Barcelonnette: Chabrand et Rochas d'Aiglun, *Patois des Alpes cottiennes*, 1877, S. 158. — Bouches du Rhône. Marseille, Aix, Arles: comte de Villeneuve, *Statistique du département des Bouches-du-Rhône*, Bd. III, Marseille 1826, S. 187—189. Hiernach auch bei Berndt, *Die Plaine de la Crau*, Breslau 1886—87. — Hautes-Alpes. 3 Texte in den *Lettres d'Éraste à Eugène ou Annuaire du département des Hautes-Alpes pour 1808*. Dieselben 3 Texte und 5 neue bei Ladoucette, *Histoire topographie antiquités*

[1] Die jetzige Bezeichnung ist *ms. 1639—1641*.

usages dialectes des Hautes-Alpes, troisième édition, 1848. Einer jener 3 Texte und 2 neue bei Chabrand et Rochas d'Aiglun. Auch erwähne ich hier die beiden waldensischen Texte daselbst S. 141 und 144, sowie Biondellis *Saggio* S. 521 und 523. — Alpes maritimes. Nizza: Toselli, *Rapport d'une conversation sur le dialecte niçois*, 1864. — Calvados. Bayeux: Pluquet, *Contes populaires*, 1834, auch in dessen *Essai historique sur Bayeux*, 1829. — Charente. Saint-Amant: Nadaud in der Revue des langues romanes, Bd. XXXII, 1888, S. 321—332. — Cher. Asnières-lès-Bourges: Pierquin de Gembloux, *Notices historiques archéologiques et philologiques sur Bourges*, 1840. — Côte d'or. Dijon: Amanton, *Parabole de l'Enfant prodigue*, 2. éd., 1831, vorher in den Mém. de l'ac. de Dijon 1830. Saulieu: de Chambure, *Glossaire du Morvan*, 1878. — Creuse. Saint-Yrieix-la-Montagne: Thomas in den Arch. des miss. III, T. V. — Drôme. Crest (nicht Valence): Ollivier, *Essais historiques sur la ville de Valence*, 1831. 3 Texte aus Drôme bei Delacroix, *Statistique du département de la Drôme*, 1835. — Eure. Pont-Audemer: Vasnier, *Petit dictionnaire du patois normand*, 1862. — Gard. Cévennes: Monin, *Etude sur la genèse des patois*, 1873. — Isère. 2 Texte bei Champollion-Figeac, *Nouvelles recherches sur les patois*, 1809. — Manche. Val de Saire: Romdahl, *Glossaire du patois du Val de Saire*, 1881. — Marne. Courtisols: Mém. de la Soc. des Antiquaires de France V. 349. — Nièvre. Château-Chinon: de Chambure, *Glossaire du Morvan*, 1878. — Arleuf: ebd. — Nord. Avesnes: Mém. de la Soc. des Ant. X, 471. Gegend um Valenciennes: Hécart, *Dictionnaire rouchi-français*, 3 éd., 1834. — Rhône. Lyon: bei Monin. Condrieu: Cochard im *Almanach de Lyon*, 1813. Saint-Symphorien-le-Château: derselbe in den *Archives historiques statistiques et littéraires du département du Rhône*, IV, 135 f. Beaujeu: ebd. XIII, 167. — Savoie und Haute-Savoie. Gegend von Moutiers: Pont, *Origines du patois de la Tarentaise*, 1872. 4 Texte in der *Statistique du département de Montblanc*, 1807. Text von Albertville: Brachet, *Dictionnaire du patois savoyard*, 2. Aufl., Albertville 1889. 13 in der Revue savoisienne, Annecy 1903 (wo eine geschriebene Sammlung andrer Versionen erwähnt wird). — Deux-Sèvres. Saint-Maixent: Mém. de la Soc. des Antiquaires de France I, 210. Bressuire: ebd. — Somme, wohl Gegend um Amiens: ebd. XI, 327. — Haute-Vienne. Limoges: Richard, *Recueil de poésies*, II, 267. Im ganzen liegen 305 Texte gedruckt vor.

Beiläufig führe ich an, dass zwei altfranzösische Übersetzungen des Verlorenen Sohnes bei S. Berger, La bible française S. 138, 173, vgl. auch S. 315—317, und eine provenzalische Übersetzung bei Clédat, *Le Nouveau Testament*, Paris 1887, S. 137 gedruckt sind.

4. ASSOCIATIVE VERÄNDERUNGEN IN DEN FLEXIONSFORMEN.

A. VERBUM.

Nach ihrer Perfektbildung zerfallen die Verba in sechs Gruppen, in denen die 3. Sg. Pf. Ind. auf *ávit, dédit, ívit,* auf *it, sit, uit* ausgeht. Die ersten drei Formen sind endungsbetont und charakterisieren die schwachen, die letzten drei Formen sind stammbetont und charakterisieren die starken Konjugationen. Die Bildung auf *dédit* beruht auf einer Umgestaltung des lat. *didit,* das, bei einer bestimmten Anzahl von Stämmen auf *d* oder *t,* im Vokal und in der Betonung an DÉDIT angeglichen wurde, daher VENDÉDIT für lat. VENDIDIT. Die Bildung auf *vit* ist durch Umgestaltung zu *vuit* der dritten starken Konjugation angeglichen worden: z. B. COGNOVUIT für lat. COGNOVIT, EXPABUIT für EXPAVIT oben S. 479[1]. Ganz entfernt wurde die schon im Lateinischen nicht häufige Bildung auf *evit.* Auch die reduplizierenden Perfekta wurden durch neue ersetzt, z. B. PEPENDIT durch PENDÉDIT aus II sw., PUPUGIT durch PUNXIT II st., CUCURRIT durch CURRUIT III st. Nur verkümmerte Reste von STETIT und DEDIT weisen noch auf reduplizierende Formen zurück. Die Bildung der I st. (auf IT) wurde nicht nur nicht durch Zuwachs vermehrt, sondern in ähnlicher Weise wie die reduplizierende Bildung entfernt (z. B. RESPONDÉDIT, DEFENDÉDIT für lat. Pf. RESPONDIT, DEFENDIT), bis auf die drei Perfekta FUIT, FECIT, VIDIT die durch ihren häufigen Gebrauch fester im Sprachgefühl hafteten.

[1] Wie ich schon Z. II, 261 angesetzt habe.

41. Ein Vorgang, der sich weder auf eine bestimmte Form noch auf eine bestimmte Konjugation beschränkt, ist die Beeinflussung des Kompositums durch das Simplex; dieselbe hat schon um 100 n. Chr. (Seelmann S. 60) jenem den älteren Vokal wiedergegeben und den Accent auf den Stamm verlegt (Rekomposition). Dabei ist eine Nachwirkung der oskischen und der umbrischen Mundart, denen dieser Umlaut fehlte, nicht zu verkennen. Beispiele: ATTINGIT, DEFICIT, REQUĪRIT waren aus ÁD TANGIT, DÉ FACIT, RÉD QUAERIT entstanden zu einer Zeit, wo noch das Präpositionaladverb als selbständiges Wort gefühlt wurde und den Hochton trug: die Volkssprache stellte durch Anlehnung an das Simplex die Form ATTÁNGIT prov. *atanh* afrz. *ataint,* DEFÁCIT DISFÁCIT prov. *desfai* afrz. *desfait,* REQUÁERIT prov. *requer* afrz. *requiert* wieder her. Ähnlich ADSÁTIS prov. *assatz* frz. *assez,* DESŬPER prov. *de sobre* afrz. *desseur;* DIMEDIUM aus DIMIDIUM prov. *demieg* frz. *demi* zeigt nur Wiederherstellung des Vokals, da der Accent von dem des Simplex nicht abwich. In den Zusammensetzungen von CAPERE wurde der Accent, aber nicht der Vokal des Simplex hergestellt, z. B. *recĭpit* prov. *recep* afrz. *receit.*

Wie schon eins der erwähnten Beispiele zeigt, machte die Präposition DE- gern dem volleren DIS- Platz: z. B. *desfaire desfendre* (aber heutiges *demander, demeurer, dévorer, décevoir* haben *de-* behalten). Ähnlich wurde SUB durch SUBTUS ersetzt (*soztraire,* jetzt *soustraire,* SUBTRAHERE), E durch EX (*eslire,* jetzt *élire,* ELIGERE).

ĪNFANTEM und ĪNFLAT haben sich an die gewöhnliche Lautgestalt der Präposition ĬN angeschlossen; daher frz. *enfant, enfle.* Doch hatten die Worte dieser Gruppe vor der Umgestaltung des ī im Provenzalischen ĬNTUS attrahiert (zu *īntus* prov. *ins*). COGNOSCERE wurde zu CONNOSCERE verdeutlicht.

In einigen Verba, nämlich CÓMPUTO RÉPUTO CÓLLIGO ÉRIGO CÓNSUO ÉXEO PÉREO war der Zusammenhang mit dem Simplex (PUTO, LEGO, REGO, SUO, EO) aus dem Sprachgefühl geschwunden, daher afrz. *cont,* jetzt *conte* und *compte,* afrz. *ret, cueil,* jetzt *cueille,* prov. *erc,* frz. *couds,* afrz. *is,* prov. *pier.* In den beiden letzten Beispielen hat der Lautwandel so an der Form genagt, dass nur noch die Präposition übrig geblieben ist. Hier liegen, wie auch in *enfle* lat. INFLAT, *chauffe* lat. CALFACIT, Gegenstücke zu dem vor, was Tobler Suffixverkennung genannt hat: wie die Suffixverkennung neue Suffixe ins Leben ruft, so gehen aus der Stammverkennung neue Wortstämme hervor. Hierher gehören auch *coucher* afrz. *cọlchier* vlat. CULCARE Lex Salica von COLLOCARE, *disner* DIS(JE)JUNARE (daher auch im Präsens *disne*), *bénir* afrz. *beneïr* BENEDICERE, und ausserhalb Frankreichs *comer* (sp., pg.) COMEDERE.

42. Ein nicht minder alter Vorgang hat in PARTIRE, SENTIRE und anderen Verba Neubildungen ohne i veranlasst in der 1. Sg. Prs. (PARTO statt PARTIO), in der 3. Pl. (PARTUNT statt PARTIUNT), im Gerundium (PARTENDO statt PARTIENDO), im Part. Prs. (PARTENTEM statt PARTIENTEM) und im Subj. Prs. (PARTAM statt PARTIAM u. s. w.). Das Französische *faisais,* afrz. *faiseie* kann nur von FACEBAM (nicht FACIEBAM) herrühren; ebenso das prov. *fazia* (mundartlich *faria*). Es blieben in alter Form z. B. VENIO FACIO HABEO DEBEO SAPIO DOLEO VALEO VIDEO AUDIO VENIAM u. s. w.; aber VENIUNT wurde durch VENUNT prov. *venon* afrz. *vienent,* VENIENTEM durch VENENTEM prov. *venen* frz. *venant* (vgl. CONVENENTIAE 7. Jahrh. Voc. 2, 448 und sonst), CAPIEBAT durch CAPEBAT (Commodian) verdrängt.

43. In eine weit spätere Zeit führt uns ein anderer Vorgang. Im Altfranzösischen waren durch die je nach den Accentverhältnissen ver-

schiedene Behandlung der Vokale die Formen der meisten Verba in zwei Gruppen zerrissen. So sonderten sich z. B. bei *parler* die 1.—3. Sg. Prs. Ind. *parol paroles parolet,* die 3. Pl. *parolent,* der Subj. *parol parols parolt parolent,* die 2. Imper. *parole* von den übrigen Formen *parlons parlez parloue parlai parler parlé.* Bei *aiu* (nicht *aju,* die Schreibung mit *j* ist nur für das Provenzalische richtig!) wurde das Präsens abgewandelt: *aiu aiues aiuet aidons aidiez aiuent.* Gegen eine solche Scheidung, welche begrifflich Zusammengehöriges aus einander riss, begann die Sprache zu reagieren. Zuerst die provenzalische Sprache, die von jeher nur wenige Abwandlungen dieser Art aufzuweisen hatte, da ihr der französische Wechsel von *aimet amons, peret parons, çoilet celons, pleuret plorons* u. s. w. fehlte. Daher erweiterte das Provenzalische jede der beiden Formenreihen (3. Sg. *paraula ajuda,* 1. Pl. *parlam aidam*) zu einem vollständigen Verbum *(paraular ajudar, parlar aidar).*

Im Französischen hat der Ausgleichungsprozess bei verschiedenen Verba zu sehr verschiedenen Zeiten stattgefunden, und elf vielgebrauchte und dadurch dem Gedächtnis fester eingeprägte Verba haben sich ihm daher bis heute entzogen (MORITUR *muert,* MOVET *muet,* POTEST *puet,* VULT *vuelt,* TENET *tient,* VENIT *vient,* QUAERIT *quiert,* SEDET *siet,* APPERCIPIT *aperceit,* BIBIT *beit,* SAPIT *set* und zugehörige Komposita wie RETINET *retient,* CONCIPIT *conceit*). Heutige Volksmundarten haben zuweilen den alten Wechsel beibehalten, wo ihn die Schriftsprache aufgegeben hat, und im heutigen Wallonisch wird nicht nur *ju mours* neben *mori,* sondern auch *ju parole* neben *pârler, ju live* neben *lẹver* gesagt; ja es hat sich hier durch Einschiebung eines *e* zwischen Konsonantengruppen, das dem französischen Betonungsprinzipe gemäss den Accent übernahm, ein neuer Wechsel herausgebildet, z. B. *ju mostérre* MO(N)STRO neben *mostrer, ju troubélle* TURB(U)LO neben *troubler.* Zuweilen haben sich isolierte Formen der Ausgleichung entzogen: es heisst *pleure pleurer,* aber *éploré, aime aimer,* aber *amant.*

Im Schriftfranzösischen hat die Vereinfachung schon im 12. Jahrhundert begonnen. Man findet in dieser Zeit bereits z. B. *enuier puier aiuer* (Montebourg-ps., Vendée, Poitou) *cele* Chev. ly.; ferner im 13. Jahrhundert *joue loue parle* (schon 1246 Artes du parl. de Paris); im 14. *sane lave;* im 15. *sçavent viendrai tiendrai aimer*[1] *pleurer demeurer trouve;* im 16. *espere pese.* Da die endungsbetonten Formen die zahlreicheren sind, so hat ihre Form bei den meisten Verba den Ausschlag gegeben. In einigen wurde der Vokal der stammbetonten Formen durchgeführt, teils weil diese häufiger sein mochten *(aimer aiuer suivons viendrai tiendrai),* teils weil zugehörige Substantiva deren Wirkung verstärkten *(enui pui aiue pleur demeur).* Die Häufigkeit von *il sied* hat die Einführung des Diphthongs ins Futurum veranlasst *(siéra),* gerade wie das *ie* des Deutschen *es ziemt* in den Infinitiv eindrang. MANDUCO wurde im Altfranzösischen abgewandelt: *manju manjues manjuet manjons,* indem sich *j* in *manju* (ursprünglich **mandu* lat. MANDUCO) aus den endungsbetonten Formen einschlich.

44. Einzelne Verba mit seltnern Formen haben in ihrer ganzen Abwandlung häufigere Verba zum Muster genommen, so *criembre* TREMERE das sich jetzt als *craindre* in allen Formen an *plaindre* anschliesst, *(ra)mentevoir* MENTE HABERE prov. *mentaver,* das sich im Französischen, da Komposita von HABERE etwas Ungewöhnliches waren, ganz an *recevoir* angeschlossen hat; daher 1. Sg. Prs. *ramentoif* Joinv., Pf. *ramentui,* Inf. *mentoivre* wegen *reçoif reçui reçoivre.* So sind auch, zumal im Lothringischen und Wallonischen,

[1] Anderseits reimt noch Marot *il ame* AMAT : *ame* ANIMAM.

Formen von POSSUM häufig nach den Formen von VOLO gebildet worden: *puelt* nach *vuelt*, 3. Pl. *puelent* nach *vuelent*, Impf. *poloit* nach *voloit*, eine Erscheinung, die auch ausserhalb Frankreichs, im Judicarischen, begegnet.

Von allgemeinen Vorgängen sei noch einer Neigung gedacht, die mit Ausnahme des Italienischen alle romanischen Sprachen beherrscht, der Neigung, bei betonter drittletzter Silbe in der Präsensform die vorletzte zu betonen. Dieselbe macht sich im Provenzalischen in noch höherem Grade als im Französischen geltend: SEMINAT prov. *seména* frz. *sème*, TREMULAT prov. *tremóla* frz. *tremble*, AUCTORICAT prov. *autreja* (neben *autorga*) frz. *octroie*, HUMILIAT (Lehnwort) prov. *umelia* frz. *humilie*.

45. 1. Pers. Sg. Der grösste Teil Frankreichs hat die Endung *o* im Präsens Ind. durch Lautwandel eingebüsst: die Form zeigt den nackten Stamm. Indessen findet sich eine eigentümliche Endung in picardischen, lothringischen und francischen Texten. In jenen z. B. *desfench* DEFENDO, *mech* MITTO, *arch* ARDEO, *sench* SENTIO, in den (lothr.) Predigten Bernhards *defenz*, *mez*, *arz*, bei Pierre de Fontaines *cuiz* COGITO, *demanz* DEMANDO. Die Endung zeigt sich in den genannten Texten nur hinter *t* (und *d*, welches im Auslaut zu *t* werden musste). Offenbar hat das Bedürfnis die 1. Sg. von der gleichlautenden 3. Sg. zu scheiden die Entstehung der Endung *ch* oder *z* hervorgerufen oder begünstigt. Diese darf nicht, wie zuweilen geschehen ist, aus dem *s* der 2. Sg. erklärt werden, sondern bietet einen merkwürdigen Beleg dafür, wie ein einziges Muster zahlreiche Nachahmungen hervorrufen kann. Dieses Muster war FACIO pic. *fach*, sonst *faz*, welches als allgemeinstes Tätigkeitswort und vermöge seiner syntaktischen Verwendung (als verbum vicarium) mit dem gesamten Verbalvorrat der Sprache gedanklich associiert war. Diese Auffassung, welche ich in Gröbers Zeitschrift III 462 ausgesprochen hatte, ist keineswegs allgemein anerkannt worden, und eine ältere Erklärung, derzufolge sich in den Formen *senz* und *parz*, pic. *sench* und *parch*, das lateinische SENTIO und PARTIO direkt fortsetzen, wird auch jetzt noch von Gelehrten vertreten. Doch spricht gegen dieselbe, dass nicht nur das Provenzalische, sondern auch die übrigen romanischen Sprachen[1] SENTIO und PARTIO durch SENTO und PARTO ersetzt haben, und es nicht wahrscheinlich ist, dass die auf dem Gesamtgebiet aufgegebene lateinische Form sich mundartlich erhalten hätte.

Nachdem *z* im 13. Jahrhundert in *s* übergegangen war, ist dann dieses bis ins 16. Jahrhundert fakultativ, dann für die Prosa obligatorisch, an alle Formen der 1. Sg. Prs. Ind. getreten, welche nicht der I. sw. Konjugation angehörten, also an *sai*, *voi*, *sui*, *vien*, *tien*. Nur die Poesie gestattet sich noch jetzt Formen ohne *s* bei vokalischem Auslaut *(sai, voi)* sowie *tien*, *vien* (aber nur *suis*).

Bei einigen Verba ist *c* die Endung der 1. Sg. In *esparc* SPARGO, *sorc* SURGO ist *c* ursprünglich. In *planc* PLANGO, *cenc* CINGO blieb *c* nur so lange erhalten, bis die — übrigens unbelegten — *planc*, *cenc* durch Neubildungen aus den übrigen Formen des Präsens (2. Sg. *plañs ceñs*, 3. Sg. *plañt ceñt*, 1. Pl. *plañons ceñons* u. s. w.) verdrängt wurden, nämlich durch *plaign ceign* (im 13. Jahrhundert *plaing*, *ceing*). Wahrscheinlich hat auch COLLIGO ursprünglich *colc* gelautet, das dann durch ein aus *cueilz cueilt* neugebildetes *cueil* verdrängt worden ist. Ich nehme an, dass, als noch *planc*, *cenc* u. s. w. gesagt wurde, *c* auf *tien*, *vien* übertragen wurde (also *tienc*, *vienc*), und ebenso ist es auch zu *moerc* (neben *muir*) MORIOR und zu *ierc* ERO gelangt.

---

[1] Vielleicht mit Ausnahme des Altportugiesischen und des Altlombardischen, die *senço* neben *sento* gebrauchen.

Aus dieser Erklärung ergiebt sich zugleich, weshalb die Endung *e* nur hinter stammauslautendem *r* und *n* in Aufnahme gekommen ist.

Bei den Verba der I sw., welche in der 2. und 3. Sg. Prs. ein unbetontes *e* in der Endung zeigen, bevorzugte die Sprache eine andere Bildung der 1. Sg., indem sie statt einer lautlich stark abweichenden Form (*ain* AMO 2. Sg. *aimes*, *juz* JUDICO 2. Sg. *juges*, *doins* DONO 2. Sg. *dones*, *lef* LAVO 2. Sg. *leves*) aus der 2. und 3. Sg. eine Form auf *e* entwickelte (also *aime*, *juge*, *done*, *leve*), welche auch durch die Abwandlung des Subj. *mete metes metet* lat. MITTAM u. s. w. empfohlen wurde. Einzelne Formen der alten Bildung blieben bis ins 16. Jahrhundert erlaubt (*je suppli'* Ronsard, *je command'* Marot). Formen mit *s* (*ains* AMO, *gars* je garde) sind bei dieser Konjugation nur vorübergehend gebildet worden.

Das Provenzalische zeigt neben der lautgerechten Form auch solche auf *i* oder *e*: *trobi azori vendi parti*, *sospire* (hinter betontem *i* meist *e*) *porte*. *e* ist die regelmässige Endung in der auvergnischen Mundart. Dieses *i* oder *e* findet seine lautliche Erklärung in einigen Formen, in denen es aus *io* entstanden oder hinter schwerer Konsonantengruppe (anfangs als *ó*, dann als *e*) erhalten geblieben war: *feri* FERIO, *mori* MORIOR, *enclostre* INCLAUSTRO, *tremble* TREMULO, *entre* INTRO; doch sind diese Beispiele nicht zahlreich und nicht gebräuchlich genug, um die Übertragung des *i* oder *e* auf alle andern Verba der I sw. begreifen zu lassen. Eigentümlich ist, dass nach den Leys d'amors 2, 362 in *trobi*, *mori*, *voli* (neben *truep*, *muer*, *vuelh*, *suefri*) die Diphthongierung unterbleibt.

Eine merkwürdige Gruppe bilden im Französischen *vois* VADO, *estois* STO, *doins* DONO, *ruis* ROGO, *truis* TROPO, *puis* POSSUM, nur im Lothringischen auch *suis* SUM. Die Endung *is* war zunächst nur in *puis* berechtigt, älter *püois pueis* = POSSIO einer Umbildung von POSSUM, die Voretzsch mit Recht auch für das Provenzalische ansetzt, dessen *puesc* seinen Auslaut dem *sc* der incohativen Verba verdankt, ebenso wie *iesc* EXEO frz. *ieis is*. Während sonst oft der Subj. Präs. aus der 1. Sg. Ind. neugebildet wurde, scheint bei POSSIO vielmehr der Subj. POSSIAM massgebend gewesen zu sein. *doins* verdankt sein *n* einer Kreuzung von DO (frz. *dois*, unbelegt) mit *dono*. Vor dem Auftreten der Endung *is* dürften die übrigen Formen *vǫ*, *dǫ*, *ruo*, *truov* gelautet haben, die dann durch den Einfluss von *puois* zu *vois*, *dois ruois truois* geworden waren. Die Verschiedenheit der Vokale (teils *-ois* teils *-uis*), hat also ihren lautlichen Grund; nur *estois* ist Anbildung an *vois*, wie *estait* an *vait*, *estont* an *vont*.

Die provenzalische Abwandlung *vauc vas va* (neben *vai*) ist wahrscheinlich nach dem Muster von DAO (rum. *dau*) DAS DAT, STAO (rum. *stau*) STAS STAT, NAO oben S. 478 NAS NAT, TRAHO (im Romanischen nicht erhalten, vgl. prov. *trac* afrz. *trai*) TRAHIS TRAHIT gebildet worden. *fau* (Nebenform zu *fatz* FACIO) beruht gleichfalls auf DAO u. s. w. Das auslautende *c* in den Nebenformen *vauc*, *estauc*, *fauc* verlangt vielleicht eine phonetische Erklärung (vgl. *trauc trau* TRABEM).

SUM ist nur im Provenzalischen in direkter Fortsetzung erhalten (*son*, *so*); die Form *soi* verdankt ihr *i* wohl *ai*, *dei* oder dem Pf. *fui*. Das *ui* von frz. *sui* geht auf *uei*, *uoi*, zurück und wird im Eneas nur mit dem aus $\breve{o} + \underset{\cdot}{i}$ entstandenen Triphthong gebunden. Offenbar ist vlat. *sǫ*, das oft aus Inschriften belegt ist, zunächt zu *sǫo* geworden (durch Anfügung der Endung *o* von AMO DICO u. s. w.); dann trat *i* an: *sǫ́oi*, *súoi*, *suói*.

46. 2. P. Sg. Die 2. Sg. Pf. verlor im Französischen das *t* der Endung, da jede andere 2. Sg. auf blosses *s* ausging. Im Provenzalischen blieb *t* trotzdem erhalten und wurde auf ES, die 2. Sg. von SUM, prov. *iest*, ge-

pfropft (die Voretzsch auf **esti* zurückführen will, aus ES das die Endung STI des Perfekts angenommen habe). Das frz. *tu es* (neben *ies*) verdankt sein *e* der 3. Sg. *(est)*.

47. 3. P. Sg. Vom Abfall des *t* ist oben die Rede gewesen. Hier sei nur der merkwürdige Vorgang erwähnt, durch den das Französische in der fragenden Form vor dem Pronomen personale *t* wieder hergestellt hat. Diese Herstellung ist im 16. Jahrhundert, zuerst in der Aussprache, dann auch in der Schrift eingetreten. Dabei gaben natürlich die Fälle, in denen *t* laut geblieben war, den Anstoss *(doit-il, devait-il, doivent-ils, ont-ils)*. Daher *a-t-il, donne-t-il, donna-t-il, voilà-t-il.* Mundarten haben aus diesem *til* ein Fragewort gebildet, welches ein Gegenstück zu dem antwortenden *oïl* bildet.

Das Nebeneinanderbestehen von frz. *fait* FACIT und *dit* DICIT mit *taist* TACET, *loist* LICET und *plaist* PLACET ist, so viel ich weiss, noch nicht erklärt worden. Ich glaube, dass nur *taist, loist, plaist* die lateinischen Formen lautlich fortsetzen; dass hingegen *fait* und *dit* aus den Infinitiven *faire dire* gebildet sind. Die Infinitive TACĒRE LICĒRE PLACĒRE afrz. *taisir loisir plaisir* gaben zu einer derartigen Bildung keine Handhabe, und *taire loire plaire* sind wahrscheinlich jüngeren Datums und zunächst im Gebrauche beschränkt gewesen (vgl. jetzt Herzog, Z. XXIV, 89). Das Provenzalische besitzt sechs Formen sowohl in der älteren als in der neugeschaffenen Gestalt: *fatz fai, ditz di, tatz tai, platz plai, jatz jai* JACET, *letz lei* LICET (doch nur *notz* NOCET)[1], und dazu die Form *fa* FACIT aus dem Infinitiv *far.*

48. 1. und 2. P. Pl. Diese Personen haben im Präsens der zweiten lateinischen Konjugation, von welchem allerdings nur drei Formen erhalten geblieben sind (*somes* neben *esmes faimes dimes, estes faites dites*), im Futurum (*ermes* ERIMUS) und im Perfektum aller Konjugationen die lateinischen Endungen unverkürzt erhalten. Das Provenzalische hat diese Endungen nicht geschont, daher AUDIVIMUS prov. *auzim* afrz. *o(d)imes,* AUDIVISTIS prov. *auzitz* afrz. *o(d)istes* in beiden Sprachen wesentlich aus einander gehen. Im Französischen machte sich der Einfluss der 2. Pl. auf die erste darin geltend, dass diese im 12. Jahrhundert, kurz vor der allgemeinen Verstummung des *s* vor Konsonanten, ein *s* aufnahm: *o(d)imes* wurde *o(d)ismes, amames* wurde *amasmes* u. s. w.

Die zahlreichen Verba, in denen die 1. und 2. Pl. Prs. Ind. auf *-ĭmus -ĭtis* ausgingen, haben in allen romanischen Sprachen, nur nicht im Rumänischen, diese Formen neugestaltet nach dem Muster der lateinischen 2. Konjugation: nach TACĒMUS TACĒTIS wurden gebildet VENDĒMUS VENDĒTIS prov. *vendem vendetz.* Auf einer späteren Stufe sind dann im Provenzalischen und im Französischen sogar an Stelle von SENTĪMUS SENTĪTIS Formen nach demselben Muster gebildet worden: prov. *sentem sentetz,* und zwar weil die übrigen Formen dieses Präsens mit denen des Präsens VENDO übereinstimmten. Nur das Altlothringische, Gascognische und Catalanische setzen die lateinischen Formen SENTIMUS SENTITIS fort.

Von den lateinischen Formen auf *ĭmus ĭtis* hielten sich, wie erwähnt, im Französischen nur FACIMUS DICIMUS, FACITIS DICITIS, TRAHITIS *(faimes dimes, faites dites, traites)*, im Provenzalischen nur *sem em* SĪMUS (= SUMUS), *faim* FACIMUS, *faitz* FACITIS. Die Endungen von frz. *somes* und *estes* beruhen auf Anlehnung an die 1. und 2. Pl. Pf.

Auf einem Gebiete, das sich nach Chabaneaus Angaben (Revue des langues rom. 21, 152) annähernd umgrenzen lässt, ist in den heutigen Patois die 2. Pl. zahlreicher Verba wie im Lateinischen betont. Dieses

[1] Herr Professor Emil Levy war so gütig hier meine frühere Angabe zu berichtigen.

Gebiet zieht sich von Lure (Haute-Saône) südwärts bis Saint-Étienne (Loire), Lyon und Saint-Maurice de l'Exil (Isère); es umfasst auch die französische Schweiz. Solche Formen sind z. B. aus dem Évangile selon saint Matthieu (traduit en franc-comtois, environs de Baume-les-Dames, publié par le prince Louis Lucien Bonaparte) *rentes* REDDITIS, *prentes* PREHENDITIS, *peûtes* POTESTIS, *seutes* SEQUITIS. Mussafia, Präsensbildung S. 4, glaubt, dass solche Formen in der Tat die lateinischen Formen fortsetzen; doch ist mir dieses wenig wahrscheinlich, so lange entsprechende Formen nicht aus mittelalterlichen Texten nachgewiesen sind. Da die mittelrhônischen Prosalegenden solche nicht enthalten (einzige Form etwa *setes* G 31, 6), möchte ich in jenen Formen nur Nachbildungen von *faites, êtes, dites* sehen, zumal *voites* VIDETIS, *seûtes* SITIS, *rédjouittes* REGAUDETIS u. a. kaum eine andere Erklärung zuzulassen scheinen.

Die heute üblichen französischen Formen der I. sw. Konjugation zeigen *a* vor dem *ss* der Endung: *aimassions, aimassiez*. Dieses *a* darf nicht ohne weiteres mit dem *a* der lateinischen Formen AMASSEMUS AMASSETIS identifiziert werden. Die ältesten französischen Texte, besonders die normannischen Handschriften des 12. Jahrhunderts, zeigen an Stelle des *a* ein *i*: *amissuns* (daneben *amessuns*), *amissiez* (neben *amessiez*). Dieses *i* mag eben so sehr der Analogie von *partissuns fesissuns* als der Wirkung des *ss* auf das aus *a* geschwächte *e* seinen Ursprung verdanken. *i* hielt sich bis ins 16. Jahrhundert, und noch Robert Estienne führt als einzige Formen *aimissions aimissiez* an; daneben kannte jedoch das 16. Jahrhundert bereits die heutigen Formen.

1. Pers. Pl. Zu besprechen bleiben noch die drei Endungen *āmus, ēmus* und *ūmus*, letztere nur in SUMUS und nur im Französischen vertreten; denn das Provenzalische bevorzugte das (von Augustus gebrauchte) SIMUS prov. *sem em* (dagegen cat. *som*). Im Französischen finden wir *ons* als Vertreter von *āmus* und von *ēmus*, worin man gewöhnlich eine Einwirkung von SUMUS erblickt[1], doch wäre in Mundarten, in denen SUMUS = *somes* lautete, *amomes* AMAMUS zu erwarten gewesen. Dieses findet sich in der Tat auf einem ausgedehnten Gebiete von Flandern bis zur Champagne, und auf diesem Gebiete hat die Abwechslung von *omes* mit *ons* auch *sons* neben *somes* entstehen lassen. An der Erhaltung der Endung gerade in Flandern mag die starke Germanisierung schuld gewesen sein; denn auch das Deutsche hatte als Endung der 1. Pl. *mes*. Settegast Z. XIX, 266 will nicht nur diese Endung *mes*, sondern auch das ihr vorhergehende *o* auf fränkischen Einfluss (deutsches *-umês*) zurückführen, und zieht auch keltische Formen heran. Mit Hinweis auf die Schreibungen CONSERVAMMUS JOBEMMUS (Sittl, Lokale Verschied. 61) ist nichts erklärt, weder das *o* noch die Erhaltung des *e* der Endung *omes*. Vielleicht entsprechen *-ons* und *-omes* zunächst lat. *āmus* (vgl. *cantomps* CANTAMUS neben *devemps* DEBEMUS im Leodegar), dessen *a* zunächst hinter Labialen z. B. in AMABAMUS dem Übergang zu *o* ausgesetzt war, dann aber in allen Fällen zu *o* wurde, in denen nicht halbvokalisches *i* den Übergang hemmte. Daher stehen noch im Lothringischen und Champagnischen *amons* AMAMUS und *aiens* HABEAMUS neben einander; freilich auch *prions* PRECAMUR und *metiens* MITTAMUS, welche zeigen, dass hier der Unterschied zwischen *ons* und *iens* dynamisch geworden und zur Unterscheidung des Indikativs und Subjunktivs benutzt worden ist. Nicht nur in den genannten Mundarten, sondern auch im

[1] Vielleicht kann man zur Stütze dieser Ansicht darauf hinweisen, dass auf -UMUS zurückdeutende Formen auch piemontesischen, lombardischen und rätoromanischen Mundarten bekannt sind.

Wallonischen und Picardischen, ja auf dem ausgedehntesten Gebiete der langue d'oïl ist *iens* die Endung der 1. Pl. Imperfecti Ind., Condicionalis Ind. und Imperfecti Subj. z. B. *aviiens* HABEBAMUS, *avriiens* HABERE HABEBAMUS, *amissiens* AMAVISSEMUS, *vendissiens* VENDIDISSEMUS, *oüssiens* HABUISSEMUS. Dort erklärt sich *iens* ohne Schwierigkeit aus dem Ausfall des *b* in der Imperfektendung *ebamus*, der freilich seinerseits der Erklärung bedarf. Das *iens* im Subjunktiv des Imperfekts lässt sich nicht phonetisch aus *ēmus* herleiten und ist aus dem Subjunktiv des Präsens übertragen, zu einer Zeit, wo auch die Picarden und Wallonen noch Formen wie *aiens faciens* besassen; diese Zeit liegt freilich, nach dem *posciomes* des Jonasbruchstücks zu schliessen, weit zurück. Die Endung *ēmus* lebt in phonetischer Reinheit noch in Orléans fort, wo wir *ostains*, *menains* als 1. Pl. Subj. Prs. von *oster*, *mener* vorfinden, vgl. auch *puissains voiains* POSSIAMUS VIDEAMUS (Rom. VI, 46) in einer burgundischen Handschrift. Neben *ons* findet sich seit ältester Zeit auch *om*, nach Meyer-Lübke, weil die 1. Sg. PORTO eine 1. Pl. *PORTAMO (mit Verlust des *s*) hervorgerufen hatte.

In der Normandie und in Frankreich ist *ons* auf alle Tempora ausgedehnt worden (mit alleiniger Ausnahme des Perfekts Ind.); doch hat auch hier *iens*, das auf einem weiten Gebiete in Gebrauch war, seinen Einfluss geübt und das *ons* der 1. Pl. Subj. zu *ions* umgestaltet. Die ältesten Beispiele für diese Endung finden sich in der Glossa magistralis in psalmos (*faciom*, *metiom*, erste Hälfte des 13. Jahrhunderts). *ions* ist wahrscheinlich durch Kreuzung der champagnischen Subj. *laissiens*, *eüssiens* mit den francischen *laissons*, *eüssons* zu Stande gekommen. Die Pariser Urkunden lassen auch im 14. Jahrhundert noch häufig *-ions* mit *-iens* abwechseln (z. B. *aviens*, seltener *ayens*), bevor jenes das ausschliessliche Übergewicht erlangt. Nur ganz allmählich ist dann *ions* im Subjunktiv zur Herrschaft gelangt, und noch im 16. Jahrhundert war *laissons* neben *laissions*, *aimissons* neben *aimissions* im Subjunktiv üblich.

In der 2. Pers. Pl. lauteten im Lateinischen, vom Perfektum und vom Präsens der lat. III. abgesehen, die Endungen *ātis*, *ētis*, *ītis*. Wie *īmus* durch *ēmus*, so wurde auch *ītis* durch *ētis* verdrängt (ausgenommen im Altlothringischen, Gascognischen und Catalanischen).

Im Französischen entspricht der Endung *atis* lautgerecht *ez* pic. *es* und hinter *i*-haltigen Konsonanten *iez* pic. *iés*, der Endung *ētis eiz (oiz)* pic. *ois*. Die Scheidung findet sich in manchen Texten noch ziemlich in der ursprünglichen Weise. Mundartlich wurde dann *ez (iez)* für den Indikativ, *oiz* für den Subjunktiv adaptiert, sodass im Indikativ neben *amez : metez*, im Subjunktiv neben *amoiz : metoiz* gebraucht wird. Es liegt nahe zu vermuten, dass hierbei *oiz* = lat. *etis* als einzige Endung der 2. Pl. im Subjunktiv des Imperfekts die Sprache zur Anwendung dieser Endung im Subjunktiv des Präsens mit bestimmt hat.

In der französischen Schriftsprache ist, wie das *ons* in der 1. Pers., so auch das *ez (iez)* der 2. verallgemeinert worden. Schon der Dichter des Alexius gebraucht im Reime *troverez* TURBARE (oder TROPARE) HABETIS. Gerade in dieser Form, der 2. Pl. Futuri, schwankt noch die Sprache des 12. und 13. Jahrhunderts zwischen *ez* und *eiz (oiz)*, bis dann *oiz* aus der Schriftsprache Franciens gänzlich verdrängt wird.

Im Provenzalischen findet sich ein bemerkenswerter Unterschied zwischen der Aussprache von *-etz* = *-etis* im Ind. Prs. *(avetz)* und von *-etz* = ETIS im Subj. Prs. *(ametz)*, im Subj. Impf. *(amassetz)* und im Fut. *(amaretz)*. Diese drei Formen zeigen die dem Ursprung des *e* entsprechende geschlossene Aussprache. *avetz* hingegen, und die analogen Formen der

2. Pl. Ind. Prs., zeigen *ẹ*, das man, gewiss mit Recht, auf die Wirkung von *ẹtz* ESTIS zurückgeführt hat. Die 2. Pl. Fut. hat, da die Wirkung sie nicht erreichte, damals gewiss schon die einfache Gestalt (*amaretz*, nicht *amar avetz*) gehabt.

49. Die 3. Pers. Pl. hat im Lateinischen die Endungen *ant ent unt.* Wir haben oben gesehen, dass in der 1. und 2. Pl. Prs. Ind. die dritte lateinische Konjugation die Formenbildung der zweiten annahm: VENDĒMUS VENDĒTIS. Daneben war die 3. Pl. in der alten Form VENDUNT geblieben und die Abwandlung *emus etis unt* übertrug sich auf die wenigen Präsentia der lateinischen zweiten. Daher liest man Formen wie LUGUNT, MEREUNT, FERVUNT (auch sonst bekannt) bei Commodian, DEBUNT, HABUNT in der Lex Salica[1]. Da im Französischen der unbetonte Vokal der Endung gleichmässig zu *e* herabsank (nur in den Départements Jura und Saône-et-Loire blieben in der 3. Pl. die vollen Vokale), so lässt sich da jener Ausgleich nicht mehr erkennen, wohl aber im Provenzalischen, wo die drei Endungen *an(t) en(t) on(t)* — über das in den nördlichen prov. Mundarten erhaltene *t* ist oben S. 762 gehandelt worden — noch unterschieden sind. Bei frz. *luisent, plaisent* fragt es sich, ob sie direkte Fortsetzungen der lateinischen Formen LUCENT, PLACENT oder Neubildungen sind.

an ist rein geblieben im Südwesten und in den Pyrenäen, auf dem übrigen Gebiete zu verschiedenen Zeiten durch *on* verdrängt worden; am frühesten östlich der Rhône (doch vgl. Romania XIV, 277), weit später in Haute-Loire. Im Gascognischen und Limousinischen geht *an,* wie auch *on,* in *en* über (Romania IX, 192); doch ist im Limousinischen *an* neben *en* bewahrt. Hinter betontem i sind *an* und *on* auch in Languedoc und Provence im 14. Jahrhundert zu *en* geworden (*avien* HABEBANT). *an* ist gar nicht mehr nachweisbar auf einem Gebiete, das die Départements Lozère, Lot, Tarn-et-Garonne, Tarn, Haute-Garonne und den Norden des Aveyron, umfasst.

SUNT lautet im Provenzalischen in den nördlichen Mundarten *sont,* in den südlichen *son* oder *so.* Der Abfall des *n* ist nur an der Endung *o* gestattet auf dem auf Karte VII dargestellten Gebiete (*avio, sio*) und zeugt für den frühen Abfall des auslautenden *t.*

HABENT FACIUNT VADUNT STANT lauten prov. *an fan van estan,* doch lebt auch noch eine Form *au(n), fau(n), vau(n), estau(n)* fort, die andere Formen (*siau* Alais, *faziau* Tarn) attrahierte. Noch jetzt spricht man im Cantal *au* und *siau,* dieses auch im Aveyron. Die provenzalischen Formen *au(n) fau(n) vau(n)* beruhen auf HABUNT FACUNT; *an fan van* haben entweder *au* in *a* erleichtert (vgl. *anta* aus *aunta* got. *hauniþa* frz. *honte*) oder den Einfluss von *stant* erfahren. Die französischen Formen lauten *ont font vont estont* und gehen entweder auf *aunt faunt vaunt* zurück oder sind nach dem Muster von *sont* SUNT gebildet.

Die 3. Pl. ist öfter neugebildet worden mit Benutzung der 1. und 2. Pl. oder anderer Formen: das afrz. *dient* setzt DICUNT fort, aber neugebildet ist prov. *dizon* (aus *dizem dizetz*), nfrz. *disent* (aus *disons*). Ebenso verhalten sich prov. *floriscon* FLORESCUNT und prov. *florisson* afrz. *florissent,* afrz. *sevent* SAPUNT (für SAPIUNT) und nfrz. *savent.*

50. Im Imperfektum standen, nachdem die Endung *iebam* durch *ibam* verdrängt worden war, die drei Endungen *abam ebam ibam* neben einander; doch ist *-ibam* fast überall mit *-ebam* vermischt worden: im Französischen in der Form *-eie* (= *ebam,* mit dem seltsamen Verluste des *b*), im

[1] Wenn Meyer-Lübke oben S. 478 das altfrz. *vuelent (ils veulent)* nicht auf VOLUNT, sondern auf ein *VOLENT zurückführt, ist er leider eine Begründung schuldig geblieben. Vgl. auch prov. *volon.*

Provenzalischen in der Form *ia* (= *ibam*). *eie* und *ive* bestehen nur im Lothringischen, Mittelrhônischen und Gascognischen (gasc. *abé* HABEBAT, *sentibe* SENTIEBAT) als Fortsetzer des lateinischen *-ebam* und *-ibam* fort.

Aus *-abam* ist im Gascognischen *-aua* bearn. *-abe* prov. *ava*, westfrz. *-oue* ostfrz. *eve* geworden. Das normannische *-oue* ist nur die nördliche Fortsetzung des gascognischen *-aua*, das lothr. *-eve* die des prov. *ava*, sodass sich in diesem Falle Frankreich nicht in Norden und Süden, sondern in Osten und Westen spaltet. Die französischen Endungen *oue* und *eve* sind allmählich durch *-eie*, das im 12. und 13. Jahrhundert zu *-oie* wurde, verdrängt worden; zuerst im Picardischen und Francischen: schon Walther von Arras und Garnier von Pont-Sainte-Maxence kennen nur noch *-oie* (Garnier *-eie*), während das francische *-ǫue -ǫe* noch in der Chanson von Aimeris Tod (gegen 1150—1170) gebraucht ist. *eve* hat sich auf einem kleinen Gebiet im Nordwesten (Namur, Lüttich, Malmédy), bis ins 13. Jahrhundert auch in Metz, erhalten. Ein später Beleg aus Metz ist *fiancevet* vom Jahre 1291 in den Preuves der Histoire de Metz S. 236, vgl. *venivet* vom Jahre 1280 S. 221.

Die Endung *-oie* ging dann durch Verstummen des *e* in *oi* über. Seit dem Anfang des 16. Jahrhunderts wird zweisilbiges *-oie* ungewöhnlich, und *oi* nimmt vor Vokalen, also zur Hiatustilgung, das *s* der 2. Sg. an, das später in der Schrift verallgemeinert wird.

Charakteristisch für sämtliche französischen Mundarten ist der Verlust von -ABAMUS -ABATIS, welche schon vor dem Beginne sprachlicher Aufzeichnungen durch -E(B)AMUS -E(B)ATIS *iëns (iöns) iëz* verdrängt sind.

51. Im Perfektum ist V überall geschwunden[1]. Für das Provenzalische ist charakteristisch die Übereinstimmung der ersten mit der zweiten schwachen Konjugation, für das Französische die der zweiten mit der dritten. Das Provenzalische führte in der II. sw. den Vokal der 1. Sg., 3. Sg., 3. Pl. durch: *vendę̣i vendę̣t vendę̣ron*, daher *vendę̣st* statt *vendẹst* u. s. w. In der I. sw., die im Catalanischen *(amé amést amá amám amás amáron)* und Bearnischen *(amé amás amá amém amétz amán)* in mehreren Personen rein erhalten ist, hat das Provenzalische überall das *e* der II. sw. durchgeführt, wohl zunächst der Analogie der Perfekta *estę̣i* STETI und *dę̣i* DEDI folgend (ähnlich Thomas Romania XXIII, 141, Zauner Z. XX, 443). Es heisst daher *amę̣i amę̣st amę̣t amę̣m amę̣tz amę̣ron*, gerade wie *vendę̣i* u. s. w.

Im Französischen hat sich die Übereinstimmung der II. sw. mit der III. sw. erst in litterarischer Zeit vollzogen. Das Perfektum der II. sw. hatte zunächst folgende Abwandlung: *vendi vendis vendiet vendimes vendistes vendierent* Subj. *vendisse*, aus VENDÉDI VENDEDÍSTI VENDÉDIT u. s. w. Die Formen mit *ie* hielten sich z. B. in Blois, in Provins und in Berri bis ins 13. Jahrhundert; im Picardischen fehlen sie schon im 12. Wo sie blieben ist *ie* auch in andere Personen eingedrungen (1. Pl. *vendiemes*, 3. Sg. Subj. *vendiest*); wo sie schwanden wurden sie durch Neubildungen mit *i* ersetzt: *vendit, vendirent.*

Einzelne Mundarten sind so weit gegangen, dass sie auch das Perfektum der I. sw. dem der II. und III. sw. assimilierten: *j'aimi tu aimis il aimit* u. s. w. Solche Formen sind im 15. und 16. Jahrhundert auch in der Schriftsprache nicht unbeliebt, und werden von den Grammatikern des

[1] Von dem vulgärlateinischen Paradigma Meyer-Lübkes (oben S. 479) treffen für Frankreich mehrere Formen nicht zu. So ist die 3. Sg. AUT für das Galloromanische ebensowenig zutreffend wie die 1. Pl. *AUMUS. Statt jener ist das im ältern Latein mehrfach belegte ĀT anzusetzen, statt dieser ÁVIMUS, dessen Betonung die Erhaltung des Vokals der Endung bedingt hat. Vor der oft belegten 3. Sg. ÍT ist der Stern zu tilgen.

16. Jahrhunderts ins Paradigma aufgenommen. Später werden sie in der gebildeten Sprache wieder ausser Kurs gesetzt, doch haben zahlreiche Patois an dieser Bildung festgehalten.

Es ist gewiss kein Zufall, wenn altfranzösische Texte nur hinter Palatal diesen Übertritt zeigen: *tu pechis* Dial. Animae et Rationis, *encarqui* in Bodels Nicolas, *òbligi* in Ren. le nouv. 6750. Wahrscheinlich hat die Aussprache *pechier* oder *pechir* im Infinitiv zur Bildung solcher Perfekta den Anstoss gegeben.

Die 1. Sg. auf *i* hielt sich bis ins 16. Jahrhundert, wo man vor Vokalen das *s* der 2. Sg. antreten liess (*je vendi-s*); das Gleiche ist in *je fu-s* und in den Perfekta der III. st. Konjugation der Fall gewesen.

Die lateinische Endung der 2. Sg. Pf. *isti* musste zu *ist* werden, entsprechend dem N. Pl. des Pronomens ISTI ECCISTI, frz. *ist icist*, prov. *ist cist*, wo das *i* der Endung das *i* des Stammes gegen den Wandel geschützt hat (vgl. S. 730). Daher ARSISTI prov. *arsist* (neben *arsest*) afrz. *arsis*, VENDEDISTI (prov. *vendęst* mit Durchführung des *ę* der stammbetonten Formen) frz. *vendis*. Im Französischen ist das *i* auch in die Endung der 2. Pl. (*arsistes vendistes*, prov. *arsetz vendetz*), von da in die 1. Pl. (*arsimes vendimes*, prov. *arsem vendem*) und aus dem Indikativ in den Subjunktiv eingedrungen (*arsisse vendisse* prov. *arses vendes*). Ein Beispiel der unbeeinflussten Form ist das *perdesse* der Eulalia (= PERDIDISSET).

Schwer erklärbar ist das dem Provenzalischen eigentümliche *c* in der 3. Sg. der I. sw. und der II. sw. (*anec* neben *anet*, *vendec* neben *vendet*), in der 1. Sg. und 3. Sg. der III. sw. (1. Sg. *partic* neben *parti*, 3. Sg. *partic* neben *partit parti*). Dass für diese Bildungen *ui*-Perfekta *bęc* BUBIT *cręc* CREVIT *dęc* DEBUIT *sęc* SEDIT das Vorbild abgegeben haben (Paul Meyer in der Encyclopaedia Britannica, Art. Provençal language), ist schon wegen des abweichenden vokalischen Klanges nicht recht wahrscheinlich; man könnte sich dann fast mit demselben Rechte auf sämtliche Perfekta der *ui*-Klasse berufen. W. Meyer (Z. IX 240, Gr. II § 274) glaubt, das *c* sei zunächst nur in *vic* vorhanden gewesen und sei von da aus auf die 3. Sg. der I. und II. sw. Konjugation übertragen worden. Er möchte *vic* auf VIDUIT zurückführen. Indessen lässt sich manches gegen die Ansetzung von VIDUIT geltend machen: es fehlt im Französischen; im Provenzalischen fehlen die zugehörigen VIDUISTI u. s. w. Ganz offenbar ist VIDI im Provenzalischen an das Perfekt der III. sw. angelehnt worden, und *vi (vic) vist vi (vit) vim vitz viron* sind dem Paradigma *flori (floric) florist* u. s. w. gefolgt. Man hat also nicht *floric* nach *vic*, sondern *vic* nach *floric* gebildet.

Vielleicht darf neben den hier vorgetragenen noch folgende Erklärung berücksichtigt werden. *c* ist sicher auf die 1. Sg. *floric* nur übertragen worden, weil diese 1. Sg. mit der 3. übereinstimmte, und in der letzteren älter; die Formen auf *ec* aber sind am häufigsten und am weitesten verbreitet. Nun sagt man in Forlì *mandep* MANDAVIT mit einer Endung die Ascoli auf *ep* HABUIT zurückführt. Sollte nicht das *c* des Provenzalischen ähnliche Erklärung erheischen? Vielleicht hat man zunächst *estec* STETUIT (welche Form auch im Französischen und im Catalanischen nachzuweisen ist) neben *estet* STETIT gesagt, und von diesem vielgebrauchten Verbum den Wechsel von *et* und *ec* auf andere Verba übertragen.

Die 1. Pl. Pf. hatte in einigen Konjugationen früh Betonung auf der gleichen Silbe mit der 2. Pl. erhalten: so in der I. sw. frz. *amames amastes* prov. *amem ametz*, in der III. sw. frz. *oïmes oïstes* prov. *auzim auzitz*, nur im Französischen in der III. st. *oümes* HABUIMUS *oüstes* HABUISTIS. Beide Sprachen stellten darauf die Gleichheit in der Betonung in denjenigen

Konjugationen her, wo sie noch nicht existierte; also in der II. sw. (VENDEDÍMUS), I. st. (FECÍMUS), II. st. (ARSÍMUS), und im Provenzalischen auch in der III. (HABUÍMUS).

In der 3. Pl. Perfekti waren ursprünglich *prisdrent* PREHENDERUNT *misdrent* MISERUNT lautlich verschieden von *distrent* DIXERUNT *astrent* ARSERUNT, *firent* FECERUNT: an jene wurden sie in der normannischen Litteratursprache angeglichen (*pristrent mistrent* vgl. *beneïstre* aus *beneïsdre* BENEDICERE, wegen *conoistre*), an dieses im Picardischen und in der Pariser Sprache des 13. Jahrhunderts (*prirent mirent* R. Violette), doch liest man noch *mistrent* in einer Pariser Urkunde von 1305 (Bibl. de l'Ec. d. Ch. 41, 51).

Von den starken Konjugationen giebt die dritte dem Sprachforscher die meisten Rätsel auf, da ihre Formen die stärkste Entwicklung durchgemacht haben. Ich habe Z. II 255 f. von den *ui*-Perfekta gehandelt und ihre Formenbildung zu erklären gesucht. Ich will das dort Gesagte hier nicht wiederholen, benutze aber gern die Gelegenheit, hier einige Punkte zu berühren, die dort nicht zur Sprache gekommen sind oder in denen ich meine Ansicht seitdem berichtigt habe.

Die Lautgruppe UI ist überall einsilbig gesprochen worden, im Gascognischen und Provenzalischen mit halbvokalischem *u*, in den französischen und mittelrhônischen Mundarten mit halbvokalischem *ü*. Während dieses *ü* im Französischen das *i* derselben Silbe vor dem Wandel schützte, liessen die gascognischen und provenzalischen Mundarten *ui* in *ue* übergehen; nur in der 2. Sg. blieb im Provenzalischen eine Nebenform mit *ui* unter der Wirkung des *i* der Endung. In der 1. Sg. stand *ui* im Auslaut und ihr *i* (durch andere Konjugationen gestützt) blieb rein bis es schwand.

Demgemäss glaube ich, dass die provenzalischen und gascognischen Formen in vorlitterarischer Zeit folgende Stufe durchgemacht haben:

águi, áigui	daraus prov. *águi, aic*	gasc.	*águ*
aguísti, aguésti	*aguíst, aguést*		*agóst*
águe	*ac*		*ágo*
aguémos	*aguém*		*agóm*
aguéstis	*aguétz*		*agótz*
águeront	*ágron*		*ágon*

Neben *ágon* tritt im Altgascognischen die Neubildung *agóren* auf (nach *fom fotz foren*) und *águ* und *ágo* legten, zu einer Zeit, die ich bei dem Mangel poetischer Denkmäler nicht anzugeben vermag, den Accent auf die Endung.

Im Französischen und Mittelrhônischen wurde *g* vor *ui* nicht entwickelt, wohl weil das *ü* in *ui* nicht mit dem Halbvokal *u̯* germanischer Worte identisch war. Die Kombination des Mitlauts *ü* mit dem vorhergehenden Stammauslaut wurde getilgt, indem entweder jener oder dieser siegte. Jenes war der Fall bei stammauslautendem *l, m, n, r:* VALUISTI VOLUISTI TENUISTI wurden zu *valis volis tenis*, prov. *valguist volguist tenguist*, bearn. *balost bolost tengost;* dieses war der Fall bei stammauslautendem lat. *g, c, v, b*, nur im Französischen und Mittelrhônischen auch bei p. TACUISTI HABUISTI DEBUISTI SAPUISTI lauten in der wallonischen Mundart *tawis awis dewis sawis* (prov. *taguist aguist deguist*, aber *saubist*, bearn. *sabost*).

Im Normannischen und Francischen wurde *a* vor *w* zu *o* (wie in der Imperfektendung ABAM), und dann erst wurde *wi* zu *ü* kontrahiert, sodass unsere Formen in den letztgenannten Mundarten ein weit jüngeres Gepräge zeigen: *toüs oüs doüs soüs*.

POTUI ist verschieden behandelt worden: im Westen und in Paris ging der Verschlusslaut vor *ü* verloren und *powis* (d. h. *poü̯is*) musste zu *poüs* werden. In den nördlichen Mundarten und in der Champagne ging *ü* hinter dem Verschlusslaut verloren und *podis* musste zu *poïs* werden.

Im Französischen sind darauf die perfektischen Formen der Art umgebildet worden, dass nur noch *a*, *i* oder *u* in den Endungen stehen. Ursprünglich waren die Endungen weit bunter. Der heutige Zustand ist das Ergebnis eines Prozesses, der in vorhistorischer Zeit begonnen und nur ganz allmählich nach der heute üblichen Gleichmässigkeit hingeführt hat.

Zuerst wurden die Perfekta mit *l*, *r*, *m*, *n* als Stammauslauten neu gestaltet. Vielleicht darf von dem Paradigma ausgegangen werden:

frz.	*vail*	prov.	*valc*
	valis		*valguist*
	valt		*valc*
	valimes		*valguem*
	valistes		*valguetz*
	valdrent		*valgron*
Subj.	*valisse*	Subj.	*valgues*
Part.	*valu(d)*	Part.	*valgut*

Von diesen Formen sind die provenzalischen belegt, die französischen (bis auf das Participium) waren von mir nur erschlossen; doch sind die Formen des Subj. *valist*, *valissent* seitdem von Risop im Jahresber. IV, 214 nachgewiesen worden. Statt derselben kennt die älteste Litteratur bereits eine Bildung, die, wie es scheint, sich an *fui* angelehnt hat mit Benutzung des Participiums *valu(d)*. Auf keinen Fall ist das frz. *valui* die direkte Fortsetzung des lat. *valui*. Das neue Perfektum lautet: *valui valus valut valumes valustes valurent* Subj. *valusse* Part. *valu(d)*.

Die drei gebräuchlichsten Perfekta dieser Gruppe sind durch feste Einprägung im Gedächtnis der Neugestaltung entgangen. Von ihnen finden sich noch die folgenden Paradigmen als Reste des früheren Sprachzustandes:

	voil VOLUI		*tinc* TENUI		*vinc* *VENUI
	volis		*tenis*		*venis*
	volt		*tint*		*vint*
	volimes		*tenimes*		*venimes*
	volistes		*tenistes*		*venistes*
	voldrent		*tindrent*		*vindrent*
Subj.	*volisse*	Subj.	*tenisse*	Subj.	*venisse*
Part.	*volu(d)*	Part.	*tenu(d)*	Part.	*venu(d)*.

Die endungsbetonten Formen von VOLUI (*volis* u. s. w.) sind nur an wenigen Stellen nachweisbar; sie wurden durch *volsis* u. s. w. ersetzt. *vint* darf nicht von VENIT hergeleitet werden, da die hennegauische Form *viunt*, die wallonische *vinvet* lautet. Nach *je tins* und *je vins* bildete man im 13. Jahrhundert auch *je prins* (*prindrent* 1248).

Es lassen im Altfranzösischen nunmehr noch folgende Klassen stammbetonte Formen mit endungsbetonten abwechseln: *ars* ARSI 2. Sg. *arsis* ARSISTI, *oi* HABUI 2. Sg. *oüs* HABUISTI, *dui* DEBUI 2. Sg. *deüs* DEBUISTI, *vi* VIDI 2. Sg. *veïs* VIDISTI, *dis* DIXI *fis* FECI 2. Sg. *desis* DIXISTI *fesis* FECISTI. In allen diesen Klassen ist jetzt die Gleichmässigkeit der Betonung durchgeführt.

In *desis fesis* u. s. w. fiel das intervokale *s* aus, ein Vorgang, den Gröber wohl mit Recht auf die Einwirkung von *veïs* zurückführt. Doch bleibe nicht unerwähnt, dass *vedis* erst um 1100 zu *veïs* wurde, und dass *feïssent* bereits im Leodegar überliefert wird. Diez erklärt diesen Ausfall des *s* für ein Charakteristikum der französischen Sprache.

Seit dem Anfange des 13. Jahrhunderts beginnt unbetontes inlautendes *e* vor Vokal zu verstummen, zunächst nur mundartlich, nämlich im Wallonischen und in Metz, dann auch in Paris, wo die kürzeren Formen auch im 14. Jahrhundert zunächst noch vereinzelt sind, aber im Laufe des genannten Jahrhunderts die Oberhand gewinnen. Durch den Übergang von *veïs eüs deïs* in die einsilbigen Formen *vis us dus* ist der Unterschied in der Betonung der verschiedenen Personen aufgehoben, und da *feïs* und *deïs* bereits das intervokale *s* eingebüsst hatten, gingen auch diese Formen in *fis* und *dis* über. Auf wallonischem Gebiet haben sich die Formen mit *s* (*fesis, desis* u. s. w.) länger erhalten (Jean des Preis); daher wurde hier *je disi, tu disis, il disit* und *je meti, tu metis, il metit* abgewandelt (mit Benutzung der präsentischen Formen). Solche Bildungen waren im ganzen Osten bis Burgund beliebt.

In sechs Perfekta bestand ein vokalischer Unterschied zwischen den stammbetonten und den endungsbetonten Formen: in

oi HABUI 2. Sg. *eüs*, *poi* PAVI 2. Sg. *peüs*, *poi* POTUI 2. Sg. *peüs*,
ploi PLACUI 2. Sg. *pleüs*, *soi* SAPUI 2. Sg. *seüs*, *toi* TACUI 2. Sg. *teüs*.

Die drei stammbetonten Formen dieser Perfekta (die 1. Sg., 3. Sg., 3. Pl.) wurden neugebildet unter dem doppelten Einfluss von *dui dut durent* und von *(e)us (e)umes (e)ustes;* sie lauten daher *(e)u (e)ut (e)urent* (vgl. *ut* Actes du parlement 1250, *su* SAPUIT 1278) oder *eü eüt eürent.* Diese Aussprache mit syllabischem *e* fiel sehr bald mit dem Schicksal dieses Vokals dem Untergang anheim.

Zu *voil, tinc, vinc* bildete man im Ende des 13. und im 14. Jahrhundert die Formen *tu vols (vouls) tins vins* u. s. w. (*vols* schon Beaumanoir J. Bl. 1239 und oft in den vierzig Miracles de Nostre Dame par personnages, *voulstes tismes* oder *tinsmes* bei Christine von Pizan). In diesen Verba hat sich also der Ausgleich zu Gunsten der stammbetonten Formen vollzogen.

Schwierigkeiten setzt dem Ausgleich entgegen eine Klasse der II. st. Konjugation mit stammauslautendem *gn: ceins* CINXI 2. Sg. *ceinsis* 3. Sg. *ceinst.* Hier bildete man mit Hülfe des Präsensstammes ein neues Perfektum: *ceigni.* Der im 15. Jahrhundert vorkommenden Nebenform *plaindi* liegen die Präsensformen *plaindons, plaindez, plaindre, respondons* u. s. w. zu Grunde. Bei *conduis* CONDUXI 2. Sg. *conduisis* und ähnlichen Perfektformen kann die Neubildung *(je conduisi)* ebensogut von der 2. Sg. Pf. *(tu conduisis)* als vom Präsens *(conduisons)* ausgegangen sein.

je voulus ist eine Neubildung aus dem Participium *voulu*, die wie *je valus*, aber weit später als diese, geformt wurde. Noch Palsgrave lehrt *voulsisse* neben *voulusse.*

52. Von der Bildung des Futurums wird unter einer anderen Rubrik gehandelt werden. Hier sei nur der Entstehung von *enverrai* gedacht. Bis ins 17. Jahrhundert hiess das Futurum von *envoyer* nur *envoierai* (so noch Molière). Da nun mehrere Jahre hindurch neben *je verrai je voirai* (Fut. von VIDERE) gesagt werden konnte, so gab dies die Veranlassung, dass zu dem gleichlautenden *envoirai* (*e* darin war stumm) die Form *enverrai* gebildet wurde.

53. Der Subjunktiv des Präsens hat, wie der Indikativ dieses Tempus, nur zwei Konjugationsarten: die der I. sw. auf EM und die der übrigen Konjugationen auf AM. Die altfranzösischen Texte zeigen den Unterschied noch mit ziemlicher Strenge gewahrt; daneben tauchen, ganz vereinzelt im 12. Jahrhundert, häufiger im 13., Formen der I. sw. Konjugation mit der Endung *e* auf (*aime aimes aime* statt des älteren *ain ains aint*), die im 14. und 15. Jahrhundert die älteren Formen aus dem Gebrauche verdrängen. Die Redensart *Dieu vous gard!* ist noch ein Rest des altfranzösischen Subjunktivs. Das Provenzalische schwankt zwischen der unter dem Einfluss des Lautwandels gekürzten Form (*am*) und der ungekürzten (*ame*), deren *e*, weil es dynamisch war, sich vor dem Lautwandel retten konnte. Später giebt die Sprache die gekürzte Form gänzlich auf. Der Unterschied zwischen *ame* und *fassa* besteht dialektisch noch jetzt.

Auch SIEM PÓSSIEM wurden zu SIAM POSSIAM, frz. *soie puisse*, prov. *sia* (*puesca* aus dem Ind. *puesc* + *a* wie *iesca* EXEAM frz. *ieisse, isse* aus dem Ind. *iesc* + *a*). Die Formen VADAM STEM DONEM wurden im Französischen aus dem Indikativ *vois estois doins* + *e* neugebildet, jene beiden zum Ersatz der älteren Formen *aille, estace*. *ruisse* und *truisse* (von *rover trover*) beruhen auf *puisse*.

Auch bei den übrigen Konjugationen ist eine Anzahl von Formen neu gebildet worden. Stämme auf *'g* hatten ursprünglich im Subjunktiv *'ge* (*sorge* SURGAM, *esparge* SPARGAM, **plange* PLANGAM, **frange* FRANGAM, **cenge* CINGAM). Die Stämme auf *ng* ersetzten die älteren Formen durch neue, welche die vor lat. I oder E entwickelte Form des Stammes zu Grunde legten: *plaigne fraigne ceigne*. Als ausser *il sorget* neben Ind. *il sort* noch *planget* neben Ind. *il plaint* u. s. w. gesagt wurde, konnte *ge* als charakteristische Endung des Subjunktivs erscheinen und auf andere Verba übertragen werden. So wurden Formen wie *moerge* MORIAR, *corge* CURRAM, *tienge* TENEAM, *vienge* VENIAM, *prenge* PREHENDAM aus dem Indikativ *moert cort* u. s. w. und der Endung *ge* gebildet. Ganz das Gleiche findet sich auch im Provenzalischen, wo *ponga, prenga* (schon im Boeci) neben *esparga, sorga* stehen.

Allerdings sind Formen wie *moerge vienge* prov. *ponga prenga* gewöhnlich auf solche mit lateinischer Endung *iam* zurückgeführt worden; indessen spricht schon die Diphthongierung in den französischen Formen gegen die rein phonetische Entwicklung, da *ŏ* und *ĕ* vor *-rge -nge* sich nicht zu Diphthongen entwickeln konnten, und der Vergleich von afrz. *muire* MORIA(M) mit *moerge* lässt kaum einen Zweifel aufkommen, welche dieser beiden Formen die phonetisch entwickelte, welche die durch Association neugebildete ist.

Wie *plaigne* sind neugebildet *florisse, conoisse, naisse*, während sich in den provenzalischen Formen *florisca, conosca, nasca* die lateinischen Subjunktive fortsetzen. *vienne* und *prenne* sind im 16. Jahrhundert neben den älteren *viegne, pregne* im Gebrauch bevorzugt worden; sie sind gleichfalls aus den Formen des Indikativs abgezweigt. Auf gleiche Weise ist wohl aus der 1. Sg. Ind. *mez* pic. *mech* MITTO im Lothringischen der Subjunktiv *mece*, im Picardischen *meche* (francisch blieb *mete*) gebildet worden, der sich auch direkt an den Einfluss von *face* pic. *fache* anknüpfen liesse. Dialektisch kommen im Osten auch Subjunktive auf *oie oies oit* 3. Pl. *oient* (mrh. *eie* u. s. w.) vor, die wahrscheinlich zu lat. *-idiare* = *-izare* gehören (vgl. S. 766).

Im Provenzalischen ist *estia* STEM offenbar nach *sia* geformt, die Nebenform *esto* aber nach *do* DONEM, welches vom Sprachgefühl mit dem Infinitiv *dar* in Verbindung gesetzt war.

Der Subjunktiv DICAM lautete noch im 17. Jahrhundert gewöhnlich *die*. Das heute übliche *dise* (seit Racine) ist mit Hilfe von *disons disais* u. s. w. gebildet worden.

54. Der Subjunktiv des Imperfekts, welcher den lateinischen Subjunktiv Plusquamperfecti fortsetzt, hat im Französischen und Provenzalischen gleichfalls den Einfluss der auf *e*, lat. prov. *a* ausgehenden präsentischen Subjunktivformen erfahren. Daher wird aus AMAVISSEM AMAVISSES AMAVISSENT im Französischen *amasse amasses amassent*, im Provenzalischen *amessa* (schon Johannesbruchstück) neben *ames*, *amessas* neben *amesses*, *amessan* neben *amessen*. Die 3. Sg. hat diese Anlehnung im Französischen nicht mitgemacht (vereinzelt *auuisset perdesse* Eul., *fusset* Karls Reise).

55. Im Imperativ erscheint in der 2. Sg. insofern ein *s* angefügt (das im Altfranzösischen noch meist fehlt) als die entsprechende Person des Indikativs in imperativischer Funktion gebraucht werden konnte, z. B. *aiues* Auc. «hilf», *oz* Alexius «höre», *entenz* «vernimm». Das noch im 16. Jahrhundert zu beobachtende Schwanken ist bei der I. sw. Konjugation zu Ungunsten, bei den übrigen zu Gunsten des *s* entschieden worden. Archaische Formen, die im Gebrauch verblieben, sind *va* VADE, und *voi* VIDE in *voici voilà* (sonst *vois*); dagegen nehmen vor *en* und *y* auch die Imperative der I. sw. und *va* ein *s* an: *portes-en*, *vas-y*. Der Einfluss der I. sw. Konjugation hat sodann den Abfall des *s* an *saches aies veuilles* bewirkt.

56. Bei dem Participium des Präsens hat das Französische in vorlitterarischer Zeit die Endung *ent* bei allen Konjugationen durch die Endung der I. sw. Konjugation *(ant)* ersetzt. Dass es sich hierbei nicht um den lautlichen Wandel von *ē* zu *ā* handelt, geht daraus hervor, dass auch diejenigen Mundarten, welche *ē* und *ā* getrennt halten im Participium des Präsens nur eine Endung *(ant)* aufweisen.

Eine spätlateinische Neubildung ist HABIENS (wegen HABIO) frz. *ayant*, und *estant* (wegen *estre*), das freilich auch das lat. *exstans* im Sinne von *existens* (vgl. Rossberg in Wölfflins Archiv IV 1) fortsetzen könnte.

57. Beim Participium Perfecti Passivi ist die wichtigste Neuerung die Bildung auf *ūtus*. Ausgegangen ist dieselbe jedenfalls von lateinischen Verbalstämmen mit UO im Präsens, von denen freilich nur wenige ins Romanische übergegangen sind. So CONSUTUS *cousu*, TRIBUTUS afrz. *treü* (nur Subst.), SECUTUS afrz. *seü*, BATTUTUS *battu*. Vielleicht darf *rendu* auf RE-INDUERE zurückgeführt werden, das sich im frz. prov. *rendre* mit REDDERE prov. *redre* gekreuzt haben dürfte (vgl. REDINDUTUS bei Tertullian). Dadurch dass *u* gewöhnlich im Präsens verloren ging (*je couds, bats, rends*, ähnlich SOLVO VOLVO neben SOLUTUS VOLUTUS, die später durch SOLTUS VOLTUS ersetzt wurden), musste *-utus* als charakteristische Endung des Participiums erscheinen und wurde nun auch auf andere Verba ausgedehnt, und zwar in recht alter Zeit, da solche Bildungen gemeinromanisch sind. (S. o. S. 480.)

Am häufigsten treten diese Neubildungen da ein, wo im Lateinischen die ihrer eigentümlichen Betonung halber unbeliebte Endung ĬTUS (die übrigen Endungen sind *ātus ētus ītus ūtus*) stand, zumal diese Endung in der Regel zu einem *ui*-Perfektum gehörte. Die Participia auf *utus* stehen mit den UI-Perfekta in so engem Zusammenhang, dass oft das Participium aus dem Perfektum oder, wie wir oben gesehen haben, dieses aus jenem gebildet worden ist. Das erstere war im Provenzalischen der Fall, wo die Participia zu *saup* SAPUI *ac* HABUI *conoc* COGNOVI *volc* VOLUI lauten: *saubut agut conogut volgut*. Das Gascognische schwankt zwischen der provenzalischen und der französischen Bildung und sagt z. B. *aüt* neben *agut*. Die französischen Participia der angeführten Perfekta lauten *soü(d) oü(d) coneü(d)* (vgl. AGNOUTA Lex Salica) *volu(d)*. Spuren der lateinischen Bildung auf *ĭtus* haben sich noch in der Isolierung als Substantiva erhalten: *rente* REDDITA, *vente* VENDITA.

Das prov. *dit dich* frz. *dit* DĬCTUM hat *ī* aus den präsentischen Formen bezogen; dagegen blieb *ĭ* in den von DICERE isolierten christlichen Lehnworten BENEDICTUM prov. *benezeg* frz. *bene(d)eit*, MALEDICTUM frz. *male(d)eit*. Nach diesen sowie COLLĔCTUM afrz. *coilleit* haben einige andere Participia die Endung *-eit* übernommen (W. Förster in der Z. III, 105). Das frz. *mis* (prov. *mes*) MISSUM verdankt sein *i* dem Perfekt; das Subst. *mets* afrz. *mes* setzt noch die lateinische Participialform fort. Ebenso ist LĔCTUS für lat. *lēctus* nach LĔGERE anzusetzen (oben S. 480).

Bemerkenswert sind noch die Participia *ri*, *exclu*, *nui*, *lui* deren altfranzösische Formen lauten *ris*, *esclus*, *nuit*, *luit*. Die beiden ersten haben *s* offenbar deshalb verloren, weil die Participialendungen *i* und *u* sehr gewöhnlich, *is* und *us* aber sehr selten waren. Die beiden anderen haben sich wohl an *fui* (afrz. *foï*), das Part. von FUGERE, angeschlossen; doch ist die *spinta analogica* noch nicht aufgedeckt.

58. Auch der Infinitiv zeigt Übertritte verschiedener Art. Alt (s. S. 477 bis 478) sind SAPĒRE CADĒRE FUGĪRE CUPĪRE RIDĒRE RESPONDĒRE. Aus dem Präsens neugebildet wurden die Infinitive ÉRGERE, CÓSERE, BATTERE für lat. ERIGERE, CONSUERE BATTUERE; hier darf daher von einem Zurückziehen des Accents keine Rede sein. POTĒRE VOLĒRE traten für POSSE VELLE ein wegen DEBERE, HABERE. ESSE wurde durch naheliegende Übertragung zu ESSERE.

B. NOMEN.

α. Substantivum.

59. Die altromanische Deklination, welche die lateinischen Kasus in ihren wichtigsten Gebrauchsweisen durch Präpositionen umschrieb und nur den Nominativ und Akkusativ ohne derartige Einengungen bestehen liess, ist nirgends so getreu als in den alten Sprachen Frankreichs erhalten. Dass auch ladinische Mundarten im Mittelalter noch die Unterscheidung der Kasus im gleichen Umfange besassen, darf vermutet werden, doch fehlt die Bekräftigung durch schriftliche Zeugen.

Die französischen und provenzalischen Substantiva verbinden sich nach der Art ihrer Abwandlung zu sechs Gruppen, die durch folgende Vorgänge zu Stande gekommen sind. Von den fünf Deklinationen der lateinischen Schulgrammatik kam die vierte frühzeitig dadurch in Wegfall (S. 482), dass die ihr zugehörigen Wörter nach der zweiten Deklination abgewandelt wurden, wobei der wichtigste Vorgang die Ersetzung des N. Pl. auf *-ūs* durch eine Form auf *-i* war. Die wenigen Wörter der fünften Deklination waren im Nominativ und Akkusativ von denen der dritten nicht wesentlich verschieden, sodass wir für die Entwicklung der romanischen Deklination nur die erste, zweite und dritte lateinische in Betracht zu ziehen brauchen.

Eine wesentliche Vereinfachung wurde durch den Verlust des Neutrums herbeigeführt, das im Singular, soweit dieser nicht aus dem Plural neugebildet wurde, zum Masculinum, im Plural, soweit dieser nicht aus dem Singular neugebildet wurde, zum Femininum übertrat und demgemäss seine Formen veränderte. (S. 482.)

Wenn wir nun die männlichen von den weiblichen Worten scheiden, so finden wir, dass sich jene ebenso wie diese, zu drei Gruppen zusammengeschlossen haben. Die erste Gruppe der Maskulina umfasst diejenigen in deren romanischer Form der Nominativ und Akkusativ Singularis zusammenfielen: z. B. *propheta* = PROPHETA und PROPHETAM, *patre* = PATER und PATREM.

Nach dem Mrh. zu schliessen, waren Nominative wie *autre, nostre* vor der Abschwächung der Endvokale von den Akkusativen *autro, nostro* geschieden. Die Wörter fielen spätestens im 9. Jahrhundert, wo, nach den erhaltenen Denkmälern zu schliessen, unbetontes *o* zu *e* wurde, der ersten Klasse zu.

Die zweite Klasse bilden die Maskulina (und ehemaligen Neutra), deren N. Sg. sich von dem Akk. durch den Zusatz eines *s* unterschied. Hier stellte das grösste Kontingent die lateinische zweite Deklination, der, wie erwähnt, auch die Worte der vierten folgen; doch gehören auch von der dritten alle diejenigen hierher, welche im N. und Akk. Sg. sich wie die Worte der lateinischen zweiten unterscheiden. Beispiele N. MURUS Akk. MURU(M), FASCIS Akk. FASCE(M).

Die dritte Klasse aber bilden die lateinischen Maskulina der dritten Deklination, welche den Nominativ und Akk. Sg. in anderer Weise aus einander gehen lassen: DONA(N)S DONANTE(M), IMPERATOR IMPERATORE(M).

Die erste Klasse der Feminina umfasst zunächst die Feminina der lateinischen ersten Deklination, welche sämtlich auf unbetontes *a* ausgehen: FEMINA(M).

Die zweite Klasse umfasst die Feminina der lateinischen dritten (und fünften), die im Akkusativ einen anderen Ausgang als *a* zeigen: FINE(M), FIDE(M).

Fast die Gesamtheit der Feminina hat in einer frühen romanischen Zeit den Nominativ beider Numeri überall aufgegeben, wo derselbe vom Akkusativ verschieden war. Die wenigen Feminina, welche noch einen vom Akkusativ verschiedenen N. Sg. aufweisen, bilden die dritte Klasse: N. SOROR, Akk. SORORE(M), vgl. auch S. 805.

60. Es sollen nun die wichtigsten Veränderungen auf dem Gebiete der Kasusbildung besprochen werden.

Die an sich grosse, durch den Übertritt der Neutra beträchtlich vermehrte Zahl der Maskulina auf *us* liess deren Abwandlung als Typus der männlichen Abwandlung überhaupt erscheinen. Wenn Formen neugebildet wurden, so wurden sie in der Regel an diesen Typus angeglichen. Der Akkusativ aber war der häufigste Kasus, da er nicht nur als direktes Objekt, sondern auch hinter allen Präpositionen gebraucht wurde. Daher blieb der Akkusativ gewöhnlich in der überlieferten Form, und von ihm aus wurden die übrigen Kasus durch Association gebildet.

Zunächst wohl der N. Pl. Wenigstens ist derselbe überall, wo er nicht mit dem Akk. Sg. identisch war, neugebildet worden. Daher haben sämtliche Maskulina der lateinischen dritten im N. Pl. die Endung *es* aufgegeben, und es bleibt fraglich, ob, wie es nach der hier gegebenen Darstellung der Fall wäre, erst zu dem Akk. Pl. *emperadors* ein N. *emperador* wie zu dem Akk. Pl. *profetas* ein N. *profeta,* oder ob schon zu dem Akk. Pl. *emperadores* ein N. *emperadori* (vgl. *dui, trei,* das *sapienti* der Kass. Gl.) gebildet wurde. Im Mrh. lautet der N. Pl. *li autri, nostri, vostri,* aber *li diablo, angelo, templo, preveiro.*

Der N. Sg. ist bei den meisten Worten, in denen er vom Akk. verschieden war, neugebildet worden, sodass der einzige Unterschied vom

Akk. (dessen *m* stumm war) in dem Vorhandensein des flexivischen *s* bestand. Einige Fälle dieser Art reichen jedenfalls in frühe Zeit hinauf, z. B. die N. Sg. BOVIS (bei Petronius und Varro) statt BOS prov. *bous* afrz. *bués*, PECTINIS in der App. Probi, GRUIS ebd. MUNICIPES, ANTISTITES siehe Wölfflins Archiv II 559, LOCOTENENTES (7. Jahrhundert), vgl. ferner HEREDES prov. *erés*, LEONIS prov. *leos* afrz. *liuns*, PARIS afrz. *pers*, ORDINIS afrz. *ordenes* mrh. *ordenos*. Hierher gehören sämtliche Stämme auf *nt*, mit Ausnahme von INFANS afrz. *énfes* Akk. *enfant* (aber prov. N. *enfáns* Akk. *enfan*): z. B. afrz. *monz* prov. *mons* aus Akk. MONTE(M) + *s* gebildet, afrz. *donanz* prov. *donans* aus Akk. DONANTE(M) + *s*.

Nur eine beschränkte Anzahl von Substantiven, die meist handelnde Wesen, Würdenträger oder als Nomina actionis Ausüber einer Tätigkeit (AMATOR, CANTATOR) bezeichnen, haben sich diesem Vorgang entzogen, welcher die zweite romanische Deklination auf Kosten der dritten bedeutend bereichert hat. Sie haben, da sie als Subjekte und in der Anrede häufig gebraucht wurden (oben S. 482), den lateinischen Nominativ (Vokativ) Singularis bewahrt; doch kommen im 13. Jahrhundert vereinzelt neugebildete Nominative auch bei Worten der dritten vor (z. B. *garçons*, *barons* statt des älteren *garz*, *ber*). Ein Paar Beispiele, welche zur dritten Deklination gehören, sind:

COMES	prov. *coms*	afrz. *cuens*,	Akk. COMITEM	prov. *comte*	afrz. *conte*;
SENIOR	prov. *senher*	afrz. *sire*,	Akk. SENIOREM	prov. *senhor*	afrz. *seignor*;
AMATOR	prov. *amaire*	afrz. *amere*,	Akk. AMATOREM	prov. *amador*	afrz. *ameor*.

Hierher gehört auch das Wort πρεσβύτερος, das im Lateinischen zu PRÉSBYTER wurde, Akk. PRE(S)BYTERUM; daher N. Sg. prov. afrz. *prestre*, Akk. prov. *preveire* afrz. *proveire*.

Worte wie LIBER VENTER INTEGER zeigen aus dem Akkusativ gebildete Formen auf *us* (LIBRUS VENTRUS) schon in der App. Probi, daher *libres* im Boeci, *ventres* im Montebourgpsalter. So findet sich TETRUS, APRUS, ACRUS. Gelegentlich zeigen auch Wörter der romanischen ersten Deklination im N. Sg. ein *s* (*li peres*), durch dessen Anfügung ihre Abwandlung mit der zweiten Deklination übereinstimmend wird. Auch die Wörter der dritten, die im N. Sg. nicht auf *s* ausgehen, können ein solches annehmen: *Guenes*, aus WENILO (vielleicht schon im Leod.), *bers*, *empereres*. Der N. Sg. *papes* beruht auf der mittelgriechischen Form PAPAS, die auch ins Deutsche überging (*Pabst*, ahd. *bâbes*); er darf daher nicht als Beweis für den frühen Antritt des *s* an den N. Sg. der ersten Deklination angeführt werden.

Die Infinitive folgten ursprünglich der ersten Deklination: N. Sg. *li prendre*, *li ferir*, *li aveir*, traten dann aber durch Annahme eines *s* im N. Sg. zur zweiten über (noch nicht in der Reimpredigt). Im Provenzalischen ist der Übertritt viel älter, denn der N. Sg. *avers* kommt schon im Boeci vor.

61. Die zweite Deklination der Maskulina wirkte nicht nur auf die Abwandlung der übrigen Maskulina, sondern auch auf die der Feminina ein. Nur die erste Deklination der Feminina mit ihren zahlreichen Worten auf *a* frz. *e* hat diesen Einfluss nicht erfahren, da ihre bei den Maskulina seltene Endung als charakteristisch für das weibliche Geschlecht aufgefasst wurde. Dagegen haben die oxytonen Feminina etwa in der Mitte des 12. Jahrhunderts im Normannischen die Nominativendung *s* angenommen, die den älteren Dichtungen (— nicht nur den anglonormannischen wie behauptet wurde —) fehlt: z. B. *la leis*, *la dolors*, *la parz*. Im Provenzalischen ist die Anfügung des *s* weit älter; schon im Boeci treffen wir die

Nominative *dolors, onors* an, und COMMUTATIONIS und ähnliche Nominative finden sich in spätlateinischen Texten (Wölfflins Archiv II 575). Während für das Französische nur eine Erklärung zulässig ist (Übertragung des *s* aus dem Maskulinum), könnte man beim Provenzalischen auch an eine andere Möglichkeit denken: man könnte glauben, Nominative wie *fins, fes* seien die direkte Fortsetzung der lateinischen Nominative FINIS, FIDES, und von solchen weiblichen Nominativen aus sei das *s* auf *la part, la flor* übertragen worden. Für das Französische, wo *la fin, la fei* die in der ersten Hälfte des 12. Jahrhunderts ausschliesslich gebrauchten Nominativformen sind, wäre eine solche Annahme unzulässig.

Noch bis in die jüngste Zeit haben Gelehrte behauptet, weil in den ältesten provenzalischen Texten weibliche Nominative auf *s* sich vorfinden, müsse dieselbe Endung auch für das älteste Französisch angenommen werden, ein Analogieschluss der nichts weniger als einleuchtend ist. Ich habe in der ersten Ausgabe der Reimpredigt, S. XXXIV, wo ich vom Nominativ-*s* der Feminina handelte, das Fehlen dieses *s* bei einem Denkmal, welches im übrigen die Kasusbildung rein erhält, für ein untrügliches Zeichen hohen Alters erklärt. Wer dieser Ansicht glaubt entgegen treten zu können, der präsentiere wenigstens ein Sprachdenkmal aus späterer Zeit, das sich in der Kasusbildung wie die Reimpredigt verhielte. So lange ein solches nicht nachgewiesen ist, wird die von mir und anderen (z. B. Von Lebiński, *Die Deklination der Substantiva in der Oïlsprache,* S. 40) vertretene Ansicht sich behaupten dürfen.

Einige Feminina sind von der ersten Feminindeklination attrahiert worden, besonders solche, welche auf einen unbetonten Vokal ausgingen, der dann durch *a* ersetzt wurde, z. B. prov. *imagena* IMAGINEM, *vergena* VIRGINEM, *glassa* GLACIEM frz. *glace, fassa* (neben *fatz*) FACIEM frz. *face* vgl. FACIAS Kass. Gl., prov. *dia* DIEM. Ferner prov. *cassa* für *casso* lat. CAPTIO frz. *chace* aus *chaça* für *chaço,* ebenso prov. *trassa* lat. TRACTIO frz. *trace.* Auch prov. *ironda* HIRUNDO frz. *hironde,* im Montebourgpsalter *arunde,* wird so zu erklären sein, während andere Formen wie prov. *irundre, róndola* auf HIRUNDINEM zurückgehen. Aus dem gleichen Grunde gehen weibliche Adjektivformen im Provenzalischen auf *a* statt auf *e* aus: *amabla nobla,* deren Maskulinformen im Mrh. *amablos, noblos* lauten, und diese Formen sind auch für das vorlitterarische Französisch vorauszusetzen. Daher nehmen derartige Adjektiva im weiblichen Nominativ niemals ein *s* an.

62. Während die Neubildung eines Nominativs aus dem Akkusativ durch Hinzufügung eines *s* eine häufige Erscheinung ist, ist die Hinweglassung des *s* am Nominativ zur Neubildung des Akkusativs seltener angewandt worden. Auf den Einfluss des Nom. auf den Akk. darf der Abfall des *m* und *n* in Worten wie *verm, enfern, jorn, charn* zurückgeführt werden, für den Brendans Seefahrt (um 1121 gedichtet) noch kein Beispiel gewährt. Die Abwandlung *vers* Akk. *verm* wurde zu *vers* Akk. *ver* vereinfacht.

Ähnliche Fälle aus späterer Zeit sind der Acc. Sg. *effort* für älteres *esforz* (gebildet aus dem Verbum *esforcier*), *eslan* (16. Jahrhundert) aus *eslanz* (13. Jahrhundert, aus *eslancier*), *romant* aus *romanz* ROMANICE, *chevet* aus *chevez* *CAPITTIUM für CAPITIUM. So erklären sich *joli bailli,* Actes du parlement um 1250, aus N. Sg. *jolis baillis:* ursprünglich hiess der Akkusativ *jolif baillif.* Auch in *genou* afrz. *genouil* GENUCULUM ist nicht etwa mouilliertes *l* verstummt, sondern die Form ist aus dem N. Sg., oder in diesem Falle wohl eher aus dem Akk. Pl., neugebildet worden.

Anderseits ist zuweilen ein *s* in den Akkusativ eingedrungen, welches wohl eher dem Vokativ als dem Nominativ entstammt wie in *Looïs* von

LUDOVICUS jetzt *Louis* (prov. *Lozoïc* LUDOVICUM), *fiz* neben *fil*, jetzt *fils*. In einigen Fällen liegen Neutra auf *us* vor, die in der Volkssprache beliebt waren; so erklären sich afrz. *fons, fiens, guez* aus neutralem FUNDUS (gemrom.), FĔMUS (für FIMUS prov. *fẹms* neben *fẹms*), VADUS, vgl. auch prov. *pols* aus PULVUS. Formen auf *s* sind auch bei *ros* lat. ROS, *lis* LILIUM und *los* prov. *laus* (männlicher Sg., vom lat. Ausruf LAUS!) die einzig vorhandenen.

Wie den N. Sg., so bildete man vielfach auch den Akk. Pl. aus dem Akk. Sg. durch Hinzufügung eines *s*. Daher treten auf dem Kontinente mit dem 13., im Anglonormannischen schon im 12. Jahrhundert, Formen auf, welche vor dem flexivischen *s* den Stammauslaut aufweisen (*sacs, buefs* statt des älteren *sas, bués*). Das Neufranzösische hat diese Pluralbildung fast bei allen Worten durchgeführt (*roc* Turm im Schachspiel Pl. *rocs* afrz. *ros, chef* Pl. *chefs* afrz. *chiés*) und ist in der Schreibung noch weiter gegangen als in der Aussprache, die in einigen Worten (*boeufs oeufs nerfs cerfs échecs*[1]) der Schreibung zum Trotze dem historisch berechtigten Lautstande treu geblieben ist, und vor nicht langer Zeit war die Zahl derartiger Wörter eine noch grössere, da man noch im 18. Jahrhundert *co(q)s*, noch im 16. *cou(p)s, sa(c)s Gre(c)s* (aber im Sg. *coq coup sac Grec* mit lautem *q, p, c*) aussprach.

β. Adjektivum.

63. Die Deklination der Adjektiva unterscheidet sich nicht von der der Substantiva, und weibliche oxytone Adjektivformen wie *tel, fort* haben im Französischen im N. Sg. bis um 1150 eben so wenig ein *s* gehabt, als die weiblichen Substantiva. Nur im Provenzalischen ist die Nominativbildung auf *s* (*tals, forz, granz*) auch für diesen Fall schon im Beginne der Litteratur zu konstatieren.

Dem Substantivum voraus hat das Adjektivum die Fähigkeit, aus der männlichen Form eine weibliche zu bilden. Als in den männlichen Formen BONO BONOS die Vokale der Endungen schwanden, während in den weiblichen BONA BONAS *a* blieb oder zu *e* geschwächt wurde, traf eine Lautveränderung mit einem Funktionsunterschied zusammen, und es war ganz natürlich wenn *e* als Zeichen des Femininums aufgefasst und auf andere als lateinische *a*-Stämme, ja schliesslich auf sämtliche weiblichen Adjektiva der französischen Sprache, ausgedehnt wurde.

Einige derartige Bildungen gehen in sehr alte Zeit hinauf; so PAUPERA (prov. *paubra*), das sich bei Plautus findet und ein Maskulinum PAUPER Gen. PAUPERI neben sich hat, vgl. mrh. m. *povros*. ACRUS f. ACRA (Neue II 161) und TRISTUS f. TRISTA finden sich in der App. Probi; somit gehen die provenzalischen Formen *agra, trista* auf die Zeit vor der Abschwächung des auslautenden o zurück.

Neubildungen sind dagegen die Femininformen afrz. *dolente* (nach VIOLENTA u. dgl.), *grande* neben f. *grant, comune* prov. *comuna* (bei COMMUNIS wurde an COM und UNUS gedacht), die Adjektiva auf *eise* prov. *eza* (*corteis franceis* prov. *cortes frances*, f. *corteise franceise* prov. *corteza franceza*), *dolce* prov. *doussa*; doch finden sich alle diese Formen schon in den ältesten Litteraturdenkmälern[2]. In anderen Worten, wie in *tel quel fort loial*, hat das 12. Jahrhundert nur ganz vereinzelt, entschiedener erst das 13. Jahr-

[1] Jetzt lieber *échecs* mit lautem *c*.

[2] Aus FRANCISCUM FRANCISCAM war zunächst *franceis francesche* geworden. Die Form *francesche* findet sich öfter in der alten Holmcoltramer Handschrift des Computus (796, 1096, 1212, 1372), und es ist keineswegs ausgemacht, dass die von Mall bevorzugte Form *franceise* die vom Dichter gebrauchte war; denn offenbar ist dieses *franceise* erst durch Anfügung von *e* an die männliche Form gebildet.

hundert die neugebildeten Formen auf *e* zugelassen; doch haben sich *tel, quel* neben *telle, quelle* bis Marot und vereinzelte Fälle der alten Bildung bis auf den heutigen Tag erhalten *(grandmère,* nicht *grand'mère, lettres royaux,* Namen wie *Rochefort, Granville).*

In vereinzelten Fällen hat die Sprache den umgekehrten Weg eingeschlagen und die männliche Form eines Adjektivums auf das Femininum ausgedehnt. Tobler hat bereits die Adverbia *turbulemment, violemment* aus dem Einfluss derjenigen erklärt, die im ältesten Französisch auf *-ntment,* nicht *-ntement* ausgingen *(errantment,* aber stets *lentement).* Ein sehr alter Beleg für die gleiche Erscheinung ist das *ignelment,* sonst *isnelement,* (vom deutschen SNEL) des Montebourgpsalters, wo offenbar der Einfluss der Adverbia von Adjektiven auf *el* lat. ALEM massgebend war. Während in diesen Fällen die Neubildung von ähnlicher Lautform ausging, ist sie bei dem altfranzösischen f. *pareil* neben *pareille* PARICULAM zunächst von dem synonymen (aber freilich auch lautverwandten) *per* PAREM ausgegangen, das für beide Geschlechter dieselbe Form besass (Tobler[1] I 168).

In einigen Fällen hat auch das Provenzalische die männliche Form an die Stelle der weiblichen auf *a* treten lassen, bei *avol* ADVOLAM, *frevol* FRIVOLAM um Gleitworten zu entgehen, bei *blos* aus noch unbekanntem Grunde. Bei *católic* wurde im Femininum lieber die längere Form *catolical* gesagt *(la fe catolical).*

Der Fall, dass ein Wortstamm als Flexionsform aufgefasst und von da aus die zugehörigen Formen gebildet werden (wie bei dem Akk. *esfort* zu dem als Nominativ aufgefassten Wortstamm *esforz,* S. 788), kommt auch bei dem Adjektivum vor. Ich glaube, dass das französische *vrai,* früher *verai,* das Diez von *VERACUS herleiten wollte, so zu erklären ist. *verais* entsprach ursprünglich dem lat. N. Sg. VERAX, der aus Eidesformeln in die Vulgärsprache eindrang und in den von W. Förster herausgegebenen galloitalischen Predigten *verais* lautet. Dieses *verais* war zugleich Akkusativ und wurde in Frankreich zur Bildung eines neuen Akkusativs *verai* und eines Femininums *veraie* prov. *veraia* (aber mrh. f. *verai*) benutzt, während im Galloitalischen das Femininum *veraisa* (aus *verais* + *a*) lautet.

Eine seltsame Bildung ist der Akkusativ *chascun,* das Fem. *chascune,* entstanden aus dem N. Sg. *chascuns* QUISQUE UNUS mit gänzlicher Verkennung der ursprünglichen Bedeutung und der nominativischen Form von QUISQUE (womit unser Genetiv «jedermanns» zu vergleichen ist). Auch in diesen Fällen kann man, wie oben bei den Verba *enfler cueillir,* von Stammverkennung reden und die Entstehung eines neuen Wortstamms konstatieren. So ist im Lateinischen IS mit PSE zu IPSE zusammengesetzt worden, Akk. anfangs EUMPSE, später mit Stammverkennung ÍPSUM.

Da in *chascun* nur der zweite Bestandteil der Zusammensetzung noch als *un* erkennbar geblieben war, so konnte man das dunkle *chasc-* als selbstständiges Wort auffassen und *chasque* (jetzt *chaque* wie *chacun*) anwenden. Im Provenzalischen ist zwar *cascun, cascuna* gleichfalls erhalten, daneben aber auch das einfache QUISQUE in der Form *quecs,* welche dann zur Bildung eines Akkusativs *quec* und eines Femininums *quega* verwendet wurde.

Eine Anzahl neutraler Komparative ist hinsichtlich ihrer Bildung noch nicht aufgeklärt: *sordeis* SORDIDIUS, *forceis* FORTIUS, *genceis* Komparativ von GENITUM, *longeis* LONGIUS, *ampleis* AMPLIUS, *anceis* im Sinne von POTIUS.

---

[1] Gemeint sind stets dessen *Vermischte Beiträge* I, 2. Auflage, 1902. II, 1894. III, 1899. Dazu Sitzungsberichte der Berliner Akademie, Phil.-hist. Kl. 1901, S. 232 f., und 1902, S. 1072 f.

Nur die erste dieser Formen kann die lautliche Fortsetzung der entsprechenden lateinischen sein. SORDIDIUS musste *d* vor *i̯* verlieren und die Form *sordius* könnte die Accentverlegung in *fortius, amplius* bewirkt haben. Auch afrz. prov. *viaz* VIVACIUS (vgl. *vianda* VIVENDA) ist ein neutraler Komparativ.

C. PRONOMEN.

α. Persönliches.

64. Über den Ursprung der Pronominalform *lui* sind sehr verschiedenartige Ansichten ausgesprochen worden. Vielleicht die geistvollste Erklärung ist diejenige Toblers (Zeitschr. III 159), derzufolge *lui* von ILLE nach CUI gebildet wäre, um auf dieses zu antworten. Doch scheint mir auch eine ältere einfachere Erklärung, die schon von Diez (Gr. II 82) vorgetragen wurde, auf Wahrscheinlichkeit Anspruch erheben zu dürfen. Der Nominativ ILLIC war dem Nominativ HIC lautlich nahe gerückt, indem jener in proklitischer Stellung den Accent auf der zweiten Silbe trug, dieser das anlautende *h* einbüsste. Die durch Schreibungen wie ILLHIC ISTHIC (Neue II 398) gestützte Proportion (H)IC : ILLÍC = (H)UIC : *x* liess einen Dativ ILLÚIC entstehen, der sich in LUI fortsetzt. Dieses LUI (ILLUI LUE) tritt häufig in den Formulae Marculfi (8. Jahrhundert) auf, wo es zuweilen an Stelle eines Eigennamens wie unser NN gebraucht wird; man findet in Zeumers Index die Stellen verzeichnet.

Wie dieses *lui* als Akkusativ zu betontem *il* fungierte, so war neben dem betonten *ele* der Akkusativ *li,* lothr. wall. *lei,* südnorm. *lié* prov. *lieis,* im Gebrauch. Derselbe beruht auf einem an den Dativ HAE angebildeten Dativ ILLAE (vgl. Neue II 415, 427, Bücheler Grundriss S. 14). Dieses ILLAE findet sich in Pompeji C. I. L. IV. 1824. In den Formulae Marculfi heisst das Femininum zu LUI ILLEI oder LEI. Man hat das angehängte *i* der französischen Formen aus dem Ortsadverb HIC (oder aus IBI), das *is* in dem provenzalischen *lieis* aus IPSUM erklären wollen, doch wird das *i* des Femininums *lei* aus dem Maskulinum *lui* übernommen sein, und gegen Entlehnung des *s* aus IPSUM spricht, dass in den Mundarten, wo letzteres *eyssh* lautet, sich kein **lieissh* findet. Der Einfluss der wenigen Feminina, die *s* in den Akkusativ übernommen haben, wie *res* vgl. Leys II 180, *midons,* reicht zur Erklärung des *s* von *lieis* wohl nicht aus.

Wenn gegen das Ende des 13. Jahrhunderts der Plural *il* von dem Singular *il* dadurch unterschieden wurde, dass er ein *s* annahm *(ils),* so war hierbei wohl die zugehörige weibliche Form *eles* oder *els,* Sg. *ele* oder *el* massgebend. Dieses einsilbige *el* findet sich vom Anfang des 12. Jahrhunderts (Philipp von Thaün) bis zum Ende des 16. (noch Desportes).

β. Possessives.

65. TÚUS SÚUS sind im Provenzalischen nicht erhalten; nur im Plural existieren *toi, soi* (Ev. Joh., Bo., Pass.). Jene wurden nach dem Muster *mieus* als *tieus, sieus* neugeformt. *toa* TUAM, *soa* SUAM sind geblieben.

Im Französischen fehlt ausser TÚUS und SÚUS auch MÉUS; doch lässt sich aus dem picardischen Femininum *mieue miue* das ehemalige Vorhandensein eines männlichen *mieus mius* mit Sicherheit erschliessen. Die betonte Form des Masculinums besitzt im Altfranzösischen nur noch die alten Akkusative *mien* MEUM, *tuen* TUUM, *suen* SUUM. Die beiden letzten werden im 13. Jahrhundert nach dem Muster *mien* zu *tien* und *sien* umgeformt. Vom Akkusativ bildete man die übrigen Kasus, den N. Pl. ohne *s,* den

N. Sg. und Akk. Pl. mit *s*, und liess schliesslich sogar ein Femininum *mienne, tienne, sienne* daraus hervorgehen. Die älteren Formen des Femininums lauteten *moie teue seue*, norm. *meie toe soe;* sie entsprechen den lateinischen Formen MĪAM TUAM SUAM (doch könnte *meie* auch an das personale MĒ angelehnt sein).

Zu den gekürzten Formen *noz, voz* (aus *nostres, vostres,*) hat der Picarde nach dem Muster von *amez amé* die das Paradigma ergänzenden Formen *no, vo* gebildet, die aber in der Schriftsprache Franciens nicht sehr beliebt wurden. Daher besitzt das Französische gegenwärtig *nos* und *vos* nur im Plural.

Die unbetonten Formen prov. *mos tos sos*, f. *ma ta sa* gehen bekanntlich auf lateinische Formen zurück, die auf der Endung betont waren (MEÙS TUÙS SUÙS, MEÀM TUÀM SUÀM).

γ. Demonstratives.

66. Als Artikel wurde von den Romanen ILLE verwendet. Der N. Sg. heisst *li* aus ILLÍC im Norden, *le* aus ILLÉ im Süden z. B. in Flamenca und in Toulouse; gewöhnlich aber gilt dem Provenzalen die Akkusativform *lo* ILLÚM auch als Nominativ.

Neben dem N. Sg. *la* besitzt das Femininum auch eine Nominativform *li*, die im Süden wie im Norden weit verbreitet ist und sich z. B. im Picardischen, Wallonischen, Lothringischen, in der Auvergne, in Valence, Alais und der Provence findet. Dass dieses *li* eigentlich die männliche Form ist, die auf das Femininum übertragen wurde, mag für das Picardische richtig sein, wo Masculinum und Femininum den Akk. Sg. *le* gemeinsam hatten. Für das Provenzalische *li* möchte ich einer anderen Erklärung den Vorzug geben, auf die ich sogleich näher eingehen will.

Das aus AD ILLOS im Französischen entstandene *as* wird in Paris schon im 13. Jahrhundert durch die noch jetzt übliche Form vertreten, welche vor Konsonanten mit dem Dativ Sg. gleich lautet (*au chanoines* 1248), vor Vokalen *s* annimmt (*aus* Actes du parl. 1246, 1270). Dass hier das Limousinische, welches im prov. *als* das *l* auflöste, von Einfluss gewesen, darf nicht angenommen werden: vielmehr liegt in dem heutigen *aux*, dem älteren *aus*, eine Neubildung aus dem *au* des Singulars vor.

Bei den stärkeren Demonstrativa fällt im Provenzalischen eine weibliche Form mit *i* auf, die neben den lautgerecht entwickelten Formen einhergeht: *ilh* neben *ela, cilh* neben *cela, aquilh* neben *aquela, ist* neben *esta, cist* neben *cesta, aquist* neben *aquesta*. Da meines Wissens eine Erklärung dieser Formen noch nicht gegeben worden ist, so will ich mit folgender Vermutung über ihren Ursprung nicht zurückhalten. Mundartlich besitzt das Provenzalische neben *ma, ta, sa* auch ein Femininum *mi, ti, si,* z. B. *si mulier* Revue forézienne I, 237 Paul Meyer Recueil N. 51 Leroux Molinier et Thomas Doc. hist. I, 175 (in Urkunden aus Limoges) Bartsch zu Denkm. 137, 28 *vostri beutatz, vostri ricors* Flamenca 2810 f. Die Form MI wurde schon im Lateinischen mit weiblichen Worten verbunden (MI SOROR, MI MULIER, Neue II 368 Gölzer, *Latinité de saint Jérôme* S. 281), und im Provenzalischen werden *midons sidons* aus MI DOMINUS, SI DOMINUS gewöhnlich auf ein weibliches Wesen, die Geliebte, bezogen. Die Form MI war ursprünglich Vokativ zu MEUS; sie wurde auch als Nominativ und als Femininum gebraucht und hatte die Neubildungen TI und SI für die 2. und 3. Person zur Folge. Das Nebeneinander von *mi* und *ma* hat wahrscheinlich im Provenzalischen *li* als Nebenform des weiblichen Artikels hervorgerufen. *mi, ti, si* und *li* aber konnten im Sprachbewusstsein das Gefühl entstehen lassen, dass *i* eine Art Ablaut zur Bildung der pronominalen Feminina sei; daher *ilh* neben *ela* u. s. w.

A. Tobler, *Darstellung der lateinischen Conjugation und ihrer romanischen Gestaltung.* Zürich 1857. — C. Chabaneau, *Histoire et théorie de la conjugaison française.* 2ᵉ éd. Paris 1878 (von Förster angezeigt in der Zeitschr. f. nfrz. Spr. u. Lit. I 80). — A. Mussafia, *Zur Präsensbildung im Romanischen.* Wien 1883. (Sitzungsberichte der Akademie CIV, 1.) — D. Behrens. *Unorganische Lautvertretung innerhalb der formalen Entwicklung des französischen Verbalstammes*, Heilbronn 1882. — J. Stürzinger, *Remarks on the Conjugation of the Wallonian dialect* in den Transactions der Modern language association of America I. 1884—85. S. 204. — Willenberg in den Rom. Studien Böhmers III 373. — Fritz Neumann, Zeitschr. f. Rom. Ph. VIII 243, W. Meyer, ebd. IX 223 f. — Risop, ebd. VII 45 und dazu D. Behrens in der Zeitschrift f. neufranz. Spr. und Lit. V 65. — Risop, *Studien zur Geschichte der französischen Konjugation auf* -ir 1891 und *Begriffsverwandtschaft und Sprachentwicklung.* Berlin 1903. — Herzog, *Geschichte der frz. Infinitivtypen*, Z. XXIII. XXIV. — Rydberg, *Le développement de* facere *dans les langues romanes* 1893. — Hugo Schuchardt, *Über anceis* u. s. w., Z. XV, 237. — Nyrop, *Grammaire historique de la langue française*, Bd. I (Lautlehre), 2. Aufl. 1904, Bd. II (Flexion), 1903. — Crescini, Einleitung seines *Manualetto provenzale*, 2. ed., 1905.

5. LAUTWECHSEL (LAUTÜBERTRAGUNG).

Ein Lautwechsel findet statt, sobald ein Wortstamm oder ein Wort infolge des Lautwandels je nach dem Anlaut der Endung oder des folgenden Wortes eine verschiedene Gestalt annehmen muss. Ich denke, dass Paul, der den Fall in seinen trefflichen, auch von mir hier oft verwerteten «Prinzipien der Sprachgeschichte» S. 107 bespricht, sich mit dieser Definition einverstanden erklären wird. Der Lautwechsel spielt eine Rolle ebensowohl bei der Wortbildung als bei der Satzbildung. So lange er sich in den gegebenen Grenzen hält, braucht die Sprachgeschichte ihn nicht zu betrachten; erst seine Übertragung auf Fälle, die den Bedingungen des zu Grunde liegenden Lautwandels nicht mehr entsprechen, ruft sprachliche Veränderungen hervor.

67. Ich habe bereits in Gröbers Zeitschr. II 299 das *ch* von *évêché* auf Übertragung eines Lautwechsels zurückgeführt. Der Lautwandel, der die Veranlassung gab, ist der Übergang des *c* vor *a* in *ch: blanc* f. *blanche* (*blanc* + *-a*), *arc* ARCUM *archier* ARCUM + -ARIUM *archiée* ARCUM + -ATAM, *sec* SICCUM *sechier* SICCARE. Da aber das *a* vieler Endungen in andere Vokale übergegangen war, so waren die Bedingungen des Wechsels von *c* und *ch* später nicht mehr deutlich, und man liess *ch* auch bei solchen Ableitungen eintreten, die mit anderen Vokalen als *a* anlautende Endungen an den Stamm fügten. Daher von *blanc blancheur* (-OREM), von *arc archoiier* (ICARE), von *sec sechece* (-ITAM), von *sac sachel* (-ELLUM), von *croc crochet* (-ITTUM). Und so ist *eveschié* nicht aus *episcopatum,* sondern aus *evesque* + *-ié* -ATUM entstanden.

Da der Lautwechsel stets einen Lautwandel zur Voraussetzung hat, kann er zur Zeitbestimmung des letzteren dienen. Im Französischen ging etwa im 11. Jahrhundert *m* im Auslaut in *n* über: daher *liëmier* (jetzt *limier*) neben *liien* (jetzt *lien*) LIGAMEN, *lormier* neben *lorain* LORAMEN, *home* HOMINEM neben *hon* HOMO, *aimes* AMAS neben *ain* AMO. Die Frage, wann dieser Lautwandel eingetreten ist, lässt sich dahin beantworten: vor der Bildung von *envenimer, venimeus* aus *venin* VENENUM, von *latimier* aus *latin* LATINUM, von *estamer* aus *estain* STAGNUM oder *STANNEUM.

Schon in den ältesten Denkmälern des Französischen findet sich *qued* vor Vokalen, *que* vor Konsonanten gebraucht. Die Konjunktionen *ne* NEQUE und *se* SI hatten zunächst unter allen Umständen dieselbe Form; indessen, da man auf den Wechsel von *que*^{cons} und *qued*^{voc} eingeübt war, liess man einen analogen Wechsel bei *ne* und *se* eintreten und diese vor vokalischem Anlaut *ned* (Eulalia), *sed* (Alexius) lauten.

Auch die moderne Sprache gewährt mehrfache Belege. Dahin gehört, was man mit *faire des cuirs,* mit *velours* oder *pataquès* zu benennen pflegt.

Dass auslautendem Nasalvokale im Inlaut *Vokal* + *n* entspricht, lässt sich an zahlreichen Wortstämmen zeigen *(an année, don donner).* Daher tritt auch, wo ein Konsonant hinter dem Nasalvokal verstummt ist, bei Ableitungen für den letzteren *Vokal* + *n* ein: daher *ornemen(t) ornemaniste, plafon(d) plafonner, printem(p)s printanier* und wahrscheinlich *paysan paysanne* afrz. *païsande.* Nach *hasar(d) hasarder* ist von *Escobar escobarder,* nach *habi(t) habiter, profi(t) profiter* von *abri abriter* (früher *abrier*), von *écho échoter,* von *piau* (patois für *peau*) *dépiauter,* von *rein éreinter* gebildet. Diese Fälle zeigen deutlich, dass der Lautwechsel nur eine Unterart der Proportionsbildung ist. Anderseits haben *tabletier* (von *table*), *panetier* (von *pain*) das Muster abgegeben für Bildungen wie *papetier* (von *papier*), *cafetier* (von *café*).

Ein mundartliches Gebiet des Provenzalischen liess auslautendes *d* vor konsonantischem Anlaut schwinden, vor vokalischem zu *z* werden: daher *az ela* neben *a lieis, quez eu* neben *que tu.* Hier wurde *z* als Hiatustilger angesehen und in den Inlaut gesetzt, wo zwei Vokale zusammenstiessen: *bonazurat, azondar* ABUNDARE, *rezina* REGINAM (mit dem *rezina* oberitalienischer Texte nicht gleichzusetzen), *pazimen* PAVIMENTUM, *crezet* CREAVIT Brev. 2658, *Prozenza* PROVINCIAM, *Prozenzals* Bartsch zu Denkm. 51, 4. 196, 19, *glizeiza* ECCLESIAM (mit merkwürdiger Zerdehnung), *prozeza* P. Meyer, Dern. troub.

In zahlreichen Worten liess das Provenzalische *n* vor konsonantischem Anlaut verstummen, vor vokalischem laut bleiben: *baro*^{cons} *baron*^{voc}, *ma*^{cons} *man*^{voc}. Daher wurde auch *n* zur Hiatustilgung benutzt, vgl. *aias fen* (FIDEM) *ab ton amic* Lib. scintill. 64^{c}, *mercen*^{v} MERCEDEM, *pron* PROD-(EST). Eine ganz sprachübliche Form ist *fon* FUIT neben *fo.* Auch *meun escient* ist wohl hierher zu ziehen, dagegen *palafren* it. *palafreno* wohl von FRENUM «Gebiss» beeinflusst.

6. KREUZUNG, ANBILDUNG, UMDEUTUNG.

Bei einer sprachlichen Äusserung ist entweder das Hervorgebrachte im Gedächtnis vorhanden gewesen oder nicht. In jenem Falle braucht es nur gedächtnismässig reproduziert zu werden: in diesem wird der gesuchte Ausdruck durch geistige Tätigkeit hergestellt, also produziert. In beiden Fällen kann das Hervorgebrachte dem bisherigen Usus konform sein; es kann aber auch in beiden Fällen von dem bisherigen Usus abweichend, difform, ausfallen. Es ist klar, dass nur difformer Ausdruck in den Bereich der Sprachgeschichte gehört. Difforme Reproduktion nennen wir Wandel, difforme Produktion Neubildung.

In Abschnitt 4 (S. 769 f.) sind zahlreiche Belege gegeben von der Neubildung von Formen mit Hülfe der Assoziation oder Analogie. Doch kann, wie schon einige der erwähnten Fälle zeigen, durch Assoziation auch blosser Wandel bewirkt werden. Die wichtigsten Fälle dieser Art sind die Kreuzung, die Anbildung und die Umdeutung.

Beim Suchen nach einem Ausdruck können zwei synonyme Wörter mit ungefähr gleicher Stärke auftauchen, und ein Wort hervorgebracht werden, in welchem Laute des einen Worts mit Lauten des andern verschmolzen sind. Wir nennen den Vorgang Kreuzung, da sein Produkt nicht auf einem einzigen Etymon beruht, sondern, wie bei der Kreuzung der Rassen, die Eigenschaften der Vorfahren in sich vereinigt.

Wird ein Wort im Gedächtnis nicht mit voller Treue aufbewahrt, so kann ein verwandtes Wort sich stärker geltend machen und das gesuchte Wort in seinen Lauten jenem genähert werden. Stehen die Wörter in begrifflicher Verwandtschaft, so nennen wir den Vorgang Anbildung. Lautähnlichkeit in geringerm oder höherm Grade befördert die Anbildung und ist zwar nicht immer, aber doch gewöhnlich neben der Begriffsähnlichkeit vorhanden. Wenn blosse Lautähnlichkeit den Wandel hervorbringt, wird er Umdeutung genannt. Dieselbe betrifft gewöhnlich Fremdworte oder Worte von undurchsichtigem Bau.

a. Kreuzung.

68. Wenn es gestattet ist, von STO afrz. *estois* und ähnlichen Formen einen Analogieschluss zu machen, so musste dem lat. DO im Französischen die (unbelegte) Form *dois* entsprechen. Aus DONO aber wurde regelrecht *don*. Traten *dois* und *don* gleichzeitig ins Bewusstsein des Sprechenden, so war die Möglichkeit einer Kreuzung gegeben: ihr Ergebnis ist die altfranzösische Form *doins*.

Besonders neigen schallnachahmende Ausdrücke zu derartigen Umbildungen, wofür das prov. *sisclar*, aus Kreuzung von SIBILARE mit FISTULARE, ein Beispiel abgiebt.

Ein merkwürdiger Fall liegt vor in dem französischen *falloir*. Ich halte für unzweifelhaft, dass sich in *falloir* das alte, noch im 16. Jahrhundert übliche *chaloir* (CALERE) fortsetzt, das noch in *il ne m'en chaut*, in dem Part. Prs. *chaland* und in *nonchalant* erhalten ist. *chaloir*, und mit dem Infinitiv die Gesamtheit der Formen, erhielt anlautendes *f* statt *ch*, indem sich *faillir* (lat. FALLERE) gleichzeitig ins Bewusstsein drängte. Daher jetzt *il faut, il faille, il fallut* an Stelle des alten *il chaut, il chaille, il chalut*. Der Übergang von *faut* zum subjektlosen Gebrauche, welchen Tobler I S. 213 so scharfsinnig darlegt, ist, glaube ich, nicht ohne Einfluss von *chaut* zustande gekommen.

Das französische *oison* kommt von AUCIO, aber der Konsonant entspricht dem Konsonanten von *oiseau* AUCELLUM. *caserne* gilt für provenzalisch (eig. Wachthäuschen für vier Mann); das provenzalische Adjektiv *cazern*, frz. *cazerna* entspricht einem lat. QUADERNUM QUADERNAM, das ich nur als ein von QUADRUM beeinflusstes QUATERNUM zu deuten wüsste.

Wenn die oben S. 776 gegebene Erklärung der Endung *ions* in der 1. Pl. des Subj. Präs. und Impf. richtig ist, muss diese Endung zuerst von Individuen gebraucht worden sein, denen die picardisch-champagnische Form (*amissiens*) neben der francischen (*amissons*) geläufig war.

Ein passendes Beispiel der Kreuzung gewähren das altfranzösische *oreste* Sturm (z. B. Mar. Aeg. 317) aus *orage* + *tempeste*, das frz. *limon* aus lat. LIMUS + TEMONEM, eig. schräge Deichsel; das nprov. *amatá* verbergen aus *amagá* + *acatá* und, beiläufig, das Friaulische *tiarmit* = TERMINUM + LIMITEM, das venezianische *brena* Zügel von *brida* + *frena*. Das altfranzösische *triers* scheint auf Kreuzung von *tres* TRANS mit *rier* RETRO zu beruhen.

Auch das provenzalische *vec* ist schwerlich aus einer phonetischen Zusammenziehung von *ve* VIDE mit *ec* (im Boeci) ECCUM zu erklären, da *ve ec* blosse Tautologie sein würde; vielmehr wird *vec* durch gleichzeitiges Auftauchen der beiden Worte, also durch Kreuzung, entstanden sein.

Es giebt sogar Wörter, welche aus Kreuzungen von Wörtern verschiedener Sprachen hervorgegangen sind. Das französische *haut* kommt von lat. ALTUM, verdankt aber sein *h* dem deutschen HAUH oder HÔCH; in *haste* mischt sich das lat. HASTA mit deutschem HARST, in *halaigre* (jetzt *allègre*) lat. ALÁCREM mit deutschem HAIL oder HÂL. So ist auch anlautendes *v* durch das deutsche *w* verdrängt worden. In *gâter gué guêpe guivre* liegen VASTARE VADUM VESPAM VIPERAM vor, umgestaltet durch den Einfluss der deutschen Worte WASTJAN WAT WESPA WIPERA: aus deutschem *w* musste im Französischen *gu* werden: afrz. *guaster gue(d) guespe guivre.*

Diese Kreuzungen, welche einen merkwürdigen Fall der Sprachmischung darstellen, haben sich nur im Munde zweisprachiger Individuen bilden können, die beim Romanischsprechen von ihrem stark ausgebildeten germanischen Sprachgefühl gestört wurden, also nur im Munde geborener Germanen. Diese germanische Aussprache des Romanischen ist darauf von ihrer romanischen Umgebung nachgeahmt worden. Von einem ähnlichen Vorgang ist oben (S. 765) gehandelt worden, nämlich von der Lauterscheinung einer deutschen Mundart, die, durch zweisprachige Individuen vermittelt, auf eine französische Mundart übertragen worden ist.

Zur Zeit der Romanisierung Galliens haben zwischen lateinischen und keltischen Wörtern ähnliche Kreuzungen stattgefunden; so beruht nach Ascoli frz. *glaive* auf lat. GLADIUM, gekreuzt mit kelt. *cladivo,* frz. *criembre* auf lat. TREMERE, gekreuzt mit kelt. *crith,* frz. *orteil* auf lat. ARTICULUM (mundartlich noch *arteil*), gekreuzt mit kelt. *ordaig.* Ich füge hinzu *lieu* LŎCUM, das sich vermutlich mit kelt. (bret.) *lec'h* «Ort» gekreuzt hat.

Vielleicht ist auch frz. *flot* = FLUCTUM durch einen solchen Vorgang zu erklären. Das deutsche *Flut* lautete ursprünglich *flǭd,* hochdeutsch *fluot fluet,* und konnte sein offenes *o* auf das lateinische Wort übertragen, wobei entweder auch die deutsche Quantität übertragen wurde und Diphthongierung eintrat (*fluet* Mont. Ps. 41, 10) oder die lateinische Quantität bestehen blieb (*flot*).

Auch sei daran erinnert, dass Lücking das *s* in *lisons* u. s. w. LEGIMUS aus dem *s* des deutschen *lesen* herleiten wollte. Gegen Einfluss von DICERE lässt sich z. B. geltend machen, dass eine 2. Pl. **lites* nicht nachzuweisen ist.

Auch die Umgestaltungen des lateinischen Suffixes ĀRIUS ĀRIA im Galloromanischen dürften hier anzureihen sein. Dieser Kobold unter den Suffixen hat Jahrzehnte hindurch mit den Romanisten sein Spiel getrieben (vgl. Staaff, Le suffixe ARIUS, Upsala 1896, Meyer-Lübke im Jahresber. IV, 102), doch ist es den vereinten Kräften allmählich gelungen, ihn zu bannen. Ich verweise noch auf Morf (im Arch. f. d. St. d. n. Spr. XCIV, 345f.) und besonders auf Thomas (Romania XXXI, 491), und gebe zunächst das Verhalten der drei Hauptgebiete an: des Provenzalischen, Mittelrhônischen und Französischen.

Im Provenzalischen wird aus lat. AREA Tenne *aira,* aus VARIUM VARIAM *vaire (var) vaira.* Das Suffix hingegen lautet ursprünglich — so in der weit ausgedehnten auvergnischen Mundart — m. *ęir (ęr),* f. *ęira (ęra),* vgl. Paul Meyer in der Romania III, 434. Darauf wird in verschiedenen Gegenden, doch weder gleichzeitig noch überall, der Diphthong *ẹi* zu dem Triphthong *iei* (Diez, Gr.[3] I 392), sodass unser Suffix nunmehr *ieir*, f. *ieira* lautet, woraus weiterhin *ier*, f. *ieira* (*iera*) geworden ist.

Die Schreibung *ir* bezeichnete zunächst den Laut *r'* (d. h. mouilliertes *r*), dann auch die Auflösung dieses *r'* in *i̯r*. Das blosse Zeichen *r* kann in Handschriften teils *r'* teils *r* (d. h. gewöhnliches *r*, mit Verlust der Mouillierung) ausdrücken.

Im Mittelrhônischen heisst die Tenne *airi*, das Paar lat. PARIA heisst *pairi*. Das Suffix hat hier eine andre Gestalt hinter Palatal als hinter Nichtpalatal (so zuerst Gauchat im Litteraturbl. 1892 Sp. 19). Diese ist *eir*, f. *eiri* ähnlich der Provenzalischen, jene *ier*, f. *ieri* ähnlich der Französischen. Hinter dem Palatal ist die Mouillierung des *r* durch Dissimilation spurlos geschwunden. Den alten Unterschied der beiden Endungen haben nur einige Mundarten, besonders solche der Schweiz, bis heute festgehalten; andere haben ihn zu Gunsten von *ier*, f. *ieri* verschoben.

In französischen Wortstämmen wird aus *ari̯ air*: AREA *aire*, GLAREA *glaire*, PARIA *paire*, VARIUM *vair*, VARIAM *vaire*. Das Suffix zeigt hinter Nichtpalatal wie hinter Palatal die gleiche Form, *ier*, f. *iere*: PRIMARIUM *primier* (so schon in der Passion 10. Jahrh., im Reime), f. *primiere*, wie LEVIARIUM *legier*, f. *legiere*.

Erwähnung verdient, dass ostfranzösische Mundarten das mouillierte *r* lange festgehalten haben, in den weiblichen Formen des Suffixes (*er'*, *īr'*) bis heute.

Die Hauptschwierigkeit liegt nun darin, dass betontes *ari̯* in Wortstämmen andre Lautform ergeben hat als im Suffix. Die Erklärung ist mit Thomas darin zu suchen, dass das lateinische Suffix zunächst im Munde der zweisprachigen Germanenstämme auf Galliens Boden den Einfluss des ihm lautlich, oft auch begrifflich nahestehenden mit hellem *â* (also *æ̂*) gesprochenen germanischen Suffixes *âri* erfuhr. Die so entstandene Aussprache, ÆRIUS ÆRIA, wurde von den Romanen angenommen. Von dieser Basis aus sind die weiteren Formen durch blossen Lautwandel erklärbar.

So macht auch *ier* aus germ. ÂRI, gespr. ǢRI und *ier* aus germ. HARI, gespr. HÄRI in Namen keine Schwierigkeit: frz. *esparvier* aus ahd. SPARUUÂRI, *Gautier* aus UUALTHARI, *Garnier* aus UUARINHARI, *Gontier* aus GUNTHARI. Wenn *haire* «grobe Leinwand» abweicht, so macht mich Professor Otto Bremer darauf aufmerksam, dass in vlämischen Mundarten *â* vom Umlaut verschont bleibt. Die Form *haire* mag mit der Tucherzeugung der Vlamen zusammen hängen.

Wenn das Provenzalische neben *aira* AREA auch *eira* (später *ieira*, *iera*) besitzt, so führe ich dies auf die naheliegende Ideenverbindung mit germ. *arjan* «pflügen» — gespr. *ärjan* — zurück.

b. Anbildung.

69. Ein Beispiel gewährt schon der oben (S. 785) behandelte Infinitiv ESSERE, von ESSE, das die Endung der übrigen Infinitive, besonders derjenigen der lateinischen dritten Konjugation, annahm.

Die Endung ARIS ist im Französischen seltener als die Endung ARIUS; jene lautete im Akkusativ zunächst *er*, diese *ier*, z. B. SUBTALARE prov. *sotlar* afrz. *soller*, PRIMARIUM prov. afrz. *primier*. Vereinzelt im 13. Jahrhundert, durchgehends erst im 16., wurden die Worte auf *er* an die auf *ier* angebildet, und so entsprechen den altfranzösischen Formen *soller piler sengler bocler* (eigentlich Adjektiv: *escud bocler* mit Buckel versehener Schild) *bacheler coler singuler* die neufranzösischen *soulier pilier sanglier boulier bachelier collier singulier.*

Der ein bestimmtes Handwerk Ausübende wird gewöhnlich mit einem Wort auf *ier* bezeichnet, wie *barbier cordonnier ferblantier;* ganz vereinzelt durch die Endung *el* in *menestrel* Spielmann MINISTERIALEM. Daher ist dieses Wort der Endung *ier* assimiliert worden und lautet schon bei Joinville *menestrier.*

Die Endung ELIS in CRUDELIS war ebenso selten als die Endung ALIS häufig war; daher übernahm jenes die Endung ALIS zu einer Zeit, wo diese wahrscheinlich bereits *ęls* lautete.

Das ungewöhnliche *-enc* vom deutschen -ING ist auf drei verschiedene Arten entfernt worden in *flamenc chamberlenc Loherenc* vgl. nfrz. *flamand, chambellan, Lorrain.*

Die Anbildung hat nicht allein Endungen, sondern auch Stammsilben betroffen. Das altfranzösische *manjuet* MANDUCAT verdankt sein *j* der 1. Pl. *manjons* MANDUCAMUS, und wird ursprünglich **manduet* gelautet haben, welche Form freilich nicht mehr zu belegen ist. Das Wort *diamant* erklärt sich wahrscheinlich daraus, dass *aïmant* ADAMANTEM dem Adjectivum *diaphane* lautlich genähert wurde. Uralt ist die Anbildung von GRAVIS an LEVIS BREVIS, daher prov. *greu* frz. *grief;* von SINISTER an DEXTER, daher reimen prov. frz. *senestre* mit *destre;* von DEORSUM (prov. *jos*) an SURSUM (prov. *sus*), daher afrz. *jus* wie *sus.*

Eine merkwürdige Anbildung, die man fast geneigt sein könnte als Kreuzung zu bezeichnen, ist die Umgestaltung des Verbums *lamenter* unter dem Einfluss der Interjektion *guai* zu *guaimenter.* Wenn in der Lex Salica CULCARE für COLLOCARE steht und das altfranzösische *colchet* COLLOCAT mit *ọ* gesprochen wurde, so führt G. Paris diese Vertiefung des Vokals auf *culcita* (jetzt *courte-pointe*) zurück. Auch darf an *nièce* NEPTIAM wegen *niés* NEPOS und vielleicht an *rendre* REDDERE wegen PRENDERE (doch vgl. oben S. 784) erinnert werden.

Hierher ist auch die Umgestaltung der Futura *vendrai tendrai* (von *venir tenir*) zu stellen, die unter dem Einfluss der Präsensformen zu *viendrai tiendrai* geworden sind. Dabei hat unzweifelhaft der Zusammenfall der altfranzösischen Formen mit den Futura von *vendre tendre* gewirkt, sodass hier der in der Sprachgeschichte ungemein seltene Fall einer Dissimilation gleichlautender Wörter nicht in Abrede zu stellen ist.

c. Umdeutung.

70. Sehr alte Fälle der Umdeutung liegen in den romanischen Formen von PLATEA und NUPTIAE vor. Jenes war als griechisches Wort im Lateinischen ohne Verwandte und ging durch Anlehnung an das Adjektiv PLATTUS in PLATTEA über: prov. *plassa* frz. *place.* Dieses war nach dem Untergang des Verbums NUBERE undurchsichtig geworden und wurde durch Kombination mit NOCTEM zu *NOCTIAE, it. *nozze* prov. *nossas* frz. *noces.*

Jünger sind einige andere Umdeutungen. *Deu le reiamant* (REDIMENTEM) «Gott der Erlöser» ist im Altfranzösischen öfter zu *Deu le rei amant* «Gott der liebende König» geworden. *samedi* SABBATI DIEM wird im Altfranzösischen zuweilen zu *seme di* oder *sethme di* SEPTIMUM DIEM umgedeutet. Das ursprünglich persische *nâreng'* it. *arancio* wurde, weil die Farbe der Frucht an Gold erinnerte, frz. *orange.* Die Pflanze μανδραγόρας wurde *main de gloire* genannt, und dieser Name musste als aus französischen Elementen zusammengesetzt erscheinen. *mainbour* vom deutschen MUNDBORO wurde an *main* angelehnt, wenn nicht vielleicht in fränkischer Zeit *mund* (mit *manus* urverwandt) direkt in *main* übersetzt worden ist. *ladanum* ist vom Volk zu *lait d'ânon* umgedeutet, *candélabre* wegen *arbre* zu *candélarbre*. *asperge* ASPARAGUM ist mit seinem dialektischen *er* = *ar* wohl nur deshalb in allgemeinen Gebrauch übergegangen, weil es in dieser Form an *asperger* ADSPERGERE erinnerte.

Ein Fall der Umdeutung, der sich durch die Schreibung (nicht durch die Laute) dokumentirt und einen Genuswandel herbeiführte, liegt vor in *mensonge* afrz. *mençonge*. Das Sprachgefühl knüpfte dieses Wort an *mentir* und *songe* an; daher die Schreibung des Canterburypsalters *mentsunge*. Das Wort war ursprünglich weiblich und ist, weil *songe* männlich war, männlich geworden.

Die Schreibung *forcené* afrz. *forsené* (von *fors* «aussen» und *sen* «Verstand») beruht auf Anlehnung an *force*.

7. BEDEUTUNGSWANDEL.

Die Lehre vom Bedeutungswandel wird Semantik oder Semasiologie genannt (s. S. 304)[1]. Hinsichtlich der Bedeutung hat jedes Wort der Sprache seine individuelle Geschichte gehabt, deren Darstellung Aufgabe des historischen Wörterbuchs ist. Ich führe hier nur einige Fälle an, um die wichtigsten Arten des Bedeutungswandels daran zu zeigen.

71. Zunächst haben zahlreiche Worte ihre lateinische Bedeutung bis auf den heutigen Tag bewahrt, wie *or* AURUM, *bœuf* BOVEM, *vache* VACCAM, *fort* FORTEM, *finir* FINIRE, *aimer* AMARE, s. o. S. 304 f.

Die Gesamtheit der gebräuchlichen Anwendungen eines Wortes macht die Gebrauchssphäre desselben aus. Aus der Gebrauchssphäre resultiert ein bestimmter Gefühlswert, der das Wort zu begleiten pflegt und es mehr für die Poesie oder für die Prosa, mehr für die gewöhnliche Sprache oder die Sprache der Technik, mehr für den familiären oder mehr für den rhetorischen Stil *(style soutenu)* geeignet erscheinen lässt. Die Volkssprache liebt im Ausdruck das Derbe und Burschikose, und so hat schon das älteste Vulgärlatein BUCCA «Bausbacke» für OS «Mund», prov. *boca* frz. *bouche*, gesagt, GABATA «Topf» für GENA «Wange» prov. *gauta* frz. *joue*, GAMBA «Fesselgelenk» (griech. καμπή) für CRUS «Bein», prov. *gamba* frz. *jambe*, MANDUCARE «kauen» (wie nach Sueton auch Augustus sagte) für EDERE «essen», prov. *manjar*, frz. *manger*. So hat das französische *tomber* ursprünglich die Bedeutung «springen» gehabt, und ist gewiss zuerst in der familiären Sprache im Sinne des alten *cheoir* gebraucht worden. In niedriger Ausdrucksform wird gegenwärtig *boule* oder *poire* für *tête*, wird *quille* oder *flûte* für *jambe* gesagt.

So lange er im Sprachbewusstsein lebendig ist, bleibt auch der etymologische Zusammenhang eines Wortes nicht ohne Einfluss auf seine Bedeutung, und zwar hat der scheinbare Zusammenhang ganz dieselbe Wirkung wie der echte. Man kann hier von Zusammenrückung reden, die den Gegensatz zur Isolierung bildet. Die Bedeutung des Fremdworts *Poltron* ist im Deutschen durch Zusammenrückung mit *poltern* verändert worden. So ist frz. *poser* lat. PAUSARE mit den Ableitungen von PONERE zusammengerückt, und *disposition*, *disponible* gehören für das Sprachgefühl

---

[1] Nicht Sematologie, da σημασία «Bedeutung», nicht σῆμα «Zeichen» zu Grunde liegt.

zu dem etymologisch verschiedenen *disposer*. Das alte *aïmant* ADAMANTEM ist im Neufranzösischen zu *aimant* geworden, und da ein begrifflicher Zusammenhang zwischen dem Substantivum *aimant* und dem gleichlautenden Participium von *aimer* sehr nahe liegt, so empfindet das Sprachgefühl jenes als zugehörig zu der Sippe des Verbums. Von dem alten Verbum *errer* «wandern» ist ausser dem zugehörigen Substantivum *erre* ITER nur das Participium des Präsens übrig geblieben in *juif errant, chevalier errant*. Seitdem aber die gelehrte Sprache das lateinische *errare* aufgenommen hat, ist es ganz natürlich, dass man bei dem älteren *errant* zunächst an die Bedeutung von lat. *errans* denkt.

In solchen Fällen liegt eine Schattierung, aber noch kein Wandel der Bedeutung vor. Von einem Wandel kann erst die Rede sein, wo sich der neue Begriff und der alte merklich unterscheiden.

Schon die Alten unterschieden als die wichtigsten Arten des Bedeutungswandels (*τρόπος*) die Synekdoche, die Metonymie und die Metapher.

Am gewöhnlichsten ist die Synekdoche, welche entweder in einer Abnahme an Merkmalen d. h. in Erweiterung des Begriffs, oder in einer Zunahme an Merkmalen d. h. in Verengerung des Begriffs besteht.

Erweiterung hat stattgefunden bei dem Worte *arriver* «landen», dessen Übergang in die allgemeine Bedeutung «ankommen» gewiss mit der grossen Ausdehnung der französischen Küste zusammenhängt. Auch *équipage*, eigentlich Ausrüstung des Schiffs, hat der maritimen Seite seiner Bedeutung entsagt. *panier* heisst eigentlich der Brotkorb, dann der Korb überhaupt. Wie solche Erweiterungen zu Stande kommen, können Wendungen zeigen wie *joncher de fleurs* (*joncher* eig. mit Binsen bestreuen), *un cheval ferré* (eig. mit Eisen beschlagen) *d'argent, être à cheval sur un âne*.

Verengerung liegt vor bei *viande* VIVENDA, bis ins 17. Jahrundert: Nahrungsmittel überhaupt, seitdem: das zur Nahrung dienende Fleisch. *succès* wurde noch im 17. Jahrhundert *in utramque partem* gesagt und bedeutet seitdem nur den guten Erfolg. *sevrer* SEPARARE hiess im Mittelalter trennen überhaupt, bedeutet aber jetzt nur noch ein Kind von der Mutterbrust entwöhnen. *conroiier* zurechtmachen, *gerwen* im altdeutschen Sinne, lautet jetzt *corroyer* und wird, wie unser *gerben*, nur noch vom Leder gesagt. *traire* TRAHERE hiess noch im Mittelalter «ziehen» mit vielen abgeleiteten Bedeutungen; jetzt wird es nur in der Bedeutung des Melkens gebraucht.

Es kommt auch vor, dass erst eine Zunahme an Merkmalen (Verengerung), dann eine Abnahme (Verallgemeinerung) stattfindet, dergestalt dass die jüngere Bedeutung sich mit der älteren in keinem Merkmale mehr berührt. So ging *escu* SCUTUM Schild zunächst in die Bedeutung einer Silbermünze mit aufgeprägtem Schild und sodann in die Bedeutung Silbermünze von bestimmtem Werte über, sodass der ältere und der jüngere Begriff (Schild, Thaler) ganz aus einander fallen. Vgl. o. S. 304.

Die Metonymie vertauscht zwei Begriffe, die mit einander in Beziehung stehen: *amour* Liebe, dann Gegenstand der Liebe, Geliebte. *bouteille* Flasche, dann das darin enthaltene Getränk. *alliance* Verbindung, dann Zeichen der Verbindung, Trauring.

Die Metapher vertauscht Begriffe, unter denen Ähnlichkeit stattfindet: *feuille* Pflanzenblatt, dann Blatt eines Buches. *chenet* früher Hündchen, jetzt Feuerbock. *nef* früher Schiff, jetzt Schiff der Kirche.

Eine besondere Art des Bedeutungswandels ist diejenige, welche nicht an dem einzelnen Worte haftet, sondern durch eine Ellipse (Brachylogie) zu Stande kommt, indem die für den Begriff hinzutretenden Elemente aus dem Zusammenhange ergänzt werden. Gewöhnlich wird in diesem Falle das bestimmende Wort allein gesetzt und das bestimmte unterdrückt. Beispiele: ANIMAL SINGULARE frz. *sanglier* der Eber (von *ab*), das abseits lebende Tier. SCUTUM BUCCULARE *escu(d) bocler* mit Buckel versehener Schild, dann *bocler, bouclier* allein = Schild. LAC FORMATICUM geformte Milch, afrz. *formage* oder *fromage* Käse. Andere Fälle aus neuerer Zeit sind *du Champagne* für *du vin de Champagne, un ordinaire* für *un dîner ordinaire, un vermicelle* für *un potage au vermicelle, un bonnet* für *un chapeau de bonnet, la Saint-Jean* für *la fête (de) saint Jean, un bas* für *un bas de chausses,* letzteres entstanden zu der Zeit, wo noch der *haut de chausses* getragen wurde.

Dass die Brachylogie einen Genuswandel hervorrufen kann, zeigen Fälle wie *le Languedoc* für *le pays de langue d'oc, le vapeur* für *le bateau à vapeur.*

Technische Ausdrücke gehen zuweilen in bildlichem Sinne in allgemeinen Gebrauch über, und Worte von allgemeiner Bedeutung ziehen sich in die Sphäre eines bestimmten Handwerks zurück. So sind das Wort *hasard,* die Redensarten *il a le dé, je me suis blousé* ich habe mich vergaloppiert (*blouse* das Loch im Billard) eigentlich Spielausdrücke, und Darmesteter macht darauf aufmerksam, dass *voler* (stehlen), *acharner, dessiller* und *déluré* (von *leurre:* wer nicht an den Köder geht) der Falkenjagd entstammen. Andererseits hiess *brochier* früher stacheln überhaupt (zumal vom Spornen des Pferdes), jetzt heisst *brocher* durchwirken (in der Weberei), broschieren (in der Buchbinderei) u. dgl. *tasseau* TAXILLUS hiess früher Würfel, jetzt Kragstein, *priser* früher hochschätzen, jetzt taxieren. Es ist klar, dass der poetische Ausdruck durch den letzten Vorgang Worte eingebüsst, durch den ersteren Worte gewonnen hat.

Eine merkwürdige Art des Bedeutungswandels besteht in der Verwechslung ähnlich lautender Wörter. Schon im vulgären Latein ist SERRA eig. Säge im Sinne von SERA Riegel gesagt worden; daher das Verbum prov. *serrar* frz. *serrer* verriegeln. Im Provenzalischen steht *traire* TRAHERE öfter in der Bedeutung von TRADERE (verraten), und *essaussar* erhöhen im Sinne von *essauzir* erhören, worin die Franzosen mit dem durch das Fehlen des *h* noch an den Süden erinnernden *exaucer* (= *exhausser*) den Provenzalen gefolgt sind. Im Mittelalter verwechselten die Franzosen *baillier* geben und *baillir* handhaben, und im 17. Jahrhundert wurde *recouvrir* für *recouvrer, éconduire* im Sinne von älterem *escondire* und *consommer* statt *consumer* (Mol. Dép. am. III 9) gebraucht.

Als besondere Art des Bedeutungswandels sei noch der Übergang eines Eigennamens in einen Gattungsnamen erwähnt. Das Umgekehrte ist so gewöhnlich (Ortsnamen wie *Laval, Villeneuve,* Personennamen wie *Aimé, Désirée*), dass es kaum der Belege bedarf. Der Fuchs hiess im Altfranzösischen *goupil* VULPECULAM und nur in der Tierfabel war ihm der männliche Vorname *Renart* beigelegt; daher *Romanz de* (nicht *du*) *Renart.* Allmählich ist *renard* zum Gattungsnamen geworden und *goupil* ist veraltet.

In dem heutigen *lutin* lebt wahrscheinlich der alte Gott NEPTUNUS fort. Die ältere Form *luiton,* aus welcher durch Suffixvertauschung *lutin* hervorgegangen ist, war bis ins 17. Jahrhundert gebräuchlich. Noch früher lautete das Wort *nuiton* oder *noitun* mit Anlehnung an *nuit* Nacht oder an *nuire* schaden. Die älteste Form aber ist ohne Zweifel die Form *neutun.* Dass hierunter speziell Wassergeister verstanden wurden, zeigt noch die Sprache des 16. und 17. Jahrhunderts mit ihrem Ausdruck *luiton de mer*

(Thurot I 423). Vgl. hierzu F. Schneegans, Z. XXIV 557, und H. Schuermans in der Wallonia X 89f. (1902, wo der inschriftliche Name NEUTTO mit Unrecht herangezogen wird).

Zuweilen schleppen sich Eigennamen in bestimmten Redensarten hin, die nur als Ganzes verstanden werden, da die Herkunft des Namens längst dem Gedächtnis entschwunden ist. Man muss sich bei Gaston Paris Rats erholen, wenn man in Erfahrung bringen will, dass in *mettre flamberge au vent* der Name des Schwertes fortlebt, das der Held eines Volksbuches (Galien le Restoré) handhabte, und bei Mistral, wenn man zu wissen begehrt, dass die besonders in Südfrankreich populäre Wendung *fier comme Artaban* sich auf eine Person aus einem Romane La Calprenède's (der Cléopâtre) bezieht.

A. Darmesteter, *the Life of words as the Symbols of ideas*, 1886; die zweite Auflage in französischer Sprache: *La vie des mots*, 1887. — H. Lehmann, *Der Bedeutungswandel im Französischen*, 1884. — A. Rosenstein, *Die psychologischen Bedingungen des Bedeutungswechsels der Wörter*, 1884. — Karl Schmidt, *Die Gründe des Bedeutungswandels*, 1894 und Morgenroths Besprechung in der Z. für frz. Sprache XVII, 2, 17, sowie dessen Aufsätze *Zum Bedeutungswandel im Französischen*, ebenda Bd. XV, XXII, XXIII, XXV, XXVI.

8. FUNKTIONSWANDEL.

Vom Funktionswandel werden teils die Wortklassen im allgemeinen teils die Formen des Verbums und des Nomens teils die Formworte betroffen. Er umfasst die wichtigsten Erscheinungen der historischen Syntax.

a. Übertritt aus einer Wortklasse in die andere.

72. Jedes Wort der Sprache kann in die Klasse des Substantivums einrücken. Im Altprovenzalischen wurde das Nein mit *li nos* (*no* mit Nominativ-*s*) ausgedrückt und von altfranzösischen Dichtern die *Bele sans si* (ohne Wenn d. h. ohne Makel) besungen. Béranger ruft einmal aus: *Ah! sans un de j'aurais dû naître!* Am wenigsten überrascht es, wenn Adjektiva zu Substantiven werden: afrz. *li veirs* die Wahrheit, *li dreiz* das Recht, *li avers* der Geizige. Früher, und noch im 16. Jahrhundert, konnte jeder Infinitiv substantiviert werden; von einzelnen kommt sogar der Plural vor (prov. *avers,* afrz. *aveirs* Besitzungen, Herden; noch jetzt bedeutet *aver* in Guernesey das Schwein, in der Provence die Schafherde). Die Formen *plaisir* und *loisir,* PLACĒRE, LICĒRE, sind schon im Mittelalter zu substantivischer Geltung gelangt, und die Infinitive *plaire, loire* sind neugebildet.

Die adjektivische Verwendung von Substantiva ist im modernen Französisch in ausgedehntem Masse üblich: *teint rose, forêt vierge, style Renaissance.* Man kann dann nach *le vert, le noir* auch *le rose* sagen.

Begriffsworte werden oft durch den Bedeutungswandel zu Formworten, wodurch die Formelemente der Sprache vermehrt werden. Dass Substantiva und Adjektiva zu Interjektionen werden können, zeigt das prov. *pecaire,* das frz. *hélas,* beide ungeachtet der männlichen Form auch von Frauen gerufen. Eine ganz radikale Bedeutungsänderung zeigen *pas, plus, personne,* sobald die zugehörige Negation aus dem Zusammenhange ergänzt werden muss (wie in der Antwort). Das Zahlwort *un* ist als unbestimmter Artikel zum Pronomen geworden. Das Substantivum *on* (im Altfranzösischen

Nominativ zu *home* HOMINEM), die Adjektiva *plusieurs, différents* und *certain* gehen in pronominale Verwendung über. Erstarrte Kasus werden zu Präpositionen: CASĀ Ablativ zu CASA Haus frz. *chez,* LATUS afrz. *lez* Seite in *Neuvelle-lès-Champlitte, Roche-lès-Lure,* SALVUM *sauf,* FORAS MISSUM *hormis,* AEQUALE(M) prov. *egal, engal* Gr. 3, 182; zu Adverbien: TEMPORE afrz. *tempre,* got. ÞAURP mlat. *troppus* Herde acc. prov. frz. *trop.* Das Neutrum vieler Adjektiva kann als Adverb gebraucht werden. Ein Pronomen kann zur Konjunktion (*quoi que* eig. was auch immer), ein Adverb (*avuec* aus APUD HOC prov. *emè,* früher *a mai* AD MAGIS) zur Präposition werden. Umgekehrt sind die Adverbia *en* (prov. auch *ne*) INDE und *i(y)* IBI ganz in pronominalen Gebrauch übergegangen. Ein aus Adjektiv und Substantiv zusammengesetzter Ausdruck wird nicht nur oft zum Adverbium (*toujours, longtemps, nulle part, beaucoup* afrz. auch *grant coup),* sondern auch zur Konjunktion (*toutefois* afrz. *totesvoies).* Präposition mit Substantiv kann zum Adjektivum werden wie *débonnaire* aus afrz. *de bon aire* von guter Art, *adroit* f. *adroite* urspr. *a droit* zu Recht; *asseur* war bis ins 15. Jahrhundert Adjektiv aus *a seür* in Sicherheit. Aus dem alten *a aise (estre a aise)* ist durch Verstummung des *a* das heutige *aise* entstanden, das fast zum Adjektivum geworden ist (*je suis fort aise, un père toujours aise de voir ses enfants).* Die letzten Beispiele wurden zunächst als Adverbien aufgefasst, ehe sie in adjektivischen Gebrauch übergingen. Durch diesen Vorgang erklärt sich das Adjektivum *prêt* f. *prête* lat. PRAESTO; afrz. *soventes feiz* (im Alexius) von *sovent* SUBINDE. Ausdrücke wie *sans-culotte, sans-soin* werden substantiviert. Im Altfranzösischen entnahm man aus *ai ceo a faire* ein Substantivum *afaire,* das zunächst männlich war und, da es auf *e* ausging oder sich dem Genus von *besogne* anschloss, weiblich wurde. Ähnlich ist aus *le temps à venir* (tempus futurum) das Substantivum *l'avenir* geworden; aus *donner (quelque chose) pour boire* das Substantivum *pourboire.*

Auch Verbalformen können zu Formworten werden, wie das lat. *licet,* die Konjunktionen *soit—soit* und *savoir* beweisen.

Auch die Grenze zwischen Wort und Satz wird nicht selten überschritten. In Ausrufen wie *Courage! Silence!,* und überhaupt bei interjektionaler Verwendung, steht ein Wort in der Funktion eines Satzes. Umgekehrt kann auch ein ganzer Satz zu einem Worte werden. Beispiele: *naguère* aus *n'a guère* «es ist nicht lange her», *peut-être.* Die Bejahungspartikel *oïl* (jetzt *oui*) ist aus dem Satze HOC ILLE sc. EST hervorgegangen, dessen Subjekt im Altfranzösischen noch zuweilen nach dem Zusammenhange wechselt (*o je, o nos, o vos).* Vgl. ECCUM aus ECCE EUM.

b. Funktionswandel in den Verbalformen.

73. Auch beim Verbum und seinen Formen kommen Überschreitungen der älteren Gebrauchssphäre vor, welche wesentliche Veränderungen in den Funktionen zur Folge haben können.

Unpersönliche Verba können zu persönlichen werden; man sagte früher *il me souvient, il m'ennuie,* heute *je me souviens, je m'ennuie.* Im Lateinischen persönlich gebrauchte Verba sind im Romanischen nur noch als unpersönliche üblich. So *calere* «warm sein», das im Altfranzösischen und Provenzalischen die Bedeutung «es ist daran gelegen» prov. *cal* afz. *chalt chaut* angenommen hat und oben (S. 795) zur Erklärung von *falloir* herangezogen wurde. Nicht auffallender ist der Übergang bei afz. *estuet* «es ist notwendig», wenn meine Vermutung das Richtige trifft: ich glaube nämlich, dass dieses Verbum (Inf. pro. *estober* afz. *estoveir*) auf dem lat.

STUPERE beruht. Letzteres bedeutet eigentlich starr sein, und Stellen wie *stupuerunt verba palato, unda stupet pigro lacu* zeigen, dass die eigentliche Bedeutung im Lateinischen vollkommen lebendig war. Aus STUPET «es ist starr» konnte sich leicht die Bedeutung «es ist notwendig» entwickeln. (Vgl. jetzt Miscellanea ling. in onore di Ascoli S. 67.)

Das lateinische Perfectum war zugleich Perfectum praesens und Perfectum historicum (Aorist). Das romanische Perfekt hat nur noch die zweite Bedeutung; die erste wird durch HABEO mit dem Participium perfecti passivi umschrieben, eine Umschreibung, die schon im Lateinischen, aber nur in beschränktem Umfange erlaubt war.

Das Plusquamperfekt ist im Altfranzösischen zu dem allgemeinen Begriff eines Tempus der Vergangenheit abgeblasst und noch am ehesten im Sinne des Imperfekts, seltener in dem des Perfekts oder Plusquamperfekts in Gebrauch. Im Provenzalischen hat es (und zwar schon in der Passion), wie in den südlichen Sprachen, die Bedeutung des s. g. *obtatiu* (Faidit) angenommen (*fora* FUERAM «ich würde sein»), die es seiner Stellung im Hauptsatze der Bedingungsperiode verdankt; und zwar dient es seinem Ursprung gemäss vor allem als Kondizionale der Vergangenheit. Den Bedeutungsübergang erläutert Foth mit dem Satze Senecas: *Perierat imperium . . si Fabius tantum ausus esset.*

Diese Verwendung des Plusquamperfekts zeigt, dass es zwischen Tempus und Modus keine scharfe Grenzlinie giebt. So ist an die Stelle des zweiten Imperativs des Lateinischen im Romanischen das Futurum getreten.

Eine wichtige Verschiebung ähnlicher Art als der französische Indicativus plusquamperfecti hat in allen romanischen Sprachen mit Ausnahme des Rumänischen und Logudorischen der Subjunktiv desselben Tempus erfahren, welcher zu der Funktion des Subjunctivus imperfecti herabrückte. Foth hat diese Verschiebung darauf zurückgeführt, dass eine Anzahl Verbalbegriffe eine incohative Bedeutung annahmen. Die Verschiebung findet sich zuerst, und zwar nicht selten, bei dem Verfasser des Bellum Hispaniense (Köhler in den *Acta seminarii Erlangensis* I 418).

Nur im hypothetischen Satzgefüge liegt der Subj. Plusq. in der lateinischen Bedeutung auch noch im Altfranzösischen vor, z. B. *Urake en fesist* (hätte gemacht) *son ami, se li leüst.* Daneben kennt schon Wace den mit *oüsse* und dem Part. Pf. umschriebenen Subj. des Plusq.

In ähnlicher Weise wie AMASSEM für AMAREM wurde AMATUS FUI für AMATUS SUM gesagt, und AMATUS SUM in die Bedeutung des passiven Präsens herabgedrückt.

In den Modi sind nicht minder Verschiebungen eingetreten. In der indirekten Rede pflegte das Lateinische den Subjunktiv zu gebrauchen; das Romanische wendet den Indikativ an. In der indirekten Frage war noch in den ältesten Texten der Subjunktiv erlaubt; seit dem 12. Jahrhundert ist der Indikativ Regel, der seit dem 17. Jahrhundert ausschliesslich gebraucht wird. In verallgemeinernden Sätzen (QUICUNQUE afrz. *ki que* u. s. w.) konnten das Altfranzösische und Provenzalische noch wie das Lateinische den Indikativ setzen, daneben aber auch den Subjunktiv. Im Objektsatz eines Verbums der Furcht konnte bis ins 17. Jahrhundert der Indikativ stehen. Die 2. Pl. Imperativi ist durch die entsprechende Form des Indikativs verdrängt.

Am unbestimmtesten wird der Verbalbegriff durch den Infinitiv ausgedrückt, daher dieser seine Anwendung findet wo Person, Tempus und Modus aus dem Zusammenhange leicht ergänzt werden können.

Er wird aber auch da angewandt, wo das Nähere sich aus den Umständen ergiebt, wenn die Rede so rasch formuliert werden muss, dass keine Zeit bleibt, die genau entsprechende Verbalform zu bilden. Daher steht der Infinitiv mit Negation ganz gewöhnlich bei der Warnung, wo Gefahr im Verzuge ist, also im Sinne des prohibitiven Imperativs. So afrz. *ne commencier! ne te movoir!* Wird die Person angeredet, so ist der Modus des Verbots in der ältern Sprache gewöhnlich der Subjunktiv.

Hinter Präpositionen kann im Altfranzösischen eine Form auf *-ant* an die Stelle des Infinitivs treten, in welcher Diez und Tobler mit Recht das lateinische Gerundium erkannt haben. So sagte man *je vi en mon dormant une vision grant; jeo m'en vois si deportant pur mun quoer recunfortant* Chardri Plet 110, *par pais faisant, por les membres perdant.* Einige Reste sind bis heute geblieben: *se mettre sur son séant, à son corps défendant, de son vivant.*

Das Part. Prs. wurde im Altfranzösischen bei einer beträchtlichen Zahl von Verba, bald mehr bald minder sprachüblich, in passivem Sinne gebraucht und auch von unpersönlichen Verba gebildet. Jene Verwendung kennt auch die heutige Sprache noch: *argent comptant, voyant* «grell»; von dieser sind Überreste *chaland, nonchalant* und *méchant* (Tobler I 36 f.).

c. in den Kasusformen.

74. In der Deklination war ein wichtiger Vorgang die Vertretung aller weiblichen Nominative durch die Akkusativformen, wobei also das Femininum im Romanischen wie das Neutrum im Indogermanischen behandelt worden ist (oben S. 786). FILIAS findet sich als Nominativ schon im 3. Jahrhundert, GERMANAS im Jahre 403 (Wölfflins Archiv II 565—8). Gewiss haben die Osker und Umbrer, die in ihren heimischen Mundarten diesen Kasus auf AS bildeten, den lateinischen Nominativ auf AS ins Leben gerufen und dadurch der Vertretung der weiblichen Nominative durch die Akkusative vorgearbeitet. Wahrscheinlich haben nur diejenigen Feminina, deren Nominativ sich vom Akkusativ im Singular stark unterschied, längere Zeit Widerstand geleistet.

Von der alten Flexion sind nur wenige Reste geblieben: im Französischen das einzige *suer* SOROR, Akk. *seror* SOROREM, im Provenzalischen *sor* SOROR, Akk. *seror* SORORLM, *mólher* MULIER, Akk. *molhér* MULIÉREM und die weiblichen Komparative *melher* Akk. *melhor, pejer* Akk. *pejor, mager* Akk. *major, menre* Akk. *menor, genser* Akk. *gensor, sordejer* Akk. *sordejor, belaire* Akk. *belazor.* Diese Komparative haben auch im Altfranzösischen die beiden Formen, z. B. *la mieldre, la meillor;* doch funktionieren hier beide in beiden Kasus. Auch das weibliche Pronomen ILLA prov. *ela* Akk. *leis,* afrz. *ele* Akk. *li* ist im Stande, die beiden Kasus zu unterscheiden.

In der vorlitterarischen Zeit muss die Zahl solcher Worte noch grösser gewesen sein; denn das Nebeneinander von *caure* und *calor* im Altfranzösischen, die freilich nicht mehr wie verschiedene Kasus desselben Wortes, sondern wie zwei selbständige Wörter fungieren, deutet auf ein längeres Fortbestehen der lateinischen Flexion zurück. Auch kann hier auf Nominative wie *chace* CAPTIO, *trace* TRACTIO, *estrace* EXTRACTIO, *destrece* DESTRICTIO hingewiesen werden. Manches der Art hat Tobler in den Gött. Gel. Anz. 1872, 1901 zusammengestellt.

Auch bei den Maskulina ist ganz allmählich der Nominativ durch eine Gebrauchserweiterung des Akkusativs aus der Welt geschafft worden.

Höchst merkwürdig ist ANNUS TANTUS (aus ANNŌS TANTŌS) CONPLITI FUERUNT in den Form. Andec. S. 17, 12 (Wölfflins Archiv II 568). Vielleicht haben einige Gegenden Frankreichs gleich dem Catalanischen die Zweikasusdeklination in sehr früher Zeit aufgegeben. So sicher das diesem benachbarte Bearnisch, wo die ältesten Urkunden sie nicht kennen. Von französischen Mundarten gebraucht das Anglofranzösische schon in seinen ältesten Texten häufiger die Akkusativform als die Nominativform zum Ausdruck des Subjektskasus. Die Pariser Sprache gelangt erst im 13. Jahrhundert auf diesen Standpunkt und schwankt noch im 14. Jahrhundert; der Nominativ schwindet erst im Anfang des 15. Jahrhunderts, um nur in der stereotypen Form des Sprichworts noch eine Zeit lang fortzuleben.

Im Provenzalischen beginnt der Verfall der Deklination im 12. Jahrhundert. In einigen Gegenden wie Limousin und Quercy hält sich die alte Flexion etwas länger. In den *Coutumes de Gourdon* (dép. Lot, 1243) ist die Flexion noch fast rein. In der Litteratursprache sucht man sie, auch im 14. Jahrhundert noch, künstlich zu erhalten.

In einigen Worten, in denen der Nominativ besonders häufig gebraucht wurde, verdrängte er den Akkusativ, so dass einige Formen des Nominativs noch heute fortleben. Ein provenzalisches Beispiel ist das oben angeführte *pecaire*. Französische Fälle sind *maire* (Akk. afrz. *maieur*), *traître* (wegen der vokativischen Verwendung), *pire*, der Familienname *Proudhon*, *Charles*. Der altfranzösischen Endung *ẹl* entspricht heute *-eau*: *bel* jetzt *beau*, *oisel* jetzt *oiseau*, indem vor allem der zugehörige Akk. Pl. (*biaus*, *oisiaus*), daneben auch der N. Sg. im Sprachgefühl lebendig waren. Bei *beau* kommt gewiss auch der vielgebrauchte Vok. Sg. (*biaus fiz!* u. dgl.) in Betracht. Dagegen haben Singulare wie *cheval*, *tel* einen solchen Einfluss der mit *s* flektierten Form (*chevaus*, *teus*) nicht erfahren. Dass der Sg. zu dem Pl. *les cheveux* jetzt *le cheveu* lautet, ist aus dem überwiegenden Gebrauch des Plurals leicht zu verstehen.

Der Vokativ wird gewöhnlich durch den Nominativ mit ausgedrückt. Von der Vokativform der lateinischen zweiten Deklination auf *e* findet sich kein sicheres Beispiel; doch liegt es nahe bei zwei aus dem 10. und 11. Jahrhundert überlieferten Beispielen (*fol conpagn* Altd. Gespräche, *dom pelegrin* bei Wilh. von Poitiers im Reime) an ein Fortleben der lateinischen Vokativform zu denken.

Zum Adjektivum sei bemerkt, dass das Französische in der vorlitterarischen Zeit eine Anzahl weiblicher Formen auch auf das Maskulinum ausgedehnt hat. Hierher gehören die Formen *large lâche louche riche triste chaste juste honeste chauve fauve* auch *benigne maligne* (erst später *bénin*, *malin*). Diese Formen werden nach der zweiten Deklination der Maskulina abgewandelt (N. Sg. Akk. Pl. *larges*, Akk. Sg. N. Pl. *large*). Das Provenzalische giebt den genannten Worten fast durchaus die zu erwartende Lautform: *larc lasc ric trist cast just honest calv*. Das Mittelrhônische lässt sie im Maskulinum auf *o* ausgehen (*casto*, *richo*), im Femininum auf *a* (*casta*), hinter Palatal auf *i* (*richi*). Erst spät hat sich das französische *ferme* der erwähnten Reihe angeschlossen: noch im 13. Jahrhundert lautet das Maskulinum *fer*. — Das Maskulinum hat die Funktion des Femininums übernommen bei dem Zahlwort zwei: ursprünglich m. *dous* f. *doës* und so im Burgundischen, aber m. Akk. f. Nom. und Akk. *dous* (später *deus*) schon im Roland.

d. beim Pronomen.

75. Wie das Substantivum und Adjektivum, so gaben auch das possessive und das demonstrative Pronomen die alte Nominativform zu

Gunsten des Akkusativs auf; das persönliche nur teilweise, nämlich nur in der betonten Form mit Ausnahme des weiblichen Singulars der dritten Person. Daher nfrz. *moi toi soi lui eux elles*. Die nominativische Verwendung von *moi* kennt schon Christian. Bei *elle* Akk. *li* wurde der Nominativ bevorzugt, da die weibliche Form *li* mit der männlichen (aus *lui* entstandenen und neben diesem gebrauchten) Form *li* zusammenfiel. Schon im 14. Jahrhundert finden sich vereinzelt Beispiele von *d'elle, a elle* statt des älteren *de li, a li*.

lui war im Altfranzösischen nur betonte Form; der Dativ der unbetonten hiess *li* aus ILLÍ, daher für beide Geschlechter. Die Vertauschung von *li* und *lui*, die im 13. Jahrhundert aufkam, hat dahin geführt, dass *lui* als Dativ der unbetonten Form gebraucht wurde und *li* verdrängte.

Die Form ILLÓRUM prov. *lor* frz. *lor, leur* wurde von den Romanen überall auch auf das Femininum des Plurals ausgedehnt; sie findet sich seit dem 8. Jahrh. (Wölfflins Archiv II S. 41) als unbetonte Form des Dativus Pluralis.

Das reflexive Pronomen wurde nach Präpositionen zuweilen für *lui* oder *li* gesetzt (prov. *lonc se* neben ihm, frz. *devant soi* vor ihm), im Plural aber lieber durch *els, elas* frz. *eles, lor* vertreten.

Die lateinischen Dative (Ablative) NOBIS, VOBIS sind sehr frühe aus der Volkssprache verschwunden; denn schon in der App. Probi wird NOSCUM für NOBISCUM erwähnt.

Im Nominativ bestand zwischen der betonten und der unbetonten Form ursprünglich kein Unterschied, wie noch heute bei *nous* und *vous*.

Das Pronomen war früher als Subjekt bei dem Verbum im allgemeinen entbehrlich. Doch war es nach Gröber (Zeitschr. IV 463) in drei Fällen obligatorisch: 1) bei Verwendung des Futurs im Sinne des Befehls 2) um unbetontes pronominales Objekt an der Spitze des Satzes zu vermeiden 3) in der Satzfrage (hier finden sich vereinzelte Ausnahmen). Im Nebensatz besteht zunächst die Regel, dass das Pronomen ausgesetzt wird, wenn auf das einleitende Wort (Konjunktion, Relativ, Adverb) das Verbum mit seinen Komplementen unmittelbar folgen würde, nicht aber, wenn ein selbständiges Adverb oder Objekt dem Verbum vorausgeht: *il li comande qu'il aille tost*, aber *que tost aille*. Noch die Sprache Marots besitzt die Freiheit das Pronomen zu unterdrücken, und das Hinwegbleiben des Subjektpronomens beim Verbum und des Artikels beim Nomen gelten für Eigenheiten des archaisch-gefärbten Stiles *(style marotique)*. Doch ist bald nach Marot der heutige Gebrauch durchgedrungen. Hingegen bedarf das provenzalische Verbum des Subjektspronomens noch heute nicht.

Das unpersönliche *il* hat sich nach Hornings Darlegung (Romanische Studien IV 229, doch vgl. Gröber, Zeitschr. IV 463) durch Funktionserweiterung aus dem männlichen *il* lat. ÍLLIC entwickelt. In der Tat bietet die Herleitung von *il* aus ILLUD lautliche Schwierigkeiten, und man sieht, je weiter man in der Zeit vorschreitet, die Anwendung von *il* zu um so grösserer Ausdehnung gelangen. Die ältesten sichern Beispiele bietet das Rolandslied, vgl. Stengel, Ausg. u. Abh. 3, XV. Die Funktion, das nachgestellte Subjekt vorzubereiten, hat *il* im Roland nur an einer Stelle (*il nus i cuvient guarde* 192, wofür vielleicht *ici nus cuvient guarde* einzusetzen ist); sonst findet sich das unpersönliche *il* nur mit Formen von *habere* oder *esse* verbunden. Erst seit der Mitte des 12. Jahrhunderts wird das das Subjekt vorbereitende *il* häufiger. Vielleicht ist nur eine Unterart dieses Gebrauchs *il est* mit einem Substantiv *(il est costume)*; auch ist dem erwähnten Gebrauch nahe verwandt die Setzung von *il* hinter dem relativen Subjekt eines unpersönlichen Verbs *(que que il aviegne)*. Diese beiden Gebrauchsarten sind erst aus

Waces Brut (1155) zu belegen und als Subjekt eines unpersönlichen Reflexivums wird *il* erst seit der Mitte des 14. Jahrhunderts beliebt (*il s'en faut, il se trouva).* Reste des ältesten Sprachzustandes sind noch heute Wendungen wie *mieux vaut, n'importe, comme bon vous semble, plût à Dieu, à quoi sert, tant y a que, puisque . . y a, soit, peut-être* u. a.[1]

Der Nominativ *lo, le* aus ILLÚD ist im Französischen immer nur prädikativ in unmittelbarer Verbindung mit dem Verbum üblich gewesen, wie noch jetzt (*Êtes-vous heureux? — Je le suis).* Das Provenzalische verwendet den Nominativ *lo* auch als Subjekt (*lo lhi sia autreyat),* doch dem Anscheine nach nicht seit ältester Zeit.

76. Beim Possessivum hat SUUS eine andere Verwendung gefunden, insofern es im Romanischen (doch nicht im Iberoromanischen) sich nur noch auf eine Einzahl des Besitzers beziehen kann; die Beziehung auf eine Mehrheit wird durch *lor* ILLORUM ausgedrückt. Vereinzelte Beispiele der lateinischen Funktion von SUUS sind aus dem Französischen von Tobler II 80 beigebracht und lassen sich auch aus dem Provenzalischen (z. B. aus dem in der Provence selbst verfassten Codi) anführen. Dagegen ist der Gebrauch von SUUS insofern gegen den lateinischen Gebrauch erweitert worden, als SUUS auch für EJUS eintritt, also nicht auf das Subjekt bezogen zu sein braucht (schon 533, Wölfflins Archiv II 38).

Die betonte Form des Possessivums konnte früher auch adjektivisch verwendet werden, am häufigsten mit dem bestimmten Artikel (noch bei Marot und Rabelais), doch auch mit dem unbestimmten (*un mien ami),* was gegenwärtig der familiären Sprache angehört.

Sehr gern setzt das Altfranzösische und Provenzalische *de* mit dem Personale statt des Possessivums (*la voluntet de lui* statt *sa v.),* ein Gebrauch der sich lange erhalten hat und in gewissen Fällen (*l'amitié de la reine et de vous)* noch besteht.

77. Die Abschwächung der Formen des auf der zweiten Silbe betonten ILLE zu der Bedeutung des Artikels findet sich in Urkunden seit dem 6. Jahrhundert. Die Eide zeigen kein Beispiel, vielleicht weil sie erst lateinisch entworfen und dann ins Romanische übersetzt wurden. Meyer-Lübkes Annahme (Gramm. III 174 und Z. XIX 505), der Artikel sei zuerst nur zu Nominativen getreten, ist nur wenig wahrscheinlich: wer ILLE PATER sagte, wird auch DE ILLUM PATREM gesagt haben; doch hat M.-L. richtig beobachtet, dass bei Präposition und Substantivum in adverbialer Verwendung der Artikel erst später um sich gegriffen hat, vgl. *en garding* Aucassin 12,6 (= it. *in giardino*). Wo sich die Anwendung des Artikels im Französischen von dem deutschen Gebrauche entfernt, geht jenes gewöhnlich mit den übrigen romanischen Sprachen zusammen. Die bestimmten Regeln über die Anwendung des Artikels bei Ländernamen haben sich erst allmählich ausgebildet; das Mittelalter kannte dieselben noch nicht.

lo, le im Sinne von *celui* stand im Provenzalischen und im Altfranzösischen vor *de* oder einem genetivischen Akkusativ, z. B. *la Saint-Michel* (so noch jetzt), *le Richart* für *celui de Richard, le ton pere* nämlich *escu, l'autrui* (gewöhnlich im Sinne von *le bien des autres*), prov. *lo d'Alvernhe.* Dieser Gebrauch hat sich noch in Ortsnamen erhalten: *Nogent-l'Artaud, Montfort-l'Amaury, Villeneuve-la-Guyard.* Vor dem Relativum kommt der Artikel zuweilen im Provenzalischen vor (*las qu'ieus ai mentaugudas,* wie im Spanischen).

[1] Zur Verbreitung des unpersönlichen *il* in den Mundarten vgl. Elise Richter, *Zur Entwicklung der romanischen Wortstellung,* Halle 1903, S. 52.

Die Verwendung von *celui* als substantivisches, von *cet* als adjektivisches Pronomen hat sich erst in moderner Zeit festgesetzt. Noch Du Bellay schreibt *celle forme* und *cette-ci.*

Der Gebrauch des Zahlwortes UNUS als unbestimmter Artikel war schon im Lateinischen nicht unerhört, so dass die Volkssprache auch hier nur zu entwickeln brauchte, was im Keime bereits vorhanden war. Der Plural von UNUS wurde wie im Lateinischen mit Pluralia tantum verbunden: prov. *unas novas* eine Novelle, *unas forcas* ein Galgen, ebenso afrz. *unes letres* ein Brief (daneben schon *une letre*). Daneben aber tritt der Plural von UNUS auch im Sinne von «einige» auf: prov. *unas gens* einige Leute, afrz. *uns laruncels* einige Räuber (B. d. Kön.), *uns cheveus* einige Haare. Vielleicht trifft man noch besser die Bedeutung dieses *uns, unes,* wenn man sagt, es stehe im Sinne des Teilungsartikels. Sehr selten ist diese Verwendung gerade im N. Pl. Sonst erhielt sie sich bis in die Zeit Villons, der sie noch kennt.

78. QUI wurde auch auf das Femininum im Singular und Plural ausgedehnt (seit dem 4. Jahrhundert, Voc. 1, 474). *cui* galt neben *que* als Akkusativ des Relativums und wurde besonders von Personen und hinter Präpositionen gesagt. Ausserdem war *cui* der Akkusativ des Interrogativums, dessen Nom. gleichfalls *qui* lautete. Die altfranzösische Schreibung *qui* für *cui* darf nicht über die Aussprache täuschen (vgl. *quens* neben *cuens*).

Inwieweit sich in QUE lateinisches QUID, inwieweit QUOD oder QUEM fortsetzt, ist mit voller Sicherheit nicht anzugeben. Doch empfiehlt nicht nur die Form *quid* der Strassburger Eide, sondern auch der Wechsel zwischen *que* und *quoi* im Altfranzösischen, der dieses Wort durchaus als die betonte Form jenes Wortes erscheinen lässt (Tobler I. 165), die Herleitung aus QUID.

Da Relativsätze oft kondizionale Bedeutung annahmen, so wurde dieser kondizionale Gebrauch des Relativums auch auf Fälle ausgedehnt, in denen dasselbe im Nachsatze nicht durch ein Demonstrativum aufgenommen wurde: *qui lo castia, el se irais* wenn man ihn tadelt, wird er böse. Ein Rückstand dieses früher sehr ausgedehnten Gebrauchs ist noch in der Phrase *comme qui* (z. B. *dirait*) geblieben.

Das Relativum, das sich auf einen Satz bezieht, muss heute *ce* vor sich haben, ebenso wie das indirekte Fragewort. Der alten Sprache genügte die blosse Form des Relativums. Ein Rest hiervon ist geblieben in *qui pis est, qui plus est, que je crois, que je pense, que je sache,* wo *qui (que)* für sich allein betrachtet in der Funktion des lateinischen *id quod* steht. Vgl. Tobler I, 117.

Eigentümlich ist die Bedeutung eines Wettbewerbs, die *à qui* aus Wendungen wie *c'est à qui, à qui mieux mieux* übernommen hat. *On luttait à qui trouverait le premier la sève dans le bois* sagt G. Paris in seiner Besprechung Jeanroys, und ähnliche Wendungen gebraucht schon Corneille.

79. ALTER, im Lateinischen stets auf eine Zweiheit bezogen, ist im Romanischen allgemein in die Bedeutung von ALIUS übergetreten.

ALIQUIS, das wie QUIS *s* einbüsste, wurde nur noch in der neutralen Form ALIQUID *(alkes)* und vor UNUS (*alquuns,* wie *chascuns* gebildet und daher im ersten Teile unveränderlich) gebraucht. Dieses *alquuns,* seit dem 12. Jahrhundert *alcuns,* dann *aucun,* hat durch die seit dem 15. Jahrhundert überwiegende Verbindung mit der Negation seine positive Funktion ganz eingebüsst und daher gegenwärtig auch in der Antwort, wo keine Negation daneben steht, negative Bedeutung. Die positive Bedeutung findet sich bis ins 17. Jahrhundert (Molière). Die positive Bedeutung von *aucun* haben *quelque* (eig. ein verkürzter Satz *quels que seit* was für einer es auch sei) und *quelqu'un* übernommen.

MULTUS und PAUCUS kommen schon im 12. Jahrhundert nur noch selten als Adjektiva vor; gewöhnlich steht das Neutrum *(mout de, poi de)*. Doch hat das Provenzalische am adjektivischen Gebrauch bis heute festgehalten.

Das verallgemeinernde CUNQUE des Latein in QUICUNQUE, QUALISCUNQUE, UBICUNQUE bedeutet bekanntlich «immer», das wir ebenso gebrauchen («wer immer»). Im Romanischen ist CUNQUE erloschen: die altfrz. *ki que unques, quels que unques,* woraus das heutige *quiconque, quelconque,* sind durch Nachsetzung von *que* und *unques* neugebildet. Gewöhnlich fungiert an Stelle des lat. CUNQUE ein blosses *que: ki que, quels que, ou que, quant que.* In diesem *que* erblicke ich das hinter SI, NISI, NE, NUM übliche lateinische QUID, das aus der Bedeutung «irgend etwas» in die Bedeutung «irgend» überging. Das schon lateinische QUIDQUID (frz. *quoi que* oder *que que*) für QUODCUNQUE konnte diesen Übergang erleichtern. Ich halte also dieses nicht für ein relatives (wie Meyer-Lübke III 678), sondern für ein indefinites Adverb.

e. Bei den Hülfsverba.

80. Zu diesen gehört auch *faire,* in verschiedenen Verwendungen. So hat Tobler I S. 20f. gezeigt, dass *il fait porter* für *il porte* gesagt werden konnte und *faites moi escouter!* für *escoutez moi!* Diese Umschreibung durch *faire* wendet die moderne Sprache nur noch bei *ne — que* an, z. B. *je ne ferai qu'aller et revenir, il ne fait que lire.*

devoir dient im Altfranzösischen bisweilen zur Umschreibung des Futurums und des Imperfektums Futuri (E. Weber, vgl. auch Burgatzcky S. 170): *Dites u querre le devés* und vom Standpunkt der Vergangenheit *ne savoie quel part jou querre le devoie.* Ferner kann *devoir* die Bedeutung unseres «im Begriff sein» haben und lässt sich dann zuweilen mit «beinahe» übersetzen *(mort me dut avoir)*.

pooir entspricht unserm «mögen», wenn eine ungefähre Zahl oder Zeitbestimmung angegeben wird: *quarante milie chevalier poeent estre.*

vouloir wird oft angewendet wo eine Handlung nicht nur gewollt, sondern auch ausgeführt wird; hier scheint der Ausdruck des Wollens für die moderne Auffassung entbehrlich: *il se voloit mout pener; trusqu'au palés ne se volt arester.*

Auch der Subjunktiv kann mit Modalverben umschrieben werden (Bischoff S. 42): *Ce apartient a leal roi Que il doit maintenir la loi.*

f. Bei den Präpositionen.

81. Von besonderer Wichtigkeit sind die Funktionsveränderungen der Präpositionen geworden: es sind nicht etwa, wie man wohl gesagt hat, die untergegangenen Kasusformen durch Umschreibungen vermittels der Präpositionen ersetzt worden, sondern die Umschreibung durch Präposition hat in der nach Deutlichkeit strebenden Volkssprache den Untergang der Kasus (den Akkusativ und Nominativ ausgenommen) herbeigeführt. Die Funktionen des Genetivs hatte im allgemeinen die Präposition *de* übernommen: man dachte den Teil als von dem Ganzen hinweggenommen, das Eigentum als von dem Besitzer herstammend. Wahrscheinlich hat die Präposition den Kasus anfangs nur in einigen, dann aber, als man sich

an das Schwanken zwischen *de* und Genetiv gewöhnt hatte, in allen Funktionen abgelöst.

Der adnominale Genetivus possessivus konnte bei persönlichen Begriffen auch durch den Akkusativ vertreten werden. Dabei waren zwei Stellungen möglich: unmittelbar vor und unmittelbar hinter dem Nomen. Bei jener Stellung tritt der Akkusativ, der stets ein Eigenname, eins der Wörter *cui* (wessen), *deu, rei (roi),* letzteres oft ohne Artikel, oder ein Subst. mit Artikel oder mit Possessivum ist, zwischen Artikel und Nomen; doch kann auch der Artikel des Nomens hinwegbleiben: *la Sibile escriture, Leïr raisun, (la) cui mere, lo deu menestier, le rei gunfanonier, de roi cort, mon pere tor.* Toblers Beispiel (I, 70) *Par le dieu d'amours voulenté* zeigt, dass der Artikel des übergeordneten Wortes fallen muss, da zwei Artikel nicht zusammenstehen können. Bei der andern Stellung handelt es sich um dieselben Fälle (*cui* ausgenommen), nur dass *rei (roi)* stets mit Artikel stehen muss: *la terre le rei, es oevres nostre pere* Greg. Dial. 286. Der Akkusativ steht hier als Casus infinitivus, als die allgemeinste und unbestimmteste Kasusform, deren Funktion sich aus dem Zusammenhange ergeben muss. Unpersönliche Begriffe gestatten dies in der Regel nicht, da ihnen kein eigentlicher Besitz zukommt, doch bezeugen einige Stellen aus sehr alten Texten, dass die Sprache bis ins 12. Jahrhundert hinein freier verfuhr: *fillies Jherusalem* Pass., *le vendredi num* und *le vigilie jurn* im Computus.

Den ältesten Beleg für die genetivische Funktion des Akkusativs *(le fil sainte Marie)* bietet die Appendix Probi: *vico capitis Africae, non* VICO CAPUT AFRICAE. Spuren desselben sind noch im Neufranzösischen geblieben, z. B. *à la queue le leu* (geschr. *leu leu*), *la fête-Dieu, la (fête) Saint-Jean, l'église Saint-Pierre* und Ortsnamen wie *Bourg-la-Reine* (Seine), *la Chaize-le-Vicomte* (Eure-et-Loir).

Der Besitz lässt sich auch als Zugehörigkeit auffassen und durch die Präposition AD ausdrücken: *la terre al rei.* Noch Marot sagte *la mère au berger,* und noch in der heutigen Sprache ist das Schimpfwort *fils à putain* und die Phrase *disputer de la chape à l'évêque* (um des Kaisers Bart) gebräuchlich.

Charakteristisch für das Französische ist die Herausbildung des sog. Teilungsartikels. Wird ein Quantum aus der Gesamtheit der Masse eines Stoffs oder werden einige Exemplare aus der Gesamtheit einer Gattung angegeben, so wird die Gesamtheit als Objekt ursprünglich in den artikellosen Akkusativ gesetzt; daneben konnte jedoch *de* mit dem Artikel gebraucht werden und dieser Gebrauch hat den ältern verdrängt: *donnez-moi du vin, prêtez-moi des livres.* Hierbei ist das Quantum oder die Anzahl der Gegenstände bezw. Individuen gar nicht bezeichnet. Erst in einem jüngern Sprachzustand ist sodann der präpositionale Ausdruck *du vin* u. s. w. auch als Subjekt und sogar hinter Präpositionen gebraucht worden. War das Substantivum mit einem Adjektivum verbunden, so war früher gleichfalls der bestimmte Artikel üblich: *des vieux livres.* Seit dem 17. Jahrhundert wird jedoch der Artikel vor dem Adjektiv unterdrückt *(de vieux livres),* es sei denn, dass das Adjektivum mit dem Substantivum zu einem Begriff verschmolzen ist *(des jeunes personnes, des petits oiseaux);* die volkstümliche Rede setzt noch heute den ältern Brauch fort.

de vor dem logischen Subjekt war im Altfranzösischen gewöhnlich, z. B. *Bone chose est de pais, De vostre mort fust grans damages,* was nach Tobler zunächst bedeutet: von eurem Tode her würde grosser Schaden gewesen sein. Dieser Gebrauch des *de* ist auch der modernen Sprache verblieben in dem Falle, wo das logische Subjekt des Satzes ein Infinitiv ist, z. B. *il est doux de revoir les murs de la patrie.*

Der lateinische Dativ, von welchem nur einige Pronominalformen erhalten geblieben sind, wird in allen übrigen Fällen durch die Präposition AD umschrieben.

Wie als Vertreter des adnominalen Genetivs, so kann auch als Vertreter des Dativs der präpositionslose Akkusativ eintreten, z. B. *que son fradre Karlo jurat* (Eide von 842), doch geschieht dies in der Regel nur bei persönlichen Begriffen, seltener bei persönlich gedachten Sachen (*li nuns Joiuse l'espee fut dunez* Rol.); vgl. Tobler I, 208. Dieser Gebrauch hat sich noch durch das 14. Jahrhundert hindurch erhalten.

Von Gebrauchsweisen der Präposition *a* sei erwähnt, dass sie unter Umständen zu dem nichtpronominalen logischen Subjekt eines von den Verba Machen, Lassen, Sehen, Hören abhängigen Infinitivs tritt, was Tobler I, 200 in befriedigender Weise erklärt hat, vgl. auch Meyer-Lübke III, 420—422. Das pronominale steht entsprechend im Dativ.

Ferner dass *a* im adnominalen Gebrauch nicht nur den Besitz bezeichnen kann, wie oben erwähnt wurde, sondern auch eine Eigenschaft oder ein Versehensein womit: *Guillaume al cort nes, esperon a or, la dame al vis cler* neben *o* (= APUD) *le cler vis.*

jusqu'à (aus DE USQUE AD) kann im Neufranzösischen in der Bedeutung «sogar» auch vor das Subjekt treten, in welchem Fall das Subjekt auch seiner Funktion nach nur als Akkusativ aufgefasst werden kann.

Als Vertreter des Ablativs trat hinter Präpositionen regelmässig der Akkusativ ein (Neue II 928), der freilich in den meisten Fällen mit dem Ablativ lautlich zusammenfiel. Die verschiedenen Funktionen des Ablativs konnten nicht einer einzigen Präposition übertragen werden; am häufigsten trat *de* dafür ein. Der für das Sprachgefühl schon im Lateinischen als besonderer Kasus erloschene Lokativ wurde durch *ẹn* oder *dans*, erst später durch *a* ersetzt (*en, dans Paris,* jetzt *à Paris).* Ausdruck des Mittels wurden per (*anoncier par avision),* apud (*Od sun espiet l'anme li gietet fors* Rol.), auch *a* und *de.*

Präpositionen können auch vor Adverbien und folglich auch vor präpositionalen adverbialen Ausdrücken stehen: *au jour d'huy, pour demain, d'outre mer, d'avec son père.*

APUD, das im Altfranzösischen *ot, od, o* und im Provenzalischen *ab, amb* lautet, ist in die Funktionen von CUM eingerückt und hat dieses letztere verdrängt, sowohl als Ausdruck der Begleitung als des Mittels.

82. Die Anwendung der Präposition IN, Französisch *en,* ist ganz allmählich eingeschränkt worden. Noch im Altfranzösischen hatte *en* einen viel ausgedehnteren Gebrauch als gegenwärtig; *en* ist abgelöst worden besonders durch die Präposition *à* und durch das als Präposition gebrauchte Adverbium *dans,* afrz. *denz* (DE INTUS).

Im Altfranzösischen wies *en* noch häufig auf das Äussere eines Dinges hin, wie im Lateinischen (*sedere in equo,* afrz. *seoir el cheval).* Diese Funktion hat sich nur in wenigen Wendungen erhalten (*casque en tête, Jésus est mort en croix)* und ist in den übrigen Fällen auf *sur* übertragen worden: *sur le cheval, sur la croix.*

Bei weitem häufiger war die Beziehung von *en* auf das Innere eines Gegenstandes, und zwar drückte *en,* wie schon das Lateinische *in,* entweder die Ruhe am Orte oder die Bewegung nach demselben aus. In beiden Bedeutungen konnte *en* auf die Zeit und auf abstrakte Begriffe übertragen werden.

Ein merkwürdiger Gebrauch der Präposition *en* liegt vor in dem altfranzösischen *aler en messagier*, in dem neufranzösischen *parler en ami*. Eberhard Nestle weist im Neuen Correspondenzblatt für die Gelehrten- und Realschulen Württembergs 1904, S. 219, diesen Gebrauch schon bei Augustin nach: *dicimus «sedet in amicum» i. e. velut amicus* Civ. Dei 20, 19. Schon Pott (Über Lex Salica S. 153) erinnerte bei diesem Gebrauch an *in bovem* (= *in modum bovis*) *mugire*. Auch sei auf Meyer-Lübkes Gr. III, 438 und besonders auf Ebeling im Jahresber. V, 203 verwiesen.

Zu den zeitlichen Anwendungen gehört die Verbindung von *en* mit dem Gerundium: *en chantant* lat. IN CANTANDO. Im Mittelalter wechselte *en* hauptsächlich mit *dedenz (en la vile, dedenz la vile)*, welches das Innere stärker betont und in Gegensatz zu dem Äussern stellt. *denz* hingegen war bis in die Mitte des 16. Jahrhunderts hinein ganz ungebräuchlich; die wenigen Beispiele, welche die Existenz dieses Wortes im Altfranzösischen bezeugen, sind zum Teil nicht einmal sicher. Nach Darmesteters Beobachtungen, denen ich hier folge, finden sich erst bei Mellin de Saint-Gelais vier Beispiele für den präpositionalen Gebrauch von *dans (dans le feu, dans le coeur, dans vostre maison, dans vostre mesnaige)* und bei Ronsard ist *dans* schon ganz gewöhnlich. Dieses *dans* ist wahrscheinlich aus dem ältern *dedans* gebildet nach dem Muster *sous: dessous* und besonders nach *hors: dehors;* doch hat sicher auch das *dins* der Provenzalen an dem Aufkommen von *dans* im Süden mitgewirkt. Es tritt vor allem da ein, wo *en* unbeliebt wurde, nämlich an Stelle der kontrahierten Formen *ou* (früher *el* aus *en le*) und *es* (aus *en les*); dann aber wurde der Gebrauch von *dans* überhaupt auf die Fälle ausgedehnt, wo das Substantiv durch den Artikel, ein Possessivum oder ein Demonstrativum determiniert war. *en* hielt sich besonders vor nichtdeterminierten Begriffen. *en les* ist ganz unüblich, *en le* nur vor Vokal gebraucht *(en l'état)* wo auch das Altfranzösische der unkontrahierten Form den Vorzug gab, und nur *en la,* da in dieser Verbindung eine Kontraktion unmöglich war, hat sich eine Zeit lang im Gebrauch erhalten, während ihm gegenwärtig eine archaische Färbung anhaftet. Daneben aber sind *ou* und *es* auch durch *au* und *aux* vertreten worden, z. B. in *au nombre de, au nom de, au lieu de* wofür man im 16. Jahrhundert noch *ou nombre de, ou nom de, ou lieu de* sagen konnte. Dagegen ist *en* in *en lieu de,* und selbst in *en mon nom, en cet endroit* üblich geblieben. Auch vor Städtenamen wurde *en* durch *à* ersetzt; doch findet man *en Alger* (Molière), *en Avignon.* Vor Ländernamen ist *en* stets im Gebrauche geblieben.

ou ist ganz verschwunden, *ès* noch in einigen stehenden Verbindungen (*ès lettres, ès lois*) erhalten geblieben. *dedans* ist als Präposition völlig von *dans* verdrängt worden (doch sagt noch Molière *dedans ma poche* u. s. w.), das in derselben Weise wie das ältere *dedans* das Innere des Begriffs stark betont (*dans la ville, en ville*) und bei der Angabe eines Zeitraums (*dans huit jours*) diesen als gerade verflossen bezeichnet. Die ältere Sprache gebrauchte auch in diesem Sinne *en* (*en huit jours*).

Die Präposition *pro* wird in Italien, Rumänien und Südfrankreich durch *per* vertreten, sogar in Zusammensetzungen z. B. *pervezer* PROVIDERE. Dieser Gebrauch rührt wohl sicher aus dem Umbrischen her, welches *pro* nur in lokaler Bedeutung, in übertragener aber *per* für das lat. *pro* anwandte (Sittl. Lokale Versch. S. 72).

Diese Andeutungen mögen genügen. Wir gehen auf die Funktionswandlungen der Adverbia und Konjunktionen hier nicht ein.

Neben dem dritten Teile von Diez' Gramm. und dem von Meyer-Lübkes Gramm. (angezeigt von Ebeling im Litteraturblatt 1902 Sp. 120 f.) ist als das Beste, was über die französische Syntax geschrieben ist, A. Toblers Werk zu nennen (vgl. S. 790 Anm.). Für das 16. Jahrhundert kommt auch hier das Werk von Darmesteter und Hatzfeld in Betracht: *Le seizième siècle en France.* — Wichtig sind ferner A. Darmesteters *Reliques scientifiques* II 177. — F. Bischoff, *Der Konjunktiv bei Chrestien*, Halle (1881). — O. Burgatzcky, *Das Imperfekt und Plusquamperfekt des Futurs*, 1886. — E. Weber, *Über den Gebrauch von devoir, laissier, pooir . . .*, 1879. — A. Haase, *Französische Syntax des XVII. Jahrhunderts*, Oppeln 1888 (auch in französischer Übersetzung erschienen, Paris 1898). — Jeanjaquet, *Recherches sur l'origine de la conjonction* «que», 1894. — Sechehaye, *L'imparfait du subjonctif et ses concurrents dans les hypothétiques normales en français* (Rom. Forschungen XIX, 321 f.). — Hilma Borelius, *Étude sur l'emploi des pronoms personnels sujets*, Lund 1902.

9. BEZIEHUNG, KONGRUENZ, GESCHLECHT.

Die Verbindung der Wörter zum Satz ist etwas anderes als gleichmässige Addierung, denn einige werden unter sich in engerer Verbindung gedacht als andere demselben Satze angehörige. Diese engeren Verbindungen, welche wir Beziehungen nennen, können Verschiebungen erleiden. So wurde früher ein Pronomen nicht von dem folgenden Infinitiv, sondern von der vorhergehenden Präposition abhängig gedacht (*pour lui prendre*), während in der neuen Sprache das Pronomen sich zunächst mit dem Infinitiv verbindet, und von der Präposition das Ganze (Pron. + Inf.) abhängt (*pour le prendre*). Die ältesten Belege für diese Beziehung des Pronomens zum Infinitiv tauchen gegen Ende des 13. Jahrhunderts auf (Tobler II, 85—86); doch blieb daneben der altfranzösische Gebrauch bis ins 16. Jahrhundert gestattet. Das Deutsche hat dieselbe Entwicklung durchgemacht: gegenwärtig sagt man «um Ihnen zu dienen», aber ursprünglich hiess es «um Sie zum Zwecke des Dienens».

83. Während gegenwärtig das einen Nebensatz einleitende *avant que* als Begriffseinheit empfunden wird, zog das Mittelalter *avant* zum Hauptsatz; *avant* brauchte damals dem *que* nicht unmittelbar vorauszugehen; tat es dies aber, so war es für das Sprachgefühl ein Adverbium des Hauptsatzes. Heute ist es mit *que* zu einer den Nebensatz einleitenden Konjunktion verschmolzen. Hier liegt also eine sprachliche Änderung vor, die nicht durch eine Lautänderung zum Ausdruck kommt wie in *pour le prendre* für *pour lui prendre*, die nicht einmal in veränderter Wortstellung zu bestehen braucht, wie in *il veut le doner* für *il le veut donner*, sondern nur in veränderter Beziehung der Wörter.

In Konstruktionen wie *il fait cher vivre à Paris* wurde ursprünglich *cher vivre* als ein Begriff empfunden: allmählich hat sich *cher* für das Sprachgefühl vom Infinitiv losgelöst, der sogar mit der Präposition *a* oder *de* zu belegen ist (Tobler I, 216).

Die Beziehung der Sätze unter einander kann sich dadurch verändern, dass zwei selbständige neben einander stehende Sätze für das Sprachgefühl in ein Verhältnis der Über- und Unterordnung treten, sodass der Übersetzer eine Konjunktion oder ein Relativum einschalten muss. Beispiele: *trop ai estat, mon bel Esper no vi* zu lange habe ich verweilt; ich habe mein schönes Hoffen nicht gesehn, d. h. seit ich mein schönes Hoffen gesehen habe. *ja may no finara, Frances aura trobatz* er wird nicht aufhören zu gehen; er wird die Franzosen gefunden haben, d. h.

bevor er die Franzosen gefunden hat. Französisch: *tant ont foui, le mireoir ont desterré* bis sie den Spiegel ausgegraben haben.

Wird in dem vorletzten Beispiel *si* eingeschaltet, das wir mit «bis» übersetzen (*si aura Fr. tr.*), so ergiebt sich doch die Bedeutung «bis» erst aus der Satzbeziehung, besonders aus dem Temporalverhältnis.

Für sekundär halte ich den Subjunktiv in *non crei piejer mortz sia*, nämlich durch die Einwirkung von *non crei que* mit dem Subj. herbeigeführt.

In Fällen wie *Una non sai, vas vos no si'aclina* und *Or n'a baron, ne li envoit son fil* will Diez *que* (nicht *qui*) supplieren; doch ist damit das Wesen des Vorgangs nicht aufgedeckt. Tobler (bei Bischoff S. 84) erblickt in dem subjunktivischen Satze einen ursprünglich selbständigen Satz und in dem Subjunktiv den Modus der Annahme (setzen wir, ein Baron sende ihm seinen Sohn nicht: einen solchen giebts nicht). Doch ist nach Diez III 382 die Konstruktion vielleicht auf Einfluss des Fränkischen zurückzuführen. (Meyer-Lübke bespricht die Frage III 581).

84. Die grammatische Kongruenz kann vernachlässigt werden zu Gunsten der logischen. So wird gegenwärtig *la plupart* mit einem Plural des Verbums gesetzt und im Altfranzösischen wurde ebenso der Singular *la gent* gewöhnlich mit einem Plural verbunden. Im Provenzalischen und im Altfranzösischen konnte man sagen *ieu mi tenc per pagatz* (neben *pagat*), *je me tien por paiez* (neben *paié*), weil das Participium die Bedeutung eines Prädikatsnomens hatte. Ähnliche Fälle aus dem Provenzalischen, die sich entsprechend im Altfranzösischen wiederfinden, sind *se clamar* mit dem Nominativ des Prädikatsnomens (*clamet se dolens*), *se faire* (*se vol far predicaire, se fan devinador*), *semblar* nicht nur in der Bedeutung von «scheinen», sondern auch in der von «gleich sein»; daher lehrt Ugo Faidit: *lo vocatius deu semblar lo nominatius.*

Das Subjekt eines Satzes kann trotz der Abhängigkeit von einer Präposition in den Nominativ gesetzt werden: *Des i qu'a trente chevalier S'erent alé esbaniier. Aprés son dos le siuent plus de chent cevalier. Li fel d'anemis li conselle la rage.*

85. Ähnlich dürfte auch der Geschlechtswandel mancher Substantiva zu beurteilen sein. Wenn von einem Mädchen gesagt wird: *une enfant*, so wird das wirkliche Geschlecht über das grammatische gestellt[1]. Das gleiche findet bei dem Plural *gens* statt, der eigentlich Femininum ist: *tous les braves gens, les gens sensés.* Die losere Verbindung mit *tous* und *sensés* gestattet diese Vernachlässigung des grammatischen Geschlechts, während sich das Sprachgefühl bei der engeren Verbindung, in welcher eine spezifisch weibliche Adjektivform *gens* unmittelbar vorhergeht (*les bonnes gens*), gegen die Vernachlässigung des grammatischen Geschlechts sträubt.

Ähnlich zu beurteilen ist im Provenzalischen *quasqus persona; lo gaita* der Wächter, urspr. *la gaita* die Wache (*gaita* kommt von dem deutschen «Wacht»); *un enseigne, un trompette*, afrz. *un prison* ein Gefangener, prov. *lo* (neben *la*) *poestat.* Das französische *un petit chose* erklärt sich aus der unserm *Dingsda* ähnlichen Verwendung von *chose.*

Nicht jeder Genuswandel ist in dieser Weise motiviert; allein ich glaube, dass dabei stets die Veränderung der Kongruenz das Wesentliche ist, und dass am Begriff kaum eine Änderung vorgeht. Daher glaube ich

---

[1] Ich habe keine Beispiele des weiblichen *enfant* aus dem Mittelalter. *hoir* (*droite hoirs* bei Joinville) ist wohl commune wie das lateinische HAERES; doch wird im Ch. II esp. 11987 *drois hoirs* von einer Dame gesagt.

nicht, dass der Genuswandel im Romanischen als Unterart des Bedeutungswandels aufgefasst werden darf.

Der Genuswandel hat entweder eine lautliche oder eine begriffliche Ursache. In jenem Fall schliesst sich ein Wort in seinem Genus an solche Worte an, die ihm lautlich nahe stehn (besonders in den Endungen), in diesem an solche, die ihm begrifflich verwandt sind. Es kann aber auch beides zusammenwirken. Übrigens sind zahlreiche Fälle des Genuswandels noch unerklärt.

Wie alle romanischen Sprachen, so haben auch diejenigen Galliens das neutrale Substantivum aufgegeben und die meisten Neutra dem Maskulinum, einige, besonders Pluralformen, dem Femininum zugeführt. Der Prozess begann an den Neutra der lateinischen zweiten Deklination, die noch bei Bestehen der lateinischen Kasusformen ausser im Nominativ, Akkusativ und Vokativ (der beim Neutrum naturgemäss äusserst selten gebraucht wird) Plural übereinstimmten. TECTUS für TECTUM war eine Proportionsbildung, und musste die Übernahme der männlichen Kongruenz (TECTUS ALTUS) zur Folge haben. Der Grammatiker Curius Fortunatianus sagt im 3. Jahrhundert: *Romani vernacula plurima et neutra multa masculino genere potius enunciant.* Erst beträchtlich später folgten die Neutra der lateinischen dritten (MEDIUS TEMPUS bei Anthimus, 6. Jahrhundert). Die neutralen Plurale auf *a* wurden später um das Pluralzeichen *s* vermehrt und so zu Feminina, die vom Plural aus einen neuen Singular auf *a* bildeten (FOLIA Blätter, FOLIAS Blätter 6. Jahrhundert, FOLIA Blatt). Doch blieben eine Anzahl von Pluralen auf *a* ohne *s* bestehen (vgl. S. 839).

Lautliche Übereinstimmung hat Maskulina, die auf *é* lat. ATUM, besonders *té* lat. TATUM ausgingen, den Feminina auf *té* lat. TATEM angeglichen, daher *duché*, *évêché*, *comté* früher in beiden Genera auftraten, wovon noch *la Franche-Comté* als ein Rest geblieben ist. *parenté* PARENTATUM ist ganz zum Femininum geworden.

Da die Worte auf *on* meist männlich waren (ausgenommen die auf zweisilbiges *ion*), so sind *roion* REGIONEM im Altfranzösischen, *poison* POTIONEM, *soupçon* SUSPICIONEM, *frisson* FRICTIONEM, *poinçon* PUNCTIONEM (aber nicht *boisson*, *chanson* u. a.) im Neufranzösischen zu diesem Geschlecht übergetreten. Der Majorität der Worte auf *ain*, *in* schlossen sich *avertin* VERTIGINEM, *plantain* PLANTAGINEM, *provin* PROPAGINEM an; der Majorität der Worte auf *é* (ausser *-té*) *eé* AETATEM, das altfranzösisch männlich ist.

In anderen Fällen handelt es sich um seltenere Endungen, bei denen Maskulina und Feminina einander Konkurrenz machten. *malice* hat sich wohl nach *vice* gerichtet, wenn es im Altfranzösischen männlich vorkommt; *piège* PEDICAM nach *siège*, *manège*. *image*, früher auch männlich, nach *voyage*, *âge* u. s. w.; *étude* (afrz. männlich) f. wegen *habitude*. Ganz im allgemeinen neigen auf dumpfes *e* (prov. *a*) ausgehende Worte zum weiblichen, Oxytona zum männlichen Geschlecht. Daher sind im Altfranzösischen und Provenzalischen sogar Worte wie *pape*, *profete* zuweilen Feminina.

Doch fehlt es nicht an widersprechenden Fällen wie afrz. *une* (neben *un*) *ost* HOSTEM, *un couple* COPULAM.

Fälle von begrifflicher Beeinflussung sind *été* AESTATEM, männlich geworden, weil die übrigen Jahreszeiten männlich benannt waren; *minuit* m. wegen *midi; val* m. wegen *mont* (aber in Eigennamen noch *Laval*, *Val Sevree* im Rol.); *font* w. wegen *fontaine; aigle* AQUILAM m. wegen *oiseau; brebis* VERVECEM f. wegen *ovis; sort* m. (früher f.) wegen *bonheur; art* m. (früher f.) wegen *métier*. MARE prov. *mar* frz. *mer* f. wegen *terra*. Der

Einfluss des got. *marei* ist unwahrscheinlich, da MARE auch in Rumänien und Spanien weiblich ist (in Spanien und Provence daneben m.). Dagegen dürfte bei dem auf Galliens Boden weiblich gewordenen SORICEM in prov. *soritz* frz. *souris* Einfluss des deutschen *Maus* vorliegen.

Wenn die Bäume im Romanischen männlich geworden sind, so kann Verschiedenes zusammengewirkt haben. Die lateinische Endung *-us* (*pinus*, *fraxinus*) musste ihren Übertritt zum Maskulinum befördern. Vielleicht aber waren die Bäume in der Volkssprache von Alters her männlichen Geschlechts, da sie schon im Altlateinischen als Maskulina auftreten. Auch ARBOR findet sich im Altfranzösischen nur selten noch mit seinem lateinischen Genus.

Die Abstrakta auf OR, welche Eigenschaften bezeichnen, sind im Romanischen vorwiegend weiblich geworden: CALOR, DOLOR, HONOR u. a.; auch FLOS hat sich angeschlossen. Hierbei wird vor allem in Rechnung zu ziehen sein, dass Abstrakta vorwiegend weiblich benannt waren (-TAS, -TUS, -TUDO, -TIO, -ITIA, -IA, -URA) und dass besonders die Endung -URA in spätlateinischer Zeit mehrfach der Endung -OR Konkurrenz machte (FRIGDOR FRIGDURA, RANCOR RANCURA, PAVOR it. *paura*). Dass hier germanischer Einfluss vorliegt, wie kürzlich vermutet wurde, ist wegen der grossen Ausdehnung des Genuswandels, der sich auch über Rumänien und Spanien erstreckt (oder früher erstreckte), nicht wahrscheinlich. Wenn HONOR und AMOR im Neufranzösischen ganz oder überwiegend männlich geworden sind, so liegt gelehrter Einfluss vor, der sich im 16. Jahrhundert auch bei andern Substantiven auf *eur* in gleicher Weise geltend machte.

Ein Schwanken zwischen der männlichen und weiblichen Form lag besonders nahe bei vokalisch anlautenden Substantiven, vor denen beide Artikel (der bestimmte und der unbestimmte) im Maskulinum und Femininum dieselbe Form bewahrten. Daher schwankten im 16. Jahrhundert *abîme absinthe affaire aide aise alarme anagramme énigme épigramme épisode épitaphe épithète espace hymne idole* u. a. (Gerade wie im Deutschen sind Lehnworte dem Genuswandel in erhöhtem Grade ausgesetzt). So schwanken noch jetzt *orge orgue œuvre apostume* u. a. und das Volk sagt *une grande incendie*, *une belle autel* (Revue de ling. 9, 166).

Eine Art partiellen Genuswandels tritt in der modernen Sprache ein, sobald ein vokalisch anlautendes Femininum mit dem Possessivum der Einzahl verbunden wird: in diesem Falle wird, offenbar zur Vermeidung des Hiatus, die männliche Form gesetzt, z. B. *mon âme*, *son indignité*. Die ältesten Beispiele dieser Vertauschung finden sich im Anfang des 13. Jahrhunderts in wallonischen und lothringischen Texten; erst später ist sie in die litterarische Sprache eingedrungen, die im 13. Jahrhundert noch das *a* von *ma* vor Vokalen zu apostrophieren pflegt (*m'ame*, *m'onor*). Rückstände des alten Gebrauches sind *m'amour* und *m'amie* (jetzt geschr. *ma mie*).

86. Wird ein Wort in seiner Kongruenz von s e i n e m begrifflichen Werte bestimmt, so kann man den Kongruenzwandel einen logischen nennen. Wird es von andern Worten bestimmt, mit denen es associativ verbunden ist (*parenté* weiblich wegen *plenté* jetzt *planté*, das früher weiblich war, *été* männlich wegen *hiver*), so dürfen wir ihn den associativen nennen. Eine dritte Art des Kongruenzwandels ist der assimilatorische: ein Wort richtet sich nach einem ihm in der Rede benachbarten Worte. Hierher gehört der von Tobler I, 238 erörterte Fall *il fut un des premiers qui s'arma*, wo der Relativsatz auf *un* statt auf den Plural *des premiers* bezogen ist. Ferner das alte *es tu ço ki paroles?* Büch. d. Kön. 95 und heutiges

ce n'est pas moi qui suis le maître. Ein anderer Fall betrifft das ein Adjektivum bestimmende Adverb, das der Form des Adjektivums assimiliert wird. So liest man oft in den mittelalterlichen Urkunden *li devanz diz*, im Provenzalischen heisst es *miegz mortz*, im Altfranzösischen f. *demie morte*, *bons eürez* statt *boneürez*, *caviax menus recercelés* (kleingeringelt). Bei *tout* hat sich dieser Gebrauch noch jetzt vor dem weiblichen Adjektivum erhalten; er war im Mittelalter auch beim männlichen obligatorisch (*toz est mudez* im Alexius, mit der bei solchen Verstärkungen beliebten Wortstellung). So kann auch ein Adverbium der Quantität, welches *de* mit einem Substantivum nach sich hat, mit dem letzteren kongruieren, besonders im Provenzalischen: *tanta de vertut*, *en petita d'ora*, *tropas de razos*, *en breus de jorns*, doch auch afrz. *tans de max.*

Wie schon die angeführten Beispiele zeigen, kann die Wirkung der Assimilation eine progressive und eine regressive sein. Das letzte ist auch der Fall, wenn sich das Beziehungswort im Kasus nach dem folgenden Relativum richtet: *Si jure* (Renarz) *cil qui l'engendra Que Roonel ilec pendra;* jenes in *li vins encressiez . . . desplest mout a cui le boit*, Tobler I, S. 242, 245.

Auch in *le jour de la Sainte Jehan* und *le jour de la Sainte Nicholas* (bei Joinville, von De Wailly in *Saint* berichtigt) ist offenbar ein Fall der progressiven Assimilation zu erkennen.

Wilhelm Meyer aus Zürich, *Die Schicksale des lateinischen Neutrums im Romanischen*, Halle 1883. — E. Appel, *De genere neutro intereunte in lingua latina*, Erlangen 1883 (hierzu Wölfflins Archiv III, 161). — Darmesteter et Hatzfeld, *Seizième siècle*, S. 245 (hierzu Z. III, 291). — H. Sachs, *Geschlechtswechsel im Französischen*, 1886 (Göttinger Diss.). — K. Armbruster, *Geschlechtswandel im Französischen*, 1888 (Heidelberger Diss.).

10. AUSLASSUNG UND VERWANDTES.

Hinweglassung von Worten ist ein wichtiger sprachlicher Vorgang. Man nennt dieselbe Auslassung, wenn das Hinweggelassene in derselben Form oder in einer anderen Form kurz vorher ausgesprochen wurde.

87. Fälle der ersten Art sind: *tant fu biaus varlés que nus plus* (Tobler ergänzt: *ne fu biaus varlés*). *or fu liés, ainc ne fu si* (ergänze *liés*). Hierher gehört das moderne *c'est un grand trésor que la santé* sowie *que de* mit dem Infinitiv, der als logisches Subjekt gilt, in welchem Falle *de* einen altfranzösischen Gebrauch fortsetzt, der oben erwähnt wurde (S. 811).

Eine besondere Art der Auslassung ist die Doppelfunktion. Wenn ein Satzglied an der Grenze zweier Sätze stehend beiden angehört, so nennt man dies σχῆμα ἀπὸ κοινοῦ (Tobler I, 137), z. B. *Des treis filles ot non l'ainznee Andromacha fu appelee* oder *Mes si vus plest que jeo vus die M'aventure vus cunterai.* Hier sollten *Andromacha* und *m'aventure* zweimal gesetzt werden; statt dessen genügt der einmalige Ausdruck. Eine andere Art der Doppelfunktion (Tobler I, 218) zeigt der Gebrauch der Präpositionen. So liest man in einem provenzalischen Text für *per servir dieu per obra: per obra dieu servir* und in französischen: *«Prent de chel fruit!» et il dist «non». Dou fruit prendre ne s'enhardist* für *Dou prendre dou fruit* und *Prist a sa porte criër* für *a criër a sa porte* Adgars Theoph. 176. Die Erscheinung kann als Zusammenlegung (vgl. S. 747) aufgefasst werden.

Fälle der zweiten Art: *il fist que sages* erg. *fait, il dist que cortois* erg. *dit.* Da das ausgelassene Präsens von allgemeiner Gültigkeit ist, ist selbst in *il fait que sages* das ausgelassene *fait* mit dem gesetzten nicht ganz gleichartig.

Ferner *cil nos faut qui nous devoit Maintenir et toz jours avoit* erg. *maintenu. Fabloié as or longuement et moi* (erg. *as*) *ledangié durement.*

Auch den Fall, dass eine Form von *habere* hinter einer Form von *esse* ausgelassen wird und umgekehrt, möchte ich hierherziehen: die beiden Verba standen als umschreibende Hülfsverba in so enger Verbindung, dass die Ähnlichkeit ihrer Funktion die Verschiedenheit ihrer Anwendung konnte vergessen lassen. Vgl. Rou I S. 212 *Des baruns del païs li sunt plusur failli, Serement e fiance trespassé e menti.*

Unmittelbar vor den Dativen *li* und *lor* (in spätern Texten *lui* und *leur*) werden die Akkusative *le, la, les* gewöhnlich unterdrückt, obwohl es auch für *le li, la li, les li, le lor, la lor, les lor* nicht an Belegen fehlt vgl. Ebering, Auberee, zu 655. Jene Unterdrückung, die noch das 15. und vereinzelt noch das 17. Jahrhundert kennt, führt Tobler auf eine Abneigung der Sprache gegen eine Häufung unbetonter Pronomina zurück: man sagte lieber *gardez ne me celer* oder *gardez ne le celer* als *gardez nel me celer*, und sagt noch jetzt lieber *croyez-le* oder *croyez-moi* als *croyez-le-moi.*

Aus dem Akkusativ *le* ist ein Dativ *li* zu ergänzen, und umgekehrt: *Chascuns l'ama et* (erg. *li*) *porta fei;* aus dem Akkusativ *que* ein Nominativ *qui* in folgendem Beispiel: *le conte que j'ai ci empris, et* (erg. *qui*) *par moi est en rime mis* (im Anfang der Manekine).

Auch ganze Sätze können aus dem Zusammenhang ergänzt werden; so im Altfranzösischen besonders bei *ja* oder *ja tant: Ira lo frain querre, ja'n iert en si estrange terre,* wo *que nel voist querre* sich aus dem Zusammenhang ergiebt (Tobler I, S. 132).

88. Besteht das Hinweggelassene in Worten, die nicht kurz vorher ausgesprochen waren, sondern wegen ihres allgemeinen Begriffsinhaltes für die Rede entbehrlich schienen, so ist vielleicht besser von Unterdrückung zu reden. Am häufigsten werden Formen des Verbums *esse* unterdrückt. *Mes orent tes qu'a deviser* steht für *que mes sont a d.* «sie hatten solche Gerichte wie Gerichte nach Verfügung sind» (Tobler). *Pres iere que nuis* erg. *est* «es war nahezu was Nacht ist». *Il vindrent pres qu'enmi la mer* erg. *est.* Wie es nach diesen Beispielen scheint, ist die Auslassung einer Form von *esse* auch auf solche Sätze ausgedehnt worden, in denen ein anderes Verbum stand. Heute ist *presque* zu einem Worte erstarrt, bei dem von Ellipse nichts mehr empfunden wird. Ähnlich ist *tresqu'a* im Altfranzösischen in die Bedeutung «bis» übergegangen; die Entstehung dieser Bedeutung lassen noch Stellen erkennen wie *Le cors li trenchet tres l'un costet qu'a l'altre* erg. *est.* Auch liegt eine Verkürzung vor in *au congié deu e a sa mere* Rom. VI, 39 sowie in *par le commandement le roi et par les barons de la terre* (Manekine) statt *au congié de sa mere, par le commandement des barons.*

Ein Pronomen (*celui* im Sinne des Genetivs) ist zu ergänzen in *La nuit sunt al chastel* (desjenigen) *venu qui guerreiout Meriadu* MFce Guig. 863.

89. Besteht das Hinweggelassene in Worten engeren Begriffsinhaltes, ohne die der Satz nicht nur grammatisch, sondern auch begrifflich unvollständig bleibt, so reden wir von Verschweigung (Aposiopese). So sagen wir im Deutschen: *die Milch ist alle* und verschweigen das Wort

verbraucht. Im Französischen möchte ich *Nous sommes bien* «wir haben einen guten Sitz» aus Verschweigen von *placé* erklären. Besonders gern werden von Alters her indirekte Fragen unvollständig gelassen: *ne l'ot de coi nourir*, wobei *peüst*, *ne set que faire*, wobei *doie* verschwiegen sein dürfte. Auch einige Bedeutungsentwicklungen der Modalverba, von denen Ernst Weber gehandelt hat, glaube ich daraus herleiten zu sollen, dass ein Infinitiv verschwiegen ist: *la lance ne pot en l'abitacle* (Aiol) ergänze: Raum finden; *en vouloir à q.* ergänze: Schaden zufügen; daher die Bedeutung: auf j. böse sein.

Die Anwendung des Kondizionals als Ausdruck unsicherer Behauptungen oder bescheidener Wünsche *(ie voudrais)* führt Burgatzcky, gewiss richtig, auf eine Kondizionalperiode zurück, deren bedingendes Glied (*se jo poeie* oder ähnlich) im 12. Jahrhundert sich noch manchmal ausgedrückt findet.

90. Das Gegenteil der Auslassung ist die Wiederholung. Die Wiederholung von *que* nach einem Zwischensatze war im Altfranzösischen und Provenzalischen gleich beliebt. Z. B. *Et es dregz qu'ab aital fe, cum ilh compra, qu'ieu li venda*, vgl. Tobler II, 29. Anm. Auch die heutige Doppelsetzung des verallgemeinernden *que* in *en quel lieu que ce soit* (wie noch Molière sagte, jetzt *en quelque lieu que*) darf vielleicht hier erwähnt werden. Das Altfranzösische konnte neben *en quel lieu* auch *en quel que lieu* sagen, was in unvollendetem Satze notwendig war (daher das heutige *quelque*). Aus der Verschmelzung der beiden Ausdrucksweisen ist dann *quelque . . que* entstanden. Vgl. Tobler II, 27; Meyer-Lübke III, 686.

91. Verwandt mit der Auslassung ist auch die Stellvertretung oder Setzung eines allgemeinen Begriffs an Stelle eines bestimmten, der vorhergegangen ist oder sich aus dem Zusammenhang oder aus der Situation ergiebt. Solche Worte, welche Nomina vertreten, werden bekanntlich Pronomina genannt. Analog kann man von einem proverbalen Gebrauch von *faire* reden, da dieses allgemeinste Tätigkeitswort jedes vorhergegangene und noch im Gedächtnis lebendige Verbum vertreten kann. Dabei tritt *faire* in die in den Zusammenhang passende Konjugationsform des vertretenen Verbums und übernimmt ganz dessen Konstruktion (verbum vicarium), gerade wie das Pronomen in die Kasusform und Konstruktion des vertretenen Nomens einrückt. Diez III, 415.

II. SYNTAKTISCHE KREUZUNG.

Wenn mehrere synonyme Phrasen gleichzeitig im Bewusstsein erscheinen, so kann eine Phrase hervorgebracht werden, die sich aus Elementen dieser verschiedenen Phrasen zusammensetzt. Hier liegt also etwas der Kreuzung Entsprechendes auf syntaktischem Gebiete vor. Hierher glaube ich folgende Fälle rechnen zu dürfen. *Souvenir* war im Altfranzösischen ein unpersönliches Verbum, welches bedeutete «in der Erinnerung aufsteigen». Im Neufranzösischen ist es zu einem persönlichen geworden, indem man die Konstruktion von *rappeler* auf *souvenir* übertrug. Noch Malherbe gebraucht *souvenir* vorwiegend in unpersönlicher Form; seit Racine überwiegt die persönliche Konstruktion.

92. In *de ce n'estuet cuidier* Bischoff S. 58 hat *cuidier* offenbar die Rektion des synonymen *douter* übernommen.

In *Je suis blessé pour jusqu'au tombeau* (Diderot) ist *pour toujours* mit *jusqu'au tombeau* kombiniert.

Das Provenzalische und Altfranzösische vermochten eine Anzahl Substantiva gleich den Adjektiva zu steigern, nicht nur durch *plus*, wofür Diez Gr. 2, 64. 3, 16 Beispiele giebt, sondern auch durch *si*, *tant*, *mout*, *bien*, z. B. *si mestre* Perc. 33800, *si pecheriz* Wace Conc. 51, *tant prud e bacheler* Garniers Thom., *un mout (bien) prodom* Zeitschr. f. öst. Gymn. 1873 S. 153. Wie *bacheler* in dem erwähnten Beispiele, so wird auch *virgene* (*si virgene et si pure* Z. I, 254) und *baron* N. Sg. *ber* (= mannhaft, vgl. *li empereres en est e ber e riches* Rol., *al rey baron* im Alexanderbruchstück) Adjektiven gleich behandelt. Die Steigerungen mit *plus* wie *les plus nouvelles que vous ouystes oncques* Jean de Paris S. 62 können heute nicht mehr gesagt werden; doch hat sich das alte *la plus part* bis heute erhalten (*la plupart*) und Steigerungen wie *tant homme de bien*, *les plus gens de bien*, *si femme de bien* sind auch modernen Schriftstellern noch geläufig.

In anderer Weise ist eine bestimmte Verwendung der Präposition *pour* umgestaltet worden. Früher sagte man: *ja ne me releverai sus De ci por force que je aie.* «Ich werde mich nicht von hier aus erheben wegen irgend welcher Stärke, die ich besitzen mag»; hieraus hat sich sodann die Bedeutung entwickelt: «trotz irgend welcher Stärke, die ich besitzen mag», und da man auch sagen konnte *si fort que je sois*, ist durch Kreuzung mit dieser Wendung ein *pour fort que je sois* üblich geworden. Vgl. Tobler II, 26.

Wenn im Französischen das Perfektum der Reflexiva mit *être* gebildet wird, so liegt hierbei nach Tobler eine Verschmelzung des aktiven reflexiven Perfekts mit dem passiven Perfekt vor: aus *jo m'ai lavé* und *jo sui lavez* — beides wurde im Mittelalter in gleichem Sinne gesagt — hat sich *jo me sui lavez* (nicht *lavé* im Altfranzösischen) entwickelt. Der älteste Beleg für diese Verschmelzung ist eine Stelle des Jonasbruchstücks (*quant il se erent convers*). Das Provenzalische und Italienische haben dieselbe Verschmelzung vorgenommen.

Die Anwendung der halben Negation nach den Verba des Fürchtens hat seinen Grund darin, dass ein Gedanke an das, was man hofft, die Befürchtung kreuzt.

Ähnlich erklärt sich die Anwendung der Negation (die übrigens noch im 17. Jahrhundert auch fehlen durfte) hinter dem Komparativ in dem mit *que* eingeleiteten Satze. Dieser Satz mit *que* giebt das Mass für den Hauptsatz an, wie auch das deutsche *als*, das ursprünglich «so» bedeutet, und vielleicht das lateinische *quam* (Relativ, auf welches *tam* antwortet) zeigen können. Der als Mass benutzte Begriff besitzt die verglichene Eigenschaft nicht in solchem Grade wie der gemessene, und die Einwirkung dieses Gedankens hat in den Nebensatz die Negation eingeführt.

Früher war es erlaubt, auf das komparative *que* einen mit *que* eingeleiteten Subjektssatz oder Objektssatz folgen zu lassen. Gegenwärtig ist dieses nur erlaubt, wenn von dem verkürzten Masssatz wenigstens die Negation ausgesprochen wird: *Il vaut mieux tuer le diable que non pas que le diable nous tue*, eine Wendung, die echt französisch ist und von der Littré bedauert, dass sie allmählich im Gebrauche zurücktritt.

Eine Verschmelzung zweier Konstruktionen nimmt Burgatzcky wohl mit Recht an in der Wendung *maneçoient les Haynuiers que d'yaus venir tous ardoir* (Froissart), wo mit *que* begonnen wird als ob ein vollständiger Konjunktionalsatz folgen sollte, dann aber statt dessen *de* mit dem Infinitiv gesetzt wird. Dieser Fall erinnert schon stark an das Anakoluth, das der Kreuzung verwandt ist: zwei verschiedene Satzkonstruktionen werden so mit einander verbunden, dass der in der einen Konstruktion begonnene Satz in der anderen vollendet wird. So nimmt oft ein von einem Ausdruck des Wollens abhängiger Objektssatz mit *que* im weiteren Verlaufe die Gestalt der direkten Aufforderung an (Tobler I, 27), z. B. *Je te requier qu'en guerredon d'un de ces cierges me fai don* oder *garde que tu n'en menger.* Ich erwähne aus der heutigen Sprache die Wendung: *N'est-ce pas que voilà qui est édifiant?*

12. WORT- UND SATZSTELLUNG.

So stark wie im Französischen sind die Freiheiten der lateinischen Wortstellung in keiner romanischen Sprache eingeschränkt worden; doch ist dies nur allmählich geschehen, und das Altfranzösische, das durch seine Deklination das Subjekt vom Objekt zu unterscheiden fähig war, besass noch bedeutende Reste der alten Freiheiten.

93. So war die Inversion des Subjekts im Mittelalter viel ausgedehnter und strenger als heute und war im Laufe der sprachlichen Entwickelung in steter Abnahme begriffen.

Im allgemeinen wird das Subjekt des eingeleiteten Satzes invertiert, das des uneingeleiteten nur aus besonderer Veranlassung, nämlich in der Satzfrage, oder zur Hervorhebung des Verbums, z. B. *Plurent Franceis; Muntet li reis en sun cheval curant.* Regelmässig tritt im Roland diese Art der Inversion bei den Verba *dicendi* ein. Im Französischen ist sie bereits im 13. Jahrhundert ausser Gebrauch gekommen; im Provenzalischen hat sie sich bis ins 14. Jahrhundert erhalten.

Die Stellung *Subjekt Verbum Objekt* war noch bei Bestehen der Flexion im Französischen und Provenzalischen die vorherrschende, um so mehr nach dem Untergange der Deklination. Daneben wurde das direkte Objekt bis ins 15. Jahrhundert gar nicht selten und gelegentlich noch im 16. Jahrhundert dem Verbum vorausgeschickt, ohne dass es nötig war, dasselbe wie heute durch *le* wieder aufzunehmen. Bis ins 13. Jahrhundert trat bei vorausgeschicktem Objekt fast regelmässig Inversion des Subjekts ein. Das Neuprovenzalische ist an die Formel *Subjekt Verbum Objekt* ebenso fest gebunden als das Neufranzösische.

Das unbetonte Pronomen als Objekt konnte dem Verbum finitum unmittelbar nachfolgen und musste dies, wenn das Verbum den Satz eröffnete; doch durfte das Verbum nicht negiert sein, und es mussten dann zugleich alle accentlosen Komplemente hinter dem Verbum stehen. Dieser Brauch fing schon im 13. Jahrhundert an selten zu werden; Aucassin kennt ihn nicht mehr.

Die Sprache vermied es, den Satz mit dem unbetonten Pronominalobjekte zu beginnen und stellte lieber dieses hinter das Verb, wie so eben gesagt wurde. Sie vermied eine Form der Hilfsverba *esse* und *habere* im Beginn des Satzes; daher *pris est, pris at, blanche at la barbe.* Stand das unbetonte Pronominalobjekt oder das Hilfsverb voran, so wurde der Satz durch das Subjektspronomen eröffnet.

War das Particip dem Hilfsverbum vorausgeschickt, so musste es stets unmittelbar vor ihm stehen. Zuweilen kommt diese Stellung noch im 16. Jahrhundert vor. Wie das Particip, so durfte auch der vorausgeschickte Infinitiv, und mit geringerer Strenge auch das vorausgeschickte Objekt, von dem Verbum höchstens durch unbetonte Proklitika getrennt sein. Nur das vorgestellte, nicht das nachgesetzte Subjektspronomen darf von dem Verbum getrennt werden (jenes noch bei Rabelais). Das letztere kann sogar das

Verbum von seinem abhängigen Enklitika trennen, der einzige Fall[1], wo diese Trennung möglich ist: *Poz tu me mener la?* Buch der Könige S. 115 *Fu il i?* Cligès 5214. Die Voranstellung der Enklitika in der Frage *(me conissiés vos?)* fehlt noch bei Christian und findet sich erst seit Bodels Nicolas.

Die Stellung der unbetonten Pronomina unter einander war im Altfranzösischen und Provenzalischen insofern von der in beiden Sprachen gegenwärtig üblichen verschieden, als man die Akkusative der dritten Person den Dativen der ersten und zweiten vorauszuschicken pflegte *(il le m'a dit)*. Auch *en* wurde in beiden Sprachen vor *i* gesetzt (für *i en* nur zwei verdächtige Beispiele aus Joinv. und eins aus Froiss. V. 15). In selbständiger Stellung erscheint *i* nur in *des i* «bis», das Meyer-Lübke (III, 282) mit *des ci* etymologisch zusammen wirft, während es vielmehr zu dem sp. pg. *desí* gehören dürfte. Inwieweit *i* auf IBI oder auf HIC beruht, ist mit Sicherheit nicht zu sagen.

Das Pronomen *o* HOC pflegt das Provenzalische den Dativen nachfolgen zu lassen: *m'o, li ho, lur o.* Auch kann es *lai* ILLAC wie *en* und *i* behandeln und zwischen Negation und Verbum stellen.

Der Infinitiv wurde im Französischen anfangs sogar mit Vorliebe dem Verbum finitum vorausgeschickt, doch wurde später die umgekehrte Stellung bevorzugt. Die letzten vereinzelten Beispiele des älteren Gebrauchs finden sich im Anfang des 16. Jahrhunderts.

Früher wurde das Verbum mit einem Infinitiv als Einheit betrachtet und nahm die Komplemente des Infinitivs zu sich, selbst wenn dieser eine Präposition oder ein Fragewort vor sich hatte: *ne l'ot de quoi norrir* statt *n'ot de quoi le norrir*, oder *que donner ne li avoit* Vie Greg. 123 statt *n'avoit que li donner.* Im Neufranzösischen muss das Pronomen vor dem Infinitiv stehen, und verharrt in der alten Stellung vor dem Verbum finitum nur wenn es das logische Subjekt des Infinitivs ist oder wenn der Infinitiv von einem der fünf Verba *voir entendre faire laisser sentir* als finitum regiert wird. Doch sagte noch das 17. Jahrhundert *il se va promener* u. dgl. Vgl. auch *Votre amour le vient d'outrager* in Racines Iph. III, 6, *Et lorsque sur le trône il s'est voulu placer* Théb. I, 3 (mit Anwendung von *être* wegen des Reflexivums). Das Provenzalische gestattet noch jetzt in grösserem Masse als das heutige Französisch das Pronominalobjekt des Infinitivs vor das Verbum finitum zu setzen, und auch die französische Poesie hat auf die alte Freiheit nicht völlig verzichtet.

In der Satzfrage befand sich das Altfranzösische in Übereinstimmung mit dem Deutschen und mit den übrigen romanischen Sprachen. Erst im Ende des 13. Jahrhunderts kam die Vorausschickung des nominalen Subjekts und seine Wiederaufnahme durch das Pronomen personale in Gebrauch, welche indessen erst im 16. Jahrhundert zur Alleinherrschaft gelangt ist. Das Provenzalische hat sich bis heute an dieser Neuerung nicht beteiligt.

In der Wortfrage wird gern ein Satzteil dem fragenden Wort vorausgeschickt: *ço ke deit? vostre terre qui defendra?* (Tobler I, 67.)

Im Nebensatz trat anfänglich das Verbum gern an das Ende; doch hat die Sprache vom 13. bis zum 16. Jahrhundert mehr und mehr auf diese Stellung verzichtet.

---

[1] Abgesehen von dem Fall, wo das verstärkende Adverb *par* unmittelbar vor dem Verbum steht: *mout vos par est bien avenu* (Dolopathos). Diese Stellung ist bekanntlich schon lateinisch: *Socrati per fuit familiaris*, sagt Gellius, was von Meyer-Lübke Gr. III, S. 528 mit Unrecht in Abrede gestellt wird.

Das Provenzalische liebt es ein Prädikatsnomen dem Relativum vorauszuschicken: *evesques que fon d'Aurenga, molher que fo d'en Peire.*

Wenn früher ein von einer Präposition abhängiges Substantivum von einem Infinitiv näher bestimmt wurde (so noch im 15. und vereinzelt im 16. Jahrhundert), so bezog die Sprache später die Präposition direkt zum Infinitiv und liess diesem das substantivische Objekt nachfolgen. Die jüngere Konstruktion findet sich im Roland und in der Reimpredigt nur durch Verszwang. War von der Präposition ein Pronomen abhängig, zu dem der Infinitiv gehörte, so stand das Pronomen ursprünglich in betonter Form, weil von der Präposition regiert, doch findet sich seit Ende des 13. Jahrhunderts vereinzelt die unbetonte Form des Pronomens (vgl. S. 814). Ein Schwanken zwischen betonter und unbetonter Form findet von Froissart bis zum 16. Jahrhundert statt. Wendungen wie *à tout faire, sans rien omettre, il gèle à pierre fendre, sans coup férir, pour ce faire* bewahren noch heute die altfranzösische Wortfolge.

Die unbetonte Form des Pronomens konnte in altfranzösischer Zeit nur hinter (nicht vor) dem Infinitiv stehen *(aler i, ferir le).* Diese Stellung fehlt noch im Roland und bei Christian; sie findet sich zuerst im Roman du Mont-saint-Michel (Tobler II, 83) und in den Büchern der Könige und ist auch den Provenzalen geläufig.

Ebenso durfte das unbetonte Pronomen nur hinter (nicht vor) dem Part. Pf. stehen. Dagegen durften bis ins 16. Jahrhundert *ici* und *là* dem Particip einer zusammengesetzten Verbalform vorantreten.

Das Adjektivum sinnlichen Begriffsinhaltes stand anfangs mit Vorliebe vor dem zugehörigen Substantiv (kaum noch bei Joinville). Dagegen konnten *aucun* und *nul* noch im 16. Jahrhundert dem Substantivum nachfolgen, was bei *aucun* noch jetzt möglich ist (bei *nul* nur mit Bedeutungswandel). Die damals häufige Nachstellung von *mien (tien, sien)* war wohl dem Italienischen nachgeahmt.

Eine an die Freiheit der lateinischen Wortstellung erinnernde Trennung des Adjektivums von dem zugehörigen Substantivum trifft man zuweilen in der provenzalischen Poesie, besonders bei Guiraut Riquier: *de la quinta parlar cobla; pus es ab lo rey escuzatz Franses.*

Auch in den Regeln der Satzstellung gewährt die Sprache nicht immer den gleichen Anblick. Früher wurde gern der einem Nebensatz untergeordnete Satz vor das den übergeordneten Nebensatz einleitende Wort gestellt (Tobler I, 127): *Il n'a si rice home en France, se tu vix sa fille avoir que tu ne l'aies* Auc. *Le mal, qu'il dit qui le possède* d. h. welches ihn nach seiner Aussage besitzt Mol. Ec. des fem. II, 6. *Nous verrons si c'est moi, que vous voudrez qui sorte* (der euerm Willen entsprechend hinausgehen soll) Mol. Mis. II, 5. (Näheres hierzu bei Meyer-Lübke III, 690.)

Die Poesie hat in der Wortstellung noch einige Freiheiten beibehalten, welche die Prosa aufgegeben hat. So ist ihr die Inversion eines mit *de* eingeleiteten adnominalen Ausdrucks bedingungsweise gestattet. Auch darf die Poesie beim Infinitiv die Negation wie beim Verbum finitum stellen *(ne l'aimer pas, ne l'aimer plus),* während die Prosa jetzt das Komplement der Negation vor den Infinitiv zu setzen pflegt *(ne le pas aimer* oder *ne pas l'aimer).*

Über die französische Wortstellung handeln Diez, *Gramm.* III, 446, Meyer-Lübke III, 760; Tobler in den Gött. Gel. Anz., 1875, 1057 und gelegentlich in seinen Vermischten Beiträgen. Eine grundlegende Arbeit war die Morfs, *Über die Wortstellung im altfranzösischen Rolandsliede,* in Böhmers Romanischen Studien III, 199. Untersucht sind ferner *Die ältesten Denkmäler* (durch Völcker,

1882), die *Quatre livre des rois* (durch Bartels, 1886), *Christian von Troyes* (*Chly.* durch Le Coultre, 1875), *Robert von Clari* (durch Raumair, 1884), *Aucassin und Nicolete* (durch Schlickum, 1882), *Die Prosa des XIII. Jahrhunderts* (durch Krüger, 1876), *Joinville* (durch Marx, 1881), *Chartier* und *Gerson* (durch Höpfner, 1883), *Froissart* (durch Ebering in Gröbers Z. V, 347), *Commines* (durch Tönnies, 1875), Die Sprache des XVI. Jahrhunderts (bei Darmesteter et Hatzfeld, *Le seizième siècle*, auch von Philippsthal, 1885, der auf S. 6—7 die Litteratur verzeichnet). Über die Wortstellung im Provenzalischen handelt Pape (Jena 1883).

13. ENTSTEHUNG VON FLEXIONSFORMEN.

Unter Sippe verstehe ich die Gesamtheit der Worte, welche dieselbe Wurzel enthalten; unter System alle Worte desselben Stammes, die ihrer Funktion nach zusammengehören (z. B. alle Formen eines bestimmten Verbums); unter Typus alle Worte verschiedener Stämme von identischer Funktion (z. B. alle ersten Personen des Sg. Prs. Ind.). Hergebrachter Weise sieht man ein System von Worten als System von Variationen (sog. Formen oder Flexionen) eines Wortes an.

94. Die Romanen haben zwar zahlreiche Flexionstypen eingebüsst, aber nur selten neue Typen geschaffen. Zu den untergegangenen gehört das lateinische Futurum, von dem nur spärliche Reste (ERO, in Italien FIAM) sich erhalten haben. Es ist daher aus den Mitteln des Romanischen der Typus neu hergestellt worden, und zwar durch Umschreibung, nämlich durch Verbindung des Infinitivs mit HABEO. Durch diese Umschreibung war das Romanische insofern dem Lateinischen überlegen, als sie auch die Bildung eines Imperfektum Futuri gestattete (aus dem Infinitiv und HABEBAM). Beispiele für diese Bildungen finden sich bereits bei Tertullian und schon in den von ihm zitierten Bibelstellen. Aus der Umschreibung erwuchs eine Zusammensetzung, indem der Infinitiv mit HABEO u. s. w. unter einem auf dem zweiten Elemente ruhenden Accente zusammengefasst wurde. Daher hat denn auch der Infinitiv als selbständiges Wort oft eine andere Lautform als in der Futurbildung z. B. *bevrai* neben *boivre* BIBERE, *ferai* neben *faire* FACERE, *verrai* neben *veoir* VIDERE. Die ältesten Belege der Zusammensetzung sind *daras* bei Fredegar und *salvarai* in den Eiden, und für das Imperfektum Futuri *sostendreiet* in der Eulalia und *dolreie* im Jonas. Auf die ehemalige Selbständigkeit der Kompositionselemente deutet noch ihre Trennbarkeit im Provenzalischen und in den Sprachen der pyrenäischen Halbinsel hin, z. B. prov. *desliurar los ai.*

Da die Singularformen und die 3. Pl. des Futurs am häufigsten gebraucht wurden, so übten sie auf die übrigen Formen einen Druck aus, und die letzteren wurden jenen dadurch angeglichen, dass sie die Silbe *av* verloren, daher prov. 1. Pl. *amar em*, 2. Pl. *amar etz.* Die gleiche Verkürzung trat in sämtlichen Formen des Impf. Fut. ein: prov. *amar ia* afrz. *amereie.* Der Vorgang erinnert an die incohative Flexion, die in den endungsbetonten Formen den schlichten Stamm (ohne ESC, ISC) anwendet.

Das Imperfektum Futuri wird gewöhnlich Kondizionale genannt, da es im bedingten Satze einzutreten pflegt; doch ist nach Burgatzckys scharfsinniger, wenn auch nicht völlig überzeugender Darlegung diese Verwendung des Tempus erst eine abgeleitete. Sie findet sich bereits im Jonasbruchstück; doch macht noch im 12. Jahrhundert der Subjunktiv des Imperfekts dem Kondizionale Konkurrenz. Für die irreale Bedingtheit vom Standpunkt der Vergangenheit besteht diese Konkurrenz noch heute (*j'eusse aimé* neben *j'aurais aimé)* und noch im 16. Jahrhundert wird z. B. von Larivey in diesem Falle der Subjunktiv des Plusquamperfekts ausschliesslich gebraucht.

Im Provenzalischen hat sich, wie bereits beim Funktionswandel erwähnt wurde, das lateinische Plusquamperfektum Ind. zu der Bedeutung des Kondizionale verschoben (*amera* AMAVERAM); doch ist die neugebildete Form *(amaria)* daneben im Gebrauch.

Da die Umschreibung nicht zur Formenbildung zu rechnen ist, so sind neue Typen weiter nicht gebildet worden. Dagegen wurden in vorhandenen Systemen oft genug einzelne Formen neu gebildet, sei es, dass die Systeme im Lateinischen unvollständig waren, sei es, dass einzelne Formen vollständiger Systeme durch beliebtere Konkurrenten verdrängt wurden.

Am häufigsten wurden die neuen Formen durch Proportionsbildung ins Leben gerufen. Unvollständige Systeme bildeten im Lateinischen die Deponentia, da ihnen das Perfektum fehlte, z. B. NASCOR MORIOR SEQUOR, Perf. prov. *nasquei mori seguei*, frz. *nasqui* (vgl. hierzu Herzog, Z. XXIV, 100) *mori siwi*, ebenso GAUDEO und TOLLO, denen das Provenzalische *(jauzi, tolc)* und Französische *(joï, tolui* oder *toli)* ein Perfekt gaben, während *soleo*, mit Beziehung des Präsens auch auf die Vergangenheit, in beiden Sprachen unvollständig blieb.

Zahlreiche Fälle von Proportionsbildung sind bereits im 4. Abschnitt besprochen worden. Hier seien nur noch zwei erwähnt, die wegen der ausnehmenden Klarheit und Energie ihrer Bildung Hervorhebung zu verdienen scheinen: zu dem biblischen Namen *Sanson* bildete man, nach dem Muster von Akk. *Buevon* N. *Bueves*, Akk. *Huon* N. *Hues*, einen N. *Sanses*, und zu dem N. *notaires* NOTARIUS, nach dem Muster von N. *chanteres* CANTATOR A. *chanteor* CANTATOREM, einen Akk. *noteor* (Bibl. de l'Ec. d. Ch. 1856, 467), woraus sich beiläufig ergiebt, dass man 1283 in Tonnerre die Endungen *eres* -ATOR und *aires* -ARIUS gleich, nämlich wie *ęres*, aussprach.

Ausserdem können Flexionsformen durch Adaptation und durch Entlehnung aus anderen Sprachen entspringen.

95. Adaptation ist die Einreihung einer Form in ein System, dem dieselbe ursprünglich nicht angehört. Lat. *amamini* ursprünglich N. Pl. m. des Part. Prs. Pass., *amavēre* nach Curtius Part. Pf. Act. wie *cadaver* Gefallenes. Ein Beispiel aus dem Provenzalischen scheint in *catz* Akk. *caton* (R. Vidal) vorzuliegen: jenes aus CATTUS lässt einen Akk. *cat*, dieses, auf -ONEM gebildet, einen N. *cat* erwarten.

Eine Art gegenseitiger Adaptation liegt bei der Verschmelzung zweier Systeme vor. Dabei büsst das eine System gerade diejenigen Formen ein, die von dem anderen erhalten bleiben, und die restierenden Formen beider Systeme ergänzen einander, wie Formen desselben Wortes *(sum es fui statum, Jupiter Jovis)*. Im Französischen sind in dieser Weise Formen von *aller* (AMBULARE) durch Formen von VADERE und IRE ergänzt worden. IRE lieferte das Futurum, VADO die stammbetonten Formen, *aller* die übrigen. Die gleiche Zusammenrückung (VADO VADIS VADIT AMBULAMUS AMBULATIS VADUNT) zeigen schon lateinische Texte des 8. Jahrhunderts (Et. W.).

Auch *laissier* (LAXARE) und *laier* (? LARGARE) waren ursprünglich vollständige Verba. Im 12. Jahrhundert kamen die Formen von *laier* ausser Gebrauch bis auf das Futurum *lairai* und das Impf. Fut. *lairoie*, welche im 13. Jahrhundert statt der entsprechenden Formen von *laissier* gebraucht werden. Noch Desportes kennt sie. (Andre Formen von *laier* hielten sich mundartlich; noch Froiasart kennt sie.)

Die Zusammenrückung des incohativen Präsens mit dem primitiven war in der Weise geschehen, dass von diesem die endungsbetonten Formen, von jenem die stammbetonten Formen übernommen wurden: FLORĒSCO FLORĒSCIS FLORĒSCIT FLORĒMUS FLORĒTIS FLORĒSCUNT, Subj. FLORĒSCAM -AS, -AT, FLOREĀMUS, -TIS, FLORĒSCANT, Imper. FLORĒSCE FLORĒTE, Part. Prs. FLORENTEM. Diesem Zustand, der im Italienischen und Rumänischen sowie in Bearnischen Mundarten erhalten blieb, kommt das Prov. noch sehr nahe, indem es nur in der 1. und 2. Pl. des Subj. Prs. an die Stelle der primitiven die incohativen Formen hat treten lassen, während das Frz., abgesehen von den Verba, welche die primitive Form durchführen, die incohative Bildung in allen präsentischen Formen und im Impf. Ind. anwendet.

96. Dass Flexionsformen aus anderen Sprachen entlehnt werden, ist ein seltener Fall, für den jedoch das Französische einige Belege bietet. Hierher gehören besonders die Perfektformen EVANUIT und SURREXIT oder RESURREXIT, von denen jene aus dem Sonntagsevangelium vom Gang nach Emmaüs, diese aus dem Worte des Engels am Grabe Christi oder aus dem Credo stammt. Beide Formen sind sodann zur Bildung zugehöriger Verbalformen benutzt worden, *evanuït* sogar zur Bildung eines vollständigen Systems, welches, da nur romanische Proportionen zu Grunde gelegt werden konnten, das *u* der lat. Perfektendung auch in den präsentischen Formen zeigt (Inf. *évanouir*). Anlehnungen an *évanouir* sind *épanouir* afrz. *espanir* und afrz. *(es-, em-) paloïr*. Vgl. Tobler im Jahrb. II, 103 Arch. CV, 193, dazu Z. VI, 436.

Im wesentlichen auf das Eindringen griechischer Formen führe ich zwei Flexionsweisen von Eigennamen zurück, die man früher aus germanischen Kasusendungen erklären wollte. Man sehe das einschlägige Material bei Hugo Schuchardt (in seinem Vok. I, 131 und in Kuhns Z. XXII, 186 f.), bei Gaston Paris (Rom. XXIII, 321) und Philipon (Rom. XXXI, 20) sowie Meyer-Lübkes Berichtigungen zu diesem (im Literaturbl. 1904 Sp. 206). Es handelt sich um eine Gruppe weiblicher und eine Gruppe männlicher Namen. Lassen wir dem Femininum den Vortritt.

Aus der Gruppe weiblicher Namen führe ich an N. *Eve* Akk. *Evain*, N. *Berte*, Akk. *Bertain*, und so verhalten sich als N. und Akk. *Polixene Polixenain*, *Marie Mariien*, *Aie Aiien*. Hierher gehört der Schwertname *Corte Cortain*. Einige Worte haben sich den Namen angeschlossen: *nonne* NONNA Akk. *nonnain*, *ante* AMITA Akk. *antain*, *baiasse* Dienerin Akk. *baiassain*, *pute* PUTIDA Akk. *putain*, *taie* Grossmutter Akk. *taiien*, *niece* NEPTIA Akk. *necien*. Neben solchen Formen kommen auch die gewöhnlichen im Akk. vor: *Eve Marie Berte nonne niece*.

Solche Namen treten nicht nur als Glied zusammengesetzter Ortsnamen auf: Adtanae villa *Attainville* (Seine-et-Oise), Curtis Blancanae *Comblanchien* (Côte d'or); auch die Namen selbst von Ortschaften und Bächen zeigen solche Flexion (Thomas, Rom. XXII, 489 f.): *Amance*, alter Akk. *Amancien* (Haute-Saône), *Oze* (lat. AUSA 754), Akk. *Hozain*, Bach (Aube). Merkwürdig ist: *qui tint la terre entre Muse et Musain*, Foucon S. 3. Im heutigen Französisch klingt die Abwandlung noch nach in *nonnain* (neben *nonne*), und in *putain*.

Sie ist auch ausserhalb des eigentlichen französischen Gebietes anzutreffen. Da provenzalische Belege selten sind, so führe ich hier aus der Handschrift B Bl. 78^c des Rechtsbuches lo Codi Buch VI Titel 104 den Akk. *amdan* Tante an. Aus dem Gascognischen sind nachgewiesen *sians* (Pl. zu *sia* Tante), die Akk. *Cauban Estevenan* zu Bordeaux; aus dem Mittelrhônischen *Katalinan*, *Berengeyrin*, beide vom Jahre 1275 aus dem Isèregau[1], wo auch

[1] Schon 1886 hier im Grundriss S. 658 beigebracht, was ich wegen einer Bemerkung in der Romania XXIII, 343 betone.

über der Isèrequelle der Col d'*Iseran* gelegen ist. Spuren finden sich auch im Rätischen, und das Rumänische bietet *mîni-ta* zu dem N. *ma-tă* deine Mutter.

Mit Unrecht bestreitet Philipon, dass diese Flexion ursprünglich auf Eigennamen beschränkt gewesen sei. Die Gattungswörter haben sich offenbar den Namen erst später angeschlossen. Auch im Deutschen folgen Verwandtschaftsbezeichnungen von Alters her der Analogie der Namen, indem nach dem Muster von Akk. *Karlen*, *Käthen* auch *Vatern*, schon ahd. *fateran*, und *Muttern*, ohne Artikel, gesagt wird.

Zu der Gruppe männlicher Namen gehörten im Altfranzösischen z. B. N. *Pierres* PETRUS Akk. *Perron*, *Estièvenes* STEPHANUS Akk. *Estevenon*, *Lazres* LAZARUS Akk. *Lazaron*, *Jákemes* IÁCŌBUS Akk. *Jakemon*.

Nun zur Erklärung. Ich gehe davon aus, dass griechische Akkusative im Latein oft als Wortstämme gefasst und zur Neubildung eines Genetivs und Dativs verwendet werden. So ist zu den Akk. BUXIDA, LAMPADA, SIRENA (N. BUXIS, LAMPAS, SIREN) ein Gen. Dat. BUXIDAE LAMPADAE SIRENAE gebildet worden, und zu den Akk. PHILEMATION ATHON ELPIN LAÏN (Neue, Formenlehre der lateinischen Sprache I^3, 1902, S. 477. 523) ein Genetiv PHILEMATIŌNIS ATHŌNIS ELPĪNIS LAĪNIS. Diese Flexion wurde so beliebt, dass man sie auf reinlateinische Wörter übertrug, z. B. VITALIS Gen. VITALĪNIS (Neue S. 523. 103) Akk. VITALIN. Endlich hat man dieser Flexion auch einen neuen Akkusativ gegeben: BUXIDAM LAMPADAM SIRENAM, ELPĪNEM LAĪNEM VITALĪNEM.

So bilden weibliche Vornamen auf Ē wie HÉBĒ aus dem Akk. HEBĒN einen Gen. HEBĒNIS einen Dativ HEBĒNI. Es ist bezeichnend, dass Neue diese Erweiterung durch betonte Endung nur im Genetiv und Dativ belegen kann (S. 103), während der zugehörige Akkusativ nur HÉBĒN lautet (Neue S. 80, vgl. auch Sievers in Ritschelii Acta soc. phil. Lips. II, 55 f. und Sniehotta in R. Försters Breslauer Phil. Abh. IX, 2 S. 27—28). Auf die Dauer ist freilich auch der Akkusativ der Erweiterung nicht entgangen: eine spätere Sprachstufe zeigt Formen wie HEBĒNEM. Auch hier übertrug man die zur Mode gewordene griechische Flexion auf reinlateinische Namen (Neue S. 75. 102): MARCIANĒ Gen. MARCIANĒNIS CIL XII, 2862 Akk. MARCIĀNĒN und schliesslich MARCIANĒNEM. Schliesslich wurde diese Flexion gleich auf die lateinischen A-Stämme gepfropft: MARCIĀNA Gen. MARCIANĀNIS. Der Akk. FORTUNATANEM, auf den zuerst Fritz Neumann aufmerksam gemacht hat, ist CIL III, 10233[1] in einer christlichen Inschrift aus Ungarn überliefert. In der Zeit der Merowinger und Karolinger gilt in Frankreich die Endung ANE (= lat. ANAE) als Casus obliquus überhaupt zu Namen auf A: also ANASTASIA ANASTASIANE, ANNA ANNANE, BERTA BERTANE (Fredegar), DIDA DIDANE, EVA EVANE, ELENA ELENANE, und diese Formen setzen sich in der erwähnten französischen Flexion einfach fort.

Analog werden die frz. männlichen Akkusative auf *on* zu erklären sein. Griechische Namen zeigen bei lateinischen Autoren oft den griechischen Akkusativ auf ON: z. B. PATROCLON bei Properz (Neue S. 204, Kühner S. 297—398. 320). Wenn nun Gregor von Tours MIRUS MIRONIS MIRONI MIRONEM, PONTIUS PONTIONIS u. s. w. flektiert, so dürfte dieses aus dem gräzisierenden Akk. auf ON zu erklären sein. Man konnte aus dem Akk. PÉTRON einen Gen. PETRONIS um so eher bilden, als PETRO PETRONIS als

[1] Mir von Herrn Professor Max Ihm mitgeteilt. Das Citat Meyer-Lübkes (oben S. 483) bedarf der Berichtigungen.

lateinischer Name vorhanden war. Auch hier wurde schliesslich ein Akk. PETRONEM geschaffen. Man vergleiche auch it. *lazzarone* mit *Lazarus*.

Merkwürdig ist nun, dass sich wie die erwähnten biblischen Namen PETRUS STEPHANUS LAZARUS IACOBUS auch eine Anzahl germanischer Namen verhalten: *Charles* KAROLUS Akk. *Charlon*, *Hues* HUGO Akk. *Huon*, *Otes* OTTO Akk. *Oton*, *Folkes* FULKO Akk. *Folcon*, *Guenes* aus *Guéneles* WÉNILO Akk. *Guenelon*, *Namles* NAMALO Akk. *Namlon*. Der N. solcher Namen zeigt im Mittelrhônischen die Endung os: *Hugos* (Akk. *Hugon*), *Guigos* (Akk. *Guigon*), wie *Pieros* Akk. *Peron*, *Jacquemos* Akk. *Jacquemon*. Im Französischen finden sich neben den Akk. auf *on* auch solche auf *e*: *Pierre Charle* (von PETRUM KAROLUM).

Am auffallendsten ist hierbei die Erhaltung der Nominativendung: man erwartet einsilbige Formen statt *Hues* mrh. *Hugos*, *Guigues* mrh. *Guigos*, *Otes*, *Folkes* (doch vgl. prov. *Uc*, frz. *Guis* von WIDO). Sollte hierbei der Einfluss der germanischen Nominative im Spiel gewesen sein? Denn für die Akkusative halte ich, trotz Philipon, am germanischen Einfluss fest, indem *Huón* gerade so gut aus HÚGON entstehen konnte wie *flaón*, *bacón* aus germ. FLÁDON, BÁCHON.

14. WORTBILDUNG, ENTLEHNUNG.

Neun sprachliche Vorgänge sind es, durch welche der Wortschatz vermehrt wird: a) Bedeutungswandel (Isolierung), b) Accentspaltung, c) Disaptation, d) Zusammensetzung, e) Proportionsbildung, f) Urschöpfung, g) Übergang von Eigennamen in Gattungsnamen, h) Aufnahmen aus der Kindersprache, i) Entlehnung.

a) Bedeutungswandel.

97. Zwei Bedeutungen eines und desselben Wortes können sich so weit von einander entfernen, dass dem Sprachgefühl in den beiden Funktionen des Wortes zwei selbständige Wörter erscheinen. Aus diesem Grunde gehen *penser* und *panser*, *conter* und *compter*, *dessin* und *dessein* in der Schreibung aus einander. Von zwei Formen gleicher Bedeutung kann die eine in besonderer Funktion gebraucht und dadurch aus dem Flexionssystem, dem sie angehörte, herausgelöst (isoliert) werden: *savant*, ursprünglich mit *sachant* gleichbedeutend, ist später nur noch Adjektivum. *amant*, ursprünglich Particip des Präsens von *amare*, ist zum Substantivum geworden, das Particip *pendant* daneben zur Präposition. Ebenso sind *plaisir*, *loisir* nicht mehr als Infinitive, sondern nur noch als Substantiva verwendbar.

b) Accentspaltung.

98. Bei starker Betonung machen die Laute eines Wortes oft eine andere Entwicklung durch als bei schwacher.

Am bekanntesten sind die Fälle, wo Pronominalformen sich unter dem Einfluss des Accentes gespalten haben wie frz. *moi* lat. MÉ und *me* lat. ME (ohne Accent), prov. *meu* frz. *mien* von MÉUM, aber prov. *mo(n)* frz. *mon* von MEÙM, indem zweisilbige Worte bei schwacher Betonung einen Accent auf die Endung nehmen (grch. τινός, dtsch. *mo* aus *imó*). So hat sich ILLE in ÍLLE und ILLÈ prov. *el* und *le*, ILLIC in ÍLLIC und ILLÌC frz. *il* und *li* gespalten, ILLAM in ÍLLAM und ILLÀM prov. *ela* frz. *ele* und prov. frz. *la* u. s. w. Die schweren NOSTRUM VOSTRUM haben weder im Altfranzösischen noch im

Provenzalischen eine schwach betonte Form, wohl aber im Mittelrhônischen (betont *nóstro vóstro*, unbetont *nostrón vostrón*).

Gattungsnamen, die einen Eigennamen charakterisieren sollen, werden vor diesem leicht abgeschwächt. Vielleicht erklärt sich daraus das altfranzösische *cil* neben *cité* vgl. CITA 539 Wölfflins Archiv II, 565. DOMINUS, DOMINA, SENIOR wurden oft nur vor Namen gesetzt, um einer Form der Höflichkeit zu genügen; daher war blosse Andeutung des Wortes ausreichend: im Provenzalischen ist aus DOMINUS *en*, vor Vokalen *n*, aus DOMINAM *na*, vor Vokalen *n'* geworden. Das *a* des französischen *dant*, *dame* erklärt F. Neumann gewiss richtig aus der proklitischen Stellung. Im Französischen ist SENIOR zu *sire* (Passion: *seindræ*), SENIOREM zu *sieur* (sonst zu *seigneur*) geworden, welches in *monsieur* auch noch das auslautende *r* eingebüsst hat. (Vgl. oben S. 747.)

Anderer Art, aber gewiss gleichfalls durch den Accent bewirkt, ist die provenzalische Spaltung von MAGIS und POST in die Adverbia *mais*, *pois* und die Konjunktionen *mas*, *pos*.

c) Disaptation.

99. Eine Flexionsform kann zu einem Wortstamme werden. Es ist dies das Gegenteil der Adaptation, wofür ich den Ausdruck Disaptation vorschlage. *appas* war im Altfranzösischen Plural zu *appât*, *la voile* im Lateinischen Plural zu *le voile*. So sind aus einem Worte zwei hervorgegangen.

N. VETUS Akk. VETEREM sollte eigentlich im Französischen abgewandelt werden Sg. N. *viez* Akk. **viere;* dieser Akk. ist jedoch nicht mehr erhalten und *viez* ist durch Funktionserweiterung auf alle Kasus (auch des Plurals) ausgedehnt, also zum Wortstamm geworden. Im Provenzalischen liegt noch VETEREM vor in der Form *veire* (in meinem Denkm. I, S. 315).

Die Sprache liebt es nicht, dass die Formen eines Systems durch den Lautwandel allzustark differenziert werden. Ist letzteres der Fall, so kommt es vor, dass jede dieser Formen zur Bildung eines neuen vollständigen Systems verwendet wird.

Das lat. SENIOR wurde im Altfranzösischen abgewandelt: Sg. N. *sire* Akk. *seigneur* Pl. N. *seigneur* Akk. *seigneurs*. Die starke Verschiedenheit der Form *sire* liess ihre Zusammengehörigkeit mit den übrigen vergessen, und man gebraucht heute neben *le sire* den Plural *les sires*, wie neben *le seigneur* den Plural *les seigneurs*, während eine dritte Form (*sieur* Pl. *sieurs*) unter b) auf Accentspaltung zurückgeführt wurde.

Ebenso liegt der Fall beim Verbum DIS(JE)JUNARE (G. Paris in der Romania VIII, 95). Ursprünglich wurde dies abgewandelt

desjun desjunes desjunet *disnons disnez* *desjunent.*

Hier bildete man zu der Reihe der endungsbetonten Formen *disnons* u. s. w. die stammbetonten *disne disnes disne disnent*, zu der Reihe der stammbetonten *desjun* u. s. w. die endungsbetonten *desjunons desjunez*, so dass dem lat. DISJUNARE jetzt zwei vollständige Verba, *dîner* und *déjeuner*, entsprechen. So besitzt das Altfranzösische *aidier* und *aiuer* aus *aiu* ADJUTO, Pl. *aidons* ADJUTAMUS, das Provenzalische *aidar* neben *ajudar*, *parlar* neben *paraular*.

d) Zusammensetzung.

100. Eine Zusammensetzung entspringt aus einem einfachen syntaktischen Verhältnisse, das von sehr verschiedener Art sein kann. Es können

dann nach dem einmal gegebenen Muster neue Worte aus anderen Elementen gebildet werden.

Beispiele von Zusammensetzungen: aus Adjektiv und Substantiv, *gentilhomme vinaigre pla(t)fond, printemps midi bonheur fièrement* (die alten Worte *prin, mi, heur, ment* sind nur noch in Zusammensetzungen erhalten) — aus Substantiv, Präposition, Substantiv, *chef d'œuvre, arc-en-ciel* — aus Substantiv und Substantiv, *hôtel-Dieu, Bois le Duc* Hertogenbosch, *porc-épic;* das zweite Element ist Apposition des ersten in *choufleur.* Das bestimmende Wort steht voran in *lundi mardi, trèfonds* TERRAE FUNDUS, *banlieue* aus *ban* und *lieue* — aus adverbialem Substantiv und Verbum oder Particip, afrz. *fervestir,* nfrz. *maintenir colporter saupoudrer arcbouter,* Part. *foimenti vermoulu* — aus Pronomen und Particip, *cependant* — aus Imperativ und Pronomen, *rendez-vous, un accrochez-moi ça* — aus zwei Präpositionaladverbien (oben S. 487) wie DEPOST frz. *depuis,* DEINTUS prov. *dins,* ABANTE frz. *avant* u. s. w.

Für weitere Einzelheiten sei auf die gründlichen Arbeiten A. Darmesteters verwiesen. Nur auf einen Punkt gehe ich näher ein. Die sogenannten Satznamen, welche aus einer Verbalform, in der Einige (so Darmesteter) den Imperativ, andere die 3. Sg. Prs. Ind. erblicken wollen, und einem Akkusativ oder einer Adverbialbestimmung zusammengesetzt sind *(porte-monnaie),* fehlen dem Lateinischen; man hat daher verschiedene Theorien aufgestellt, um solche Bildungen zu erklären. Nach Osthoffs Annahme, die Tobler I, S. 74 mit Recht verwirft, wäre das *porte* von *porte-monnaie* ein Verbalsubstantiv. Ich halte es für einen Imperativ, da die historische Betrachtung der ältesten Fälle dieses zu lehren scheint. Diese sind: *terra de Cantalupis* 804 (Hérault), womit zu vergleichen *Cantans lupus* um 1080, *Cantapia* 1025 (Eure), *Cantamerula* um 1070, *Cantaraina* um 1101 (Eure-et-Loir); die Orte *Chanteloup* oder *Chanteraine* bezeichnen wohl Stellen im Walde, wo nur Wolf oder Frosch die Stimme erschallen lässt. Ferner *Willelmus Sector ferri* (d. i. *Taillefer*) 10. Jahrh., Ort *Batipalma* 10. Jahrh. Roussillon (bedeutet wohl: Klatsch in die Hände, um das Echo zu wecken, doch vgl. G. Paris, Hist. litt. XXVIII S. 242), *Tornavent* Ende 10. Jahrh. Savigny, *File-Estoupe* um 1000 Scr. rer. Gall. 10, 311, *Herbert Evigilans canem (Esveillechien)* Graf von le Maine im Anfang des 11. Jahrh. Aus dem 11. und 12. Jahrhundert sind die Belege zahlreicher; ich wähle nur die folgenden aus: *Beroldus Firma ussum* oder *hostium* (d. h. Mach die Thüre zu) 11. Jahrh. Chartres, *Pontius Trencasacos* 11. Jahrh. Marseille, *Trencanovas* um 1060 ebd., *Escorchevilain* um 1070 Sens, *Tailgebosch* Doomsdaybook, *Hugo Brostesalz* oder *Brustans salicem* 11. Jahrh. Chartres, *Mortpain* 11. Jahrh. Rouen, *Passecerf* im Roland, *Cercalmont* (Durchsuch die Welt) Troubadour aus dem Anfang des 12. Jahrhunderts, *Hastamorsel* (von *haster* am Spiesse braten) 1138 Reims, *Calcebof* 1142 Rouen.

Es kann nicht auf Zufall beruhen, dass solche Bildungen gerade als Personennamen so häufig auftreten, während die ältere Sprache nur selten Gattungsnamen in dieser Weise bildet. Auch die ältesten Gattungsnamen dieser Art bezeichnen Personen und sind nach dem Muster jener Eigennamen gebildet. So *curefievre* lat. *curator febrium* Thaüns Computus 1062, *gaitetison* Foucon de Candie S. 5, *cornavi coitadisnar buffatizo crupencami* (nicht *crup'* zu schreiben) in Marcabrus *Vers del lavador.* Auch in Italien sind solche Namen seit dem 9. Jahrhundert beliebt: *Tenegaudia* 805, *Lupo Supla in pluvio* (Blase in den Regen) 845, *Cavinsaco* (Wühle im Sack) 918, *Guido Bevisangue* aus Ravenna † vor 992, *Cacatossico* 1019, *Cavazocchi* (von Muratori erklärt *che cava il pedale sotterraneo degli alberi chiamato* ZOCCO *in Lombardia*) 1025 Modena.

Offenbar sind solche Benennungen darauf zurückzuführen, dass man spottend und höhnend jemanden nachrief: *Esveille chien! Ferme us! Escorche vilain! Mort pain! Trenca sacs!* und in Italien *Caca tossico:* So erklärt sich auch das älteste deutsche Beispiel *leche spiz* Lecke Spiess! als spottende Bezeichnung eines Kochs. Eine verächtliche Färbung haftete diesen Namen gewöhnlich, aber nicht notwendig an (vgl. *Taillefer*), und so konnte man mit derartigen Bildungen Gattungen von Personen (*portefaix*) und Instrumente (*couvrechief* Kopftuch, *couvrefeu* Herddeckel) benennen. Doch sind Benennungen der letzteren Art wohl erst im 12. Jahrhundert aufgekommen.

Noch finde die Bemerkung hier Platz, dass, wie bei der Proportionsbildung, so auch bei der Zusammensetzung ein Glied übersprungen werden kann. Von VESTIS kommt VESTIRE, hiervon INVESTIRE; von UMBRA kommt UMBRARE, hiervon INUMBRARE. Sobald INVESTIRE direkt mit VESTIS, INUMBRARE direkt mit UMBRA in Beziehung gedacht wurde, konnten Verba wie *embarquer, enorgueillir* von *barque, orgueil* gebildet werden, ohne dass ein *barquer* oder *orgueillir* vorhanden war. Sobald ASSIMILARE (von AD + SIMILARE) mit SIMILIS, ACCELERARE (von AD + CELERARE) mit CELER in direkte Beziehung gesetzt war, konnte man von *foible affoiblir*, von *ivre enivrer* bilden.

Zuweilen wird eine Wortverbindung als Einheit gefasst und als Grundlage einer Ableitung genommen; so ist z. B. *envoïer* von *en voie* («hinweg») hergeleitet (s. o. S. 307) und im Provenzalischen zu *queacom* (aus *que o com* irgend was, eig. was oder wie) und zu *calacom* (aus *cal o com* irgend wer, eig. welcher oder wie) ein Deminutivum *queacomet, calacomet* (so schon Matfre) gebildet.

e) Proportionsbildung.

101. Wie in der Geschichte der Flexion, so hat auch in der Geschichte der Wortbildung die Gruppierung der Vorstellungen eine grosse Rolle gespielt. Eine beliebte Art der Proportionsbildung beruht auf dem Verhältnis des abgeleiteten Verbs zu dem primitiven Substantivum, wie *donner : don, nommer : nom, filer : fil, clouer : clou* (*clouer* kommt nicht von CLAVARE vgl. *laver* LAVARE). Nach solchen Mustern (s. o. S. 306) wurde dann gebildet zu *pleurer pleur*, zu *renvier renvi*, zu *relever relief*, zu *soutenir soutien*, zu *appeler appel*, zu *rabattre rabat*. *ie* in *relief, soutien* erklärt sich aus dem Einfluss der stammbetonten Präsensformen.

Besondere Beachtung verdient der Fall, für welchen Tobler den treffenden Ausdruck Suffixverkennung eingeführt hat. Die Endung von *aimable* und *raisonnable* ist eigentlich nur *ble* lat. -BILEM; da aber die französische Sprache in der Wortbildung nur betonte Suffixe anerkennt, wurde *-able* als Endung gefasst und zu *finir* ein *finable*, zu *mettre* ein *mettable*, zu *faire* ein *faisable*, zu *croire* ein *croyable* gebildet.

Etwas Verwandtes liegt vor, wenn die Sprache eine sekundäre Ableitung nicht mit der primären, sondern mit dem Primitivum in Beziehung setzt und nach dem Verhältnis jener zu diesem neue Worte bildet. Aus *cheval* wurde *cheval-ier*, aus *chevalier chevaler-ie* gebildet; dann aber rief das Verhältnis von *chevalerie* zu *cheval Juïverie* zu *Juïf*, *diablerie* zu *diable*, *soierie* zu *soie* hervor, sodass ein Suffix *erie* ins Leben trat (s. o. S. 291). Auf gleiche Weise entstand das Suffix *tel*, indem *ursetel* nicht mit dem seltenen *urset*, sondern mit dem häufigen *urs*, *roietel* nicht mit *roiet*, sondern mit *roi* in Verbindung gedacht wurden; daher von *Juïf* direkt afrz. *Juïtel.*

Auch Suffixe können fremden Sprachen entlehnt sein; so ist dem Griechischen entlehnt *-esse* in *comtesse* COMITISSAM grch. *-ισσα* und *-ie* in *courtoisie* grch. *-ία.*

Bemerkenswert ist, dass *ie* den griechischen Accent beibehielt. Deutschen Ursprungs sind die Suffixe *-eng* dtsch. *-ing* (vgl. o. S. 798) und *-ard* vom dtsch. *-hard.*

f) Urschöpfung.

102. Durch Urschöpfung gebildete Worte sind wenig zahlreich; in der Regel handelt es sich um Ableitungen aus Interjektionen und um Schallnachahmungen.

Von altromanischen Worten gehören hierher BADARE prov. *badar* afrz. *baer* den Mund aufsperren, eig. *ba* machen; prov. *bufar* frz. *bouffer* blasen (vgl. lat. *bufo* Kröte) Interj. prov. frz. *buf; baba* Geifer (von der Lippenbewegung) afrz. *beve;* ähnlich *babine* Lippe. Eins der merkwürdigsten Worte scheint mir *piquer* stechen, da es von der einen leisen Stich begleitenden Interjektion *pic!* (deutsch *kiek!*) herkommt; hier ist eine Empfindung durch einen spezifischen Laut bezeichnet. Andere Fälle sind prov. afrz. *glatir* bellen, frz. *ronfler* (nach Mahn), *miauler* (die Katze heisst selbst chinesisch *miao*), *chuchoter, caqueter, toutoure* Instrument zum Tuten (bei Tallon, les Vans 2, 252), *vonvonner vrombir* summen, *pouf!* Interjektion die den Schall eines fallenden Körpers ausdrückt (plumps!), mit merkwürdigen Bedeutungsentwicklungen, die das Lexikon verzeichnet (bröckelig; Art Reklame; Sessel ohne Lehne). Ähnlich *puff.* Ferner *flic flac, frou frou, gniaf, gnian-gnian, gnouf-gnouf, ronron, toc toc. Flon flon, lanturelu* und *lanlaire* (in *envoyer faire lanlaire*) sind ursprünglich Nachahmungen von Melodien.

Vgl. hierzu Diez, *Gemination und Ablaut im Romanischen* (kleinere Arbeiten S. 178 f.).

g) Übergang von Eigennamen in Gattungsnamen.

103. Es ist auch als eine Vermehrung des Wortschatzes aufzufassen, wenn ein zunächst nur in einem kleinen Verkehrskreise gebrauchter Eigenname durch Bedeutungswandel zu einem Gattungsnamen wird (vgl. S. 801). So hat der Name CICERO in der it. Form *Cicerone* die Bedeutung Fremdenführer erhalten. Das frz. *garce* «Dirne» ist wahrscheinlich die germ. Kurzform **Garza* für *Garsindis* (Name der Sächsin, die Karls des Grossen Maîtresse war).

Noch häufiger als historische Namen werden Namen der Dichtung zu Gattungsnamen. Dahin gehören frz. *ladre* aus LAZARUS, *mentor* aus dem Télémaque, *céladon* aus der Asträa, *dariolette* (Kupplerin) aus dem Amadis, *agnès* aus der Ecole des femmes.

Gerade die Ausdrücke für Kuppler und Kupplerin werden gern auf solche Weise vermieden; daher egl. *pander* vom *Pandarus* des Trojaromans, it. *Galeotto* vom *Galaad* des Lancelot.

Eigennamen gehen auch auf andern Wegen in Gattungsnamen über, besonders durch Ellipse (vgl. S. 801), wie *un quinquet* für *une lampe à la Quinquet* (Name des Erfinders), *un fiacre* Mietswagen für *voiture de louage de l'hôtel Saint-Fiacre, cognac* für *liqueur de Cognac, un dinde* für *un coq d'Inde.*

h) Aufnahmen aus der Kindersprache.

104. Schon dem Latein hatte die Kindersprache Ausdrücke wie MAMMA, TATA, BASIUM (aus SAVIUM SUAVIUM) geliefert.

Auch Deminutivsuffixe nehmen zuweilen die Form der Kindersprache an. Ich erinnere an Goethes *Mannsen, Weibsen.* Sollten nicht die lateinischen Suffixe -ICCA (-ICA) und -ITTA (-ITA) hierhergehören, die ich für identisch mit -ICLA halten möchte, das in der Aussprache des Kindermundes von Erwachsenen als -ICCA und als -ITTA gehört werden konnte? Dass uns diese Formen gerade in weiblichen Eigennamen überliefert sind, aber Gattungswörter auf -ITTA, -ICCA zunächst fehlen, ist leicht zu verstehen. Dem zärtlichen Gefühl des Mutterherzens war IULĪCCA oder IULĪTTA (Ī = ĪĬ, von IULIA) der adäquate Ausdruck. So begreift sich auch das spanische ITA (aus ĪTTA) neben sonstigem ĬTTA (it. *etta,* prov. *eta,* frz. *ette*): jenes wäre lat. ĪCLA, dieses ĬCLA. Dass -ICCA auch in Frankreich (als *-iche*) verbreitet ist, hat Horning gezeigt (Z. XIX 170, XX 334).

Meyer-Lübke sucht den Ursprung der Suffixe -ICCA und -ITTA ausserhalb des Lateinischen. Gelehrte haben sie für keltisch, etruskisch oder slavisch halten wollen. Nach dem Gesagten ist es vielleicht nicht nötig, den Boden des Lateins zu verlassen. Zu Kosenamen werden diese Suffixe noch heute oft verwandt (*-ica* sardisch und rumänisch, *-itta* in Italien, beide in Nord- und Südfrankreich).

Der Kindersprache verdankt das Französische ferner *tante* aus afrz. *ante* AMITA, sowie eine Reihe reduplizierender Ausdrücke: *bibi (biche), chouchou (choux), dada, dodo (dormir), fifi (fils), gaga (gâteau), gogo (gober* oder *gosier), jojo (joli), joujou (jouer), lolo (lait), maman* oder *mãmã, mimi (mignon), nanan, nounou (nourrice), tata, titi (petit)*[1], *toto, toutou, tutu (cul), zouzou (zouave).* Eine Wortkürzung liegt vor in *gnole* aus *torgnole* (Ausdruck des Kreiselspiels). Wenn *coco* eigentlich Ei bedeutet hat, könnte es von *coque* herstammen; doch lässt das altgerm. *kôkô* (wovon unser *Kuchen*) wohl auf einen Naturlaut der Kinder schliessen[2]. Belegt sind *bobo, dodo, gogo, jojo* aus Karl von Orléans, 15. Jahrhundert. Ich verweise auf den wichtigen Aufsatz W. Försters, Z. XXII, 269 f.

i) Entlehnung.

105. Seit der Einführung des Christentums hat das Romanische in Gallien fast ohne Unterbrechung neue Worte aus anderen Sprachen aufgenommen, die meisten aus der lateinischen. Man stellt mit Recht solche Worte als Lehnworte *mots savants* den Erbworten *mots populaires* (besser wäre *mots héréditaires* oder *originaires*) gegenüber; doch darf man damit nicht den Glauben verbinden, als hätten jene sich den Lautumwandlungen der Sprache entzogen: sie haben von der Zeit an, wo sie in die Volkssprache aufgenommen wurden, an sämtlichen Lautveränderungen teilnehmen müssen, welche seitdem die Sprache umgestalteten.

Die lateinischen Lehnworte sind meist durch die Kirchenlehre und die Predigt in die Volkssprache eingedrungen; andere gehören dem Gebiete des Rechtswesens an. Schon die Eulaliasequenz bietet lateinische Fremdworte *(virginitet),* und Worte wie *prêcher* afrz. *preechier* PRAEDICARE, *beneïr* BENEDICERE, *siècle* SAECULUM zeigen durch ihre Lautverhältnisse, dass sie nicht von Anfang an der Volkssprache angehört haben können. Auch prov. *suau* afrz. *souef* lat. SUAVIS sieht aus wie ein altes Lehnwort; ebenso

[1] Also nicht zu dem lat. Kinderwort TITUS, über das zu vergleichen ist Wölfflins Archiv XI, 268; II, 117; XII, 265. Warum zählt Heräus dieses TITUS nicht zur römischen Kindersprache? (Ebenda XIII, 149 f.)

[2] Der afrz. Name *Buevon* ist mit dem deutschen *Bube* identisch, das nach Kluge vom altd. *bôbô* (Kindersprache, = Bruder, got. *brôþr*) kommt.

second und *milie,* für das die Rätoromanen nach Nôtkêr *des cent* (DECEM CENTUM) sagten. *cave,* im 12. Jahrhundert belegt, wurde wohl zuerst in Klöstern zur Bezeichnung des Kellers (lat. CAVA) gebraucht.

Die lateinischen Worte der ältesten Schicht, die sog. Erbworte, dürfen von dem romanischen Sprachforscher ohne Bedenken in eine Gruppe zusammengefasst werden, auch wenn manche darunter aus anderen Mundarten (z. B. aus dem Oskischen BOS GRUNNIRE RUFUS, die rein lateinisch VOS, GRUNDIRE, RUBUS lauten würden, auch SIFILUS und SCARABAJUS prov. *escaravai* gehören hierher, Ascoli Miscellanea in mem. di Caix e Canello 430) oder Sprachen ins Lateinische eingedrungen waren. Auch keltische und griechische Worte des Lateinischen wie ALAUDA CEREVISIA — TALENTUM BUXUS SYMPHÓNIA dürfen vom Standpunkt des Romanischen als lateinische Worte gelten. Ebenso sind die alten Ortsnamen Galliens als Erbworte anzusehen, z. B. AGINNUM *Agen,* TOLOSA *Toulouse,* LUGUDUNUM *Lyon,* ROTOMAGUS *Rouen,* MELDIS *Meaux,* BITÚRIGES *Bourges,* NAMNETES *Nantes,* AMBIANIS *Amiens.*

Viele Lehnworte sind nur von gelehrten Schriftstellern gebraucht worden und nicht in die Volkssprache übergegangen. Besonders das 14. Jahrhundert zeigte grosse Vorliebe für Entlehnungen aus dem Lateinischen und Griechischen, wobei Nikolaus Oresme, der vielgelesene Übersetzer des Aristoteles, starken Einfluss übte. Oresme hat selbst eine Liste der schwer verständlichen Worte *(Table des fors mos)* angelegt, welche er in der Übersetzung der Ethik und der Politik des Aristoteles gebrauchte, z. B. *aristocratie monarchie policie poème politique gymnasie* (Darmesteter, Formation 230). Viele dieser Worte können erst seit dem 16. Jahrhundert für wahrhaft populär gelten. Griechische Wörter wurden meist erst in lateinische Lautverhältnisse übertragen, ehe sie ins Romanische übergingen. Selten sind solche direkt aufgenommen worden, wie σκαιός prov. *escai* link, das aus dem mündlichen Verkehr mit den Griechen von Massilia und Arelate stammen wird, ebenso prov. *gofon* Thürangel von grch. γόμφος Pflock. Mit griechischem Accent wurden aufgenommen Ἰάκωβος *Jaques,* ἔγκαυστον *encre* (früher männlich), *antéphona* für τὰ ἀντίφωνα *antienne,* ἔρημος prov. *erm* afrz. *erme,* τρίφυλλον *trèfle.* Erst in der Zeit der Kreuzzüge wurde δρόμων aufgenommen. Merkwürdig ist die Aufnahme der griechischen Präposition κατά in der Bedeutung «jeder». Auszugehen ist von der distributiven Bedeutung von κατά (κατ' οἶκον), die sich auf das Vulgärlateinische übertrug (z. B. Vulgata *cata mane*), daher prov. *cada,* gewöhnlich mit *us, una* verbunden.

Auch hebräische Wörter sind gewöhnlich durch das Lateinische vermittelt worden, wie SICERA *cidre.* Einige mögen von den Juden direkt gehört worden sein wie frz. *sot* späthebr. *shôṭeh, charivari* hebr. *shōr vachamōr* (Gen. 32, 5).

106. Keltische Wörter sind zu sehr verschiedenen Zeiten aufgenommen worden; die gemeinromanischen schon früh, wie BECCUS CAMISIA GAMBA LEUGA VASSALL VERTRAGUS (frz. *veltre viautre*). In Italien fehlen *galerne* und *truan.* Speziell galloromanisch sind frz. *bras matras mauvis mêgue mine* Bergwerk (urspr. Bed. rohes Metall), *mine* Miene (urspr. Bed. Schnauze), *renfrogner, verne, ruche* prov. *rusca* Bienenkorb, prov. *sescha* Schilf, *soc, suie, trogne.* Nur wenige Worte hat das Bretonische in moderner Zeit geliefert *(goëland, bijou, menhir).*

107. Bedeutend zahlreicher als die keltischen sind die germanischen Lehnworte, von denen die gemeinromanischen in der Regel schon vor der Völkerwanderung durch die im römischen Heere dienenden Germanen in das Romanische eingedrungen sind, wie BURGUS, WARDARE, ARINGUS,

HARIBERGA. Die Gallien eigentümlichen stammen aus den Sprachen der germanischen Eroberer Galliens her: der Burgunder, Franken, Westgoten und Normannen. Fränkisch sind z. B. *franc gelde guerpir broigne heaume* afrz. *helme, renard* afrz. *Renart;* es sind hauptsächlich auf das Kriegs-, Staats- und Rechtswesen bezügliche Ausdrücke. Westgotisch sind prov. *raus* got. *raus* frz. *roseau,* prov. *amanoïr* got. *manvjan,* prov. *raustir* got. *raustjan* (aber woher prov. *blos?*); nordisch *hait* (davon *souhaiter*), *bat* (davon *bateau*), *hune* und andere Ausdrücke der Schifffahrt; angelsächsisch die Namen der Himmelsrichtungen *est, west, north, suth* (*su, sur;* das heutige *sud* scheint aus dem Hochdeutschen oder Niederländischen berichtigt); der Seemann sagt *suroît* für *sud-ouest.* Das Französische ist diejenige romanische Sprache, welche die meisten germanischen Worte aufweist.

108. Interessant sind die Beeinflussungen, welche die romanischen Sprachen Galliens auf einander ausgeübt haben. Bis jetzt hat man den Einfluss des Provenzalischen auf das Französische nicht hinreichend gewürdigt. Neben *le heaume, hiaume* kennen frz. Texte das prov. *l'elme,* neben *le halberc hauberc* das prov. *osberc:* der Süden war in Waffenfabrikation und -handel dem Norden überlegen. Auch *Rosne,* jetzt *Rhône* geht mit der prov. Form *Roze(r)* auf eine vorlitterarische provenzalische Form *Rozeno* = RHODANUM zurück. Die Tonvokale von *rossignol* (Wölfflins Arch. III, 518) und *jaloux* weisen nach Süden. *caisse* lat. CAPSAM ist die provenzalische, *châsse* die französische Form. *ficelle* wird schwerlich von dem gleichbedeutenden nprov. *feissello* (von aprov. *faissa* lat. FASCĬA) zu trennen sein, wenn sich auch der Einfluss des frz. *fil* FILUM daneben geltend gemacht hat. *amadouer* (kirren), im 16. Jahrhundert ins Französische aufgenommen, wird von Diez mit Unrecht aus dem Nordischen hergeholt: es entstammt aus dem Süden, prov. *amadou,* alt *amador* lat. AMATOREM wie auch frz. *gastadour* provenzalisch ist. Das provenzalische *abeille* hat die französischen Formen von APIS ganz verdrängt (Wölfflins Arch. I, 242): afrz. *ef*[1], Demin. *avette* (noch bei Ronsard). Auch das weiche *s* von *yeuse* (= HELICEM im Sinne von ILICEM), das *z* von *Sarrazin* spricht für provenzalische Herkunft. Bei *dragon* darf vielleicht an den berühmten Drachen von Tarascon gedacht werden. *fat* wird im 16. Jahrhundert als prov. bezeugt. *radeau* ist das prov. *radel* (Ableitung von lat. RATIS). Aus dem Süden stammen *arbouse, cabri, cabrion* (frz. *chevron*), *carguer* (frz. *charger*), *daurade, gabie, mistral, cousin* «Mücke», *mélèze, moque, tocsin, caserne, forçat, corsaire, narguer, rôder* (nprov. *roudá,* d'Aubigné sagt in den Tragiques dafür *rouer*), *cadenas; autour, vautour* (Miscellanea Caix-Canello S. 42); *cigale, foulque* (mit lautem *l,* weil von prov. *folca*). *cadet* entstammt nach Paul Meyer (Rom. III, 437. V, 368) dem bearnischen *capdet* prov. *capdel.* Sollte nicht auch *j'aurai* für älteres *j'arai j'avrai* von französisch schreibenden Provenzalen aufgebracht sein? Ich finde *aurrés* 1349 in einem französischen Briefe aus Orange in U. Chevaliers Choix de doc. S. 128 und *aurront* in den Coutumes de Louhans (13. Jahrh.). Noch Beza giebt *arai avrai* als die bessere Aussprache an, während der Lyoner Meigret *aorey* ansetzt.

Zahlreicher noch als die provenzalischen Elemente im Französischen sind die französischen Elemente im Provenzalischen, da schon seit dem 12. Jahrhundert sich ein geringer, allmählich wachsender Einfluss der Litteratur und Sprache des Nordens im Süden geltend machte. Selbst die Bejahungspartikel *oc* (nprov. *o*), nach der man die Sprache benannt hat, wird jetzt in Mundarten durch *oui* vertreten. Ein sehr altes französisches Lehnwort im Provenzalischen ist *palais.*

---

[1] *ef* ist noch heute, in der Form *é*, im Dép. Pas-de-Calais im Gebrauch sowie in angrenzenden Gemeinden von Nord und Somme. Vgl. Atl. ling., Karte *abeille.*

109. Auch aus ihren Volksmundarten hat die französische Sprache sich bereichert; doch ist man auch diesen Einwirkungen bis jetzt wenig nachgegangen. *fraise* afrz. *frese,* zuerst in einem lat. Glossar des 12. Jahrhunderts bei Mai, Classici auctores VIII, ist wohl von der Rhônegegend aus nach Nordfrankreich gelangt. *couette* (neben *coite*) ist wohl Patoiswort, urspr. *cuilte* lat. CULCITA; auch *lie* LAETAM in *faire chère lie* stammt von auswärts. Hinter Labialen war in Ostfrankreich *-ein* zu *-oin* geworden: *avoine foin moins* (Schuchardt in Kuhns Z. f. vgl. Sprachf. 20, 268), vgl. *aboyer émoi* mit *oi* aus älterem *ai.* Diese Aussprache war noch im 14. Jahrhundert in Paris unbekannt; erst das 15. Jahrhundert beginnt zu schwanken und erst im 16. Jahrhundert wird die östliche Form entschieden bevorzugt (aber *peine, veine* u. a.). Auch *rognon* ist wohl von Osten her nach Paris gewandert (vgl. *seigneur*). Leicht erkennbar sind die picardischen Einflüsse an der Behandlung des *c:* es sind besonders Ausdrücke der Schiffahrt, die von der Küste nach dem Binnenlande gelangten. So *équiper* afrz. *eschiper, le largue, la vergue* afrz. *verge;* auch *vautrer* ist picardisch wegen *au; bocage, bouquin* «Mundstück» und *chopper* zeigen picardische Lautung. Auch *bleu* könnte von der Färbindustrie der Picarden herstammen. Bei *niche nique, dérocher déroquer, torche torque, aiguiser aguicher* existiert die francische Form neben der picardischen. Das Normannische ist erkennbar an *ei (ai),* wo die Schriftsprache *oi* erwarten liesse; freilich hat Paris stets dem *ei* einigen Spielraum neben *oi* gelassen. Doch ist wahrscheinlich *rets* afrz. *roi* lat. RETE von der Normandie die Seine aufwärts gewandert. Auch *emplette* hiess afrz. *emploite.* Inwieweit die *ai* für *oi* in *j'avais faible Français* u. s. w. aus dem Westen eingewandert sein mögen, ist schwer zu sagen. Aus dem Nordosten, der *es*[s] in *ens*[s] wandelte, scheint zu entstammen *empan,* afrz. *espan.* Wie diese sind auch die Wörter *secouer sépoule,* wie die eigentümliche Behandlung des proklitischen *s* zeigt (frz. *escorre, espole*), aus dem Wallonischen übernommen.

In neuerer Zeit haben mehr und mehr die Kunstsprachen (Argots) der Soldaten, Schüler, Verbrecher u. s. w. Wörter geliefert. Manche dieser Wörter, wie *gueux, matois,* sind schon länger Gemeingut der Sprache. Ich nenne ferner *dèche, l'esbroufe* (Titel eines Dramas von Abel Hermant, Paris 1904), *faire des épattes, les froussards* (Drama von Gyp), *frusquin, larbin, piger, sapin, trimer, voyou.*

110. Worte aus verschiedenen Kultursprachen sind in die französische so gut wie in jede andere moderne Sprache eingedrungen. Gewöhnlich handelt es sich um die Benennung fremdländischer Einrichtungen, Natur- oder Kunstprodukte. Der starke Andrang italienischer und spanischer Worte im 16. Jahrhundert wurde später wieder eingeschränkt, hat aber doch bleibende Spuren hinterlassen. Italienisch sind *lutte* (afrz. *luite* LUCTAM), *outre, bave* afrz. *beve, esquiver* afrz. *eschiwer, caprice, orle, tuf;* spanisch *adjudant casque parasol soubresaut camarade capitan* u. a. Es fehlt nicht an deutschen *(képi, bocard, hamster, kirche, gangue, quartz, thalweg)* oder englischen *(bifteck, clown, comité, dérive, rail, snob)* Worten. Unter den letzteren sind diejenigen merkwürdig, welche über den Kanal nur in ihre alte Heimat zurückkehrten, wie *budget* (= frz. *bougette* afrz. *bogete* lat. BULGA + -ITTA), *mess* Offizierstisch (= frz. *mets* afrz. *mes* lat. MISSUM), *jury* (= frz. *juree*), *square* (= frz. *équerre* afrz. *esquarre*), *tunnel* (= frz. *tonneau* afrz. *tonnel*). Slavische Worte wie *czar, ukase, vampire* sind international. Ob wir bei *pacolet* (als Name schon in Valentin et Orson) mit Bauquier slavischen Ursprung annehmen dürfen, weiss ich nicht zu sagen, sonst wäre dieses jedenfalls ein minder verbreitetes Wort. Was in der Zeit der Kreuzzüge (arab. *jupe, fonde, luth, nuque, guerbin* oder

garbin) oder in moderner Zeit (ind. *lilas sucre laque,* pers. *douane* mit *divan* ursprünglich identisch, *gueules* rot, in der Wappensprache, von pers. *gül* Rose, *orange safran,* arab. *goudron jarre calfater café*) aus dem Orient gekommen ist, geht meist durch viele Kultursprachen hindurch. Einen langen Weg haben die griechischen Worte zurückgelegt, welche wie *χιτών, πάνδοχος, μήναχος* durch die Araber vermittelt wurden (*hoqueton* prov. *alcoto, fonde, almanach*), einen noch längern das medische *taschta* (mit lat. TESTA urverwandt), das persische *muschtak* (Ableitung von *mushti* Faust), die durch die gleiche Vermittlung ins Französische gelangt sind (*tasse, aumusse*)[1]. Andre Wörter, die vom Griechischen ausgingen und von den Arabern umgeprägt wurden, um dann in die meisten Kultursprachen Europas überzugehen, sind frz. *amalgame* von *μάλαγμα, calibre* und vielleicht *gabarit* von *καλόπους* Fussmodell, Leisten, *carat* von *κεράτιον, élixir* von *ξηρόν, talisman* von *τέλεσμα, zéro* und *chiffre,* beide von *ζέφυρος*. Das Wort *quintal* ist durch das Arabische durchgegangen und lateinischen Ursprungs (CENTENARIUS). Anderes haben neuerdings französische Soldaten aus Algier mitgebracht, wie *bezef* viel, *chouia chouia* nach und nach, *zmalah* Kind und Kegel (eig. Zelt), *kif-kif* gleichgültig.

Malaiisch ist *sagou,* aus Peru stammen *alpaca* und *guano,* aus Brasilien *jaguar* und *tapioca.*

Baskische Elemente besitzt das Provenzalische in ganz geringer Anzahl (z. B. *esquer* link).

Über französische Wortbildung handeln Diez und Meyer-Lübke, jeder im zweiten Bande seiner *Gramm.*, ferner A. Darmesteter in zwei bedeutenden Werken: *Traité de la formation des mots composés dans la langue française*, 1875 und *De la création actuelle de mots nouveaux dans la langue française*, 1877. Ferner sei erwähnt I. Rothenberg, *De suffixarum mutatione in lingua francogallica*, 1880.

Die Geschichte des Wortschatzes, wie andrer Seiten der sprachlichen Entwicklung, ist eingehend dargestellt von Ferdinand Brunot bei Petit de Julleville, *Histoire de la langue et de la littérature française*, Paris 1896 f., besprochen von Gaston Paris im *Journal des savants*, September bis November 1897. Nach ihrer Herkunft geordnet sind die Lehnwörter im *Dictionnaire général de la langue française* par Hatzfeld, Darmesteter, Thomas. I. S. 11—37.

Für die Herkunft des Wortschatzes ist nächst Diez, *Etym. Wörterbuch*, 5. Aufl. von Scheler, Bonn 1887 und Körting, *Lateinisch-Romanisches Wörterbuch*, 2. Aufl., Paderborn 1901, zu nennen Thurneysen, *Keltoromanisches*, Halle 1884. W. Förster, *Dialektisches im heutigen Schriftfranzösisch*, Maître phonétique 1896, S. 69. Mackel, *Die germanischen Elemente in der französischen und provenzalischen Sprache*, Heilbronn 1887. Über die germanischen Worte im Französischen handelt auch Süpfle, *Geschichte des deutschen Kultureinflusses auf Frankreich* I, 1886, S. 67—92. Ferner Bauquier, *De quelques mots slaves passés en français*, Bulletin de la Société d'Alais, 1877. Quicherat, *De la Formation des noms de lieux*, 1867. Devic, *Dictionnaire étymologique des mots d'origine orientale*, 1877 (Supplement zu Littré). Lammens, *Remarques sur les mots français dérivés de l'arabe*, 1890, Baist, *Die arabischen Hauchlaute und Gutturalen im Spanischen*, 1889, Marre, *Glossaire explicatif des mots de provenance malaise et javanaise dans la langue française*, Epinal 1897.

15. WORTVERLUST, ISOLIERUNG.

Einbusse an Formen, sowohl an ganzen Typen als an einzelnen Formen (z. B. VIS, VULT, VOLUMUS, VULTIS), an Begriffsworten und an Formworten hat die Sprache im grössten Umfange in der vorlitterarischen Zeit erlitten.

[1] Ferd. Justi in der Zeitschrift für deutsches Altertum XLV, 420 f.

111. Von Typen gingen in allen romanischen Sprachen unter im Verbum der Subjunktiv Imperfekti (erhalten im Sardischen) und Perfekti, das Futurum exactum (erhalten im Spanischen und Südrumänischen), der Imperativ ausser der 2. Sg., das ganze Passiv (mit Ausnahme des Participiums Perfekti). Vom Futurum blieb nur *ero*. Von der 2. Pl. des Imperativs blieben Spuren im Auvergnischen.

Das französische Plusquamperfekt der I sw. wurde wahrscheinlich abgewandelt: *amere ameres ameret ameruns amerez amerent*. Belegt ist nur die 3. Sg. (s. Foth in Böhmers Roman. Studien II, 254), zuletzt im Alexius (*firet*). Im Provenzalischen blieb das Plusquamperfekt in veränderter Funktion.

Vielleicht darf im heutigen *aimèrent* noch ein Rest des Plusquamperfekts erblickt werden, insofern der Einfluss des *amerent* = AMARANT das Eindringen des für das Perfekt charakteristischen *a* in die 3. Pl. verhindert hat. Formen wie *amarent* (von Dolet in Rabelais hineingetragen) sind provenzalische Associationsbildungen.

In der Deklination gingen unter der Dativ und Ablativ Pluralis, der Vokativ Singularis (vgl. oben S. 481), der Dativ Singularis (bis auf Pronominalformen: ILLÍ, MIHI, CUI), beim Femininum bis auf wenige Reste der Nominativ.

Spuren blieben vom Genetiv Singularis und Pluralis und vom Ablativ Singularis. Ein Genetiv Sg. liegt z. B. vor in *venres di* oder *divenres* (auch prov. beides) und den übrigen Namen der Wochentage ausser *samedi*. Die Genetivendung IS wurde von MARTIS IOVIS VENERIS auch auf LUNAE und MÉRCURI DIES übertragen, daher afrz. auch *lunsdi, mercresdi*, vgl. vlat. DIES LUNIS bei Le Blant, Epigraphie chrétienne S. 81. Auch in *est mestier* (it. *è mestieri*) steckt nach Meyer-Lübke, Gr. I, 150 ein Genetiv (lat. EST MINISTÉRI). Reste des Gen. Pl. sind *lor* ILLORUM (mit veränderter Funktion), *geste Francor, cheval milsoldor, la(feste) chandeler* FESTA CANDELARUM; Ortsnamen wie CURTIS FRANCORUM *Confracourt* (Haute-Saône) *Confrécourt* (Aisne) *Confrancon* (Ain), FRANCORUM VILLA *Francourville* (Eure et Loir), VILLA FABRORUM *Villefavreux* (Seine), CURTIS FABRORUM *Confavreux* (Aisne), CASTELLUM WANDALORUM *Castello Wandelors* im 10. Jahrhundert *Casteljaloux* (Lot et Garonne), CURTIS AUSORUM *Courtisols* (Marne); mit Verlust der Ortsbezeichnung VILLA BRITANNORUM *Villa Bretenoro* im 9. Jahrhundert *Bretonoux* (Lot), VILLA MAGNALORUM *Mignaloux* (Vienne).

Reste des lateinischen Ablativs sind die Adverbia auf *-ment* lat. MENTE, die Gerundia mit *en (en arrivant), or* HAC HORA, *com* QUOMODO, Ortsnamen wie *Reims* REMIS, *Meaux* MELDIS, *Orliens* jetzt dreisilbig *Orléans* AURELIANIS.

Die Kategorie des Neutrums erlosch. Doch blieben Reste von Pluralen Neutrius wie *milie* jetzt *mille* (Plural zu *mil mille*), afrz. *la deie, la paire, cent almaille* CENTUM ANIMALIA (s. W. Foerster, Chevalier as deus espees zu V. 9314).

Die Steigerungsformen gingen verloren und wurden durch Umschreibungen mit *plus* verdrängt. Von Komparativen erhielten sich MELIOR PEJOR MAJOR MINOR, die Neutra MAGIS PLUS und andere (S. 790—791), einige Superlative *(haltisme, saintisme)* als Elative.

Die neutralen Pronominalformen *quel, cel, cest*, im 12. Jahrhundert noch gebraucht, verschwinden später; doch bleibt *quel* in der Redensart *quel le fait il?*

HIC, HAEC gingen unter mit ihren Formen. HOC ist erhalten als provenzalische Bejahungspartikel *(oc)*, mrh. *oi* (auch in Flamenca), als prov. Pronomen *(o)*, im Französischen in *por uec, sen uec, av uec* (jetzt *avec*) u. s. f.

CUM wurde durch APUD verdrängt. Es genüge, hier einiges angedeutet zu haben.

In litterarischer Zeit verlor die Sprache von Typen nur das Futurum ERO und das Plusquamperfekt. Von Nominalformen ging mit vereinzelten Ausnahmen *(sœur ancêtre moindre on)* der Nominativ verloren. Die Possessiva *meie, toe, soe* wurden durch Neubildungen ersetzt, der weibliche Akkusativ *li* durch *elle* (S. 807). Von den Kontraktionen von *en* mit dem Artikel *(ou, es),* die im 16. Jahrhundert schwanden, ist oben die Rede gewesen (S. 813). Die Form *cel* wurde durch *celui* verdrängt, *cestui* durch *cest ce(t);* OMNIS in ganz Gallien durch TOTUS, das schon im 5. Jahrhundert als volksüblich bezeugt wird.

112. Die Zahl der Erbworte hat von Jahrhundert zu Jahrhundert abgenommen. Im 10. Jahrhundert waren z. B. noch im Gebrauch INVENIRE und INTELLIGERE. Im 12. besass das Französische noch das im Provenzalischen erhalten gebliebene Pronomen ISTE, die Worte *ambure, enteimes, senés, giens, suschie* (G. Paris, Saint Gilles S. XVII), *ciu* CAECUM. *esse* IPSAM dürfte nach Philipp de Thaon kaum noch zu belegen sein. Worte des 16. Jahrhunderts, die seitdem unüblich geworden sind, haben Darmesteter und Hatzfeld in Le seizième siècle S. 184f. zusammengestellt.

Nur in den wenigsten Fällen lässt sich sagen, weshalb ein Wort in Vergessenheit geriet; oft konstatieren wir nur, dass ein anderer Ausdruck beliebter wurde. Vielfach hat eine Veränderung in den Kulturverhältnissen mit dem Begriff das ihm dienende Wort bei Seite geschoben. Hierher lassen sich Worte stellen wie *maisniee barnage geste preus proëce destrier bretesce,* Vergnügungen wie *choller* und *rivoier,* musikalische Instrumente *(rote, luth),* Stoffnamen (*cendal, paile* in *poêle* erhalten, *vair et gris*), Münzen, die ausser Kurs gesetzt wurden u. dgl.

Das Adjektiv *sor* (jetzt auch *saure* oder *saur* geschrieben) hat sich nur in wenigen Verbindungen erhalten (mit *hareng, cheval, faucon*). In der Gerichtssprache ist geblieben *il appert, ester,* in der Heraldik z. B. der Infinitiv *enquerre (armes à enquerre),* als Jagdausdruck *pu (un faucon qui a pu). aronde* HIRUNDINEM ist nur in dem technischen *queue d'aronde* «Schwalbenschwanz» erhalten und sonst durch das Deminutivum *hirondelle* ersetzt. Der *hestol* «Bock» war im Mittelalter ein bekanntes Gerät, das zur Zusammensetzung eines Tisches diente; heutzutage weiss nur noch der Metzger, nicht mehr der gebildete Franzose, was ein *étou* ist.

In zahlreichen Fällen wurde dem deutlicheren, wenn auch umständlicheren Ausdruck der Vorzug gegeben. Daher wurde *el* durch *autre chose, auques* durch *quelque chose, mout* durch *grant coup* und *beau coup, antan* durch *l'an dernier, quanque* durch *tout ce qui, ainc* und *onques* durch *jamais, adés sempre demanois* durch *aussitôt, ver* durch *printemps* verdrängt. Auch der Ersatz einfacher lateinischer Verbalformen durch Umschreibungen, der Kontraktionen von Pronomina *(jot, tum, kil)* durch die Auflösungen *(jo te, tu me, qui le)* gehört hierher.

Legt man die Statistik der gesprochenen Sprache, nicht die des Lexikons zu Grunde, so ist die Zahl der Erbworte noch heute beträchtlich. Die Beziehungsworte (Hülfsverba, Pronomina, Konjunktionen, Präpositionen) sind, wo nicht selbstständige romanische Bildungen vorliegen, noch heute fast ohne Ausnahme Erbworte.

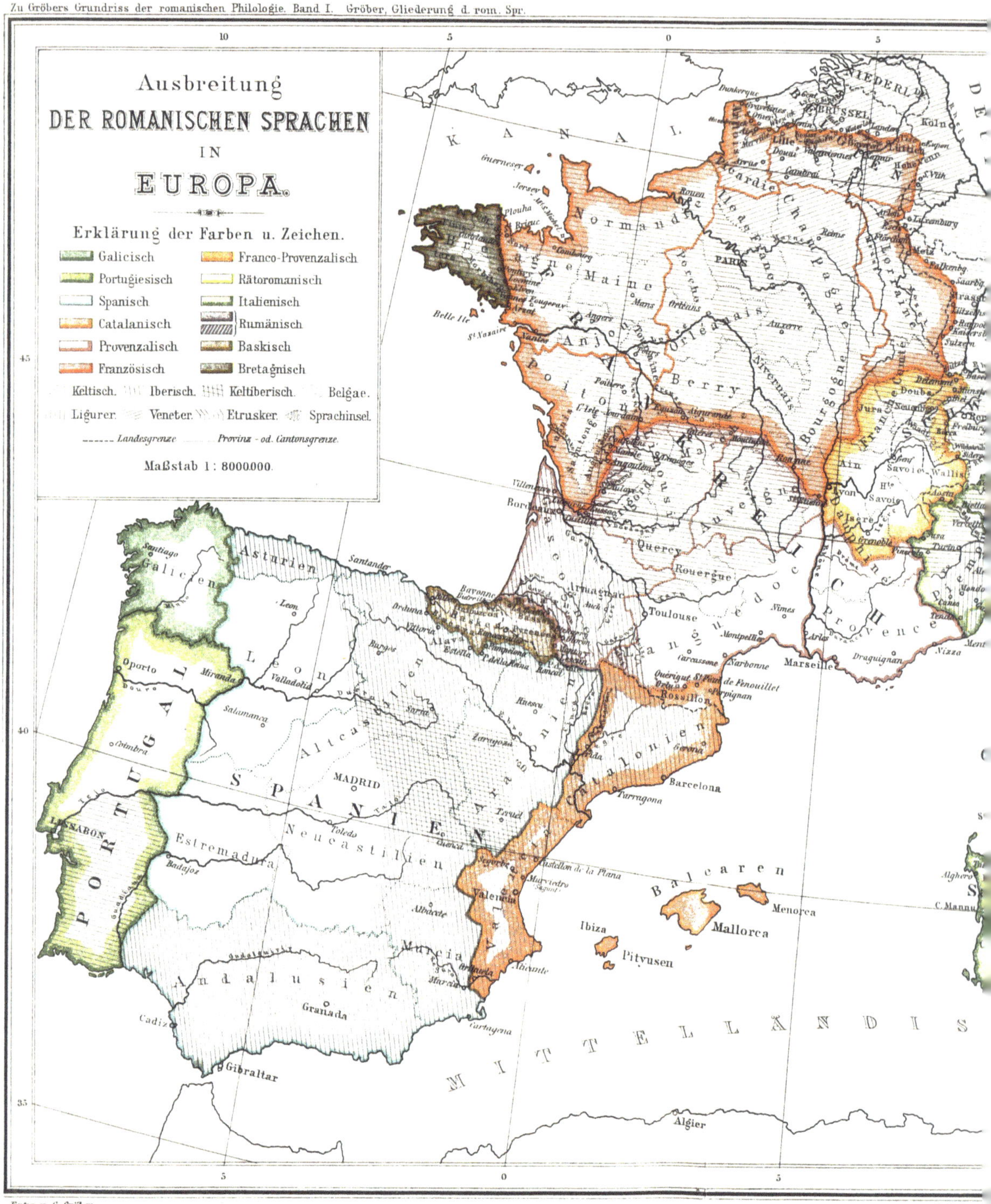
Ausbreitung
DER ROMANISCHEN SPRACHEN
IN
EUROPA.
Erklärung der Farben u. Zeichen.
Galicisch
Portugiesisch
Spanisch
Catalanisch
Provenzalisch
Französisch
Franco-Provenzalisch
Rätoromanisch
Italienisch
Rumänisch
Baskisch
Bretagnisch
Keltisch.
Iberisch.
Keltiberisch.
Belgae.
Ligurer.
Veneter.
Etrusker.
Sprachinsel.
Landesgrenze
Provinz - od. Cantonsgrenze.
Maßstab 1: 8000000.
K A N A L
S P A N I E N
P O R T U G A L
Galicien
Asturien
Leon
Altcastilien
Neucastilien
Estremadura
Andalusien
Murcia
Catalonien
Valencia
Balearen
Mallorca
Menorca
Ibiza
Pityusen
M I T T E L L Ä N D I S
Normandie
Picardie
Champagne
Lothringen
Bourgogne
Maine
Anjou
Poitou
Berry
Orléanais
Auvergne
Limousin
Gascogne
Languedoc
Provence
Dauphiné
Savoie
Rossillon
Quercy
Rouergue
PARIS
Madrid
Lissabon
Barcelona
Marseille
Toulouse
Bordeaux
Lyon
Gibraltar
Algier
Granada
Cadiz
Valencia
Zaragoza
Toledo
Oporto
Coimbra
Santiago
Santander
Bayonne
Nizza

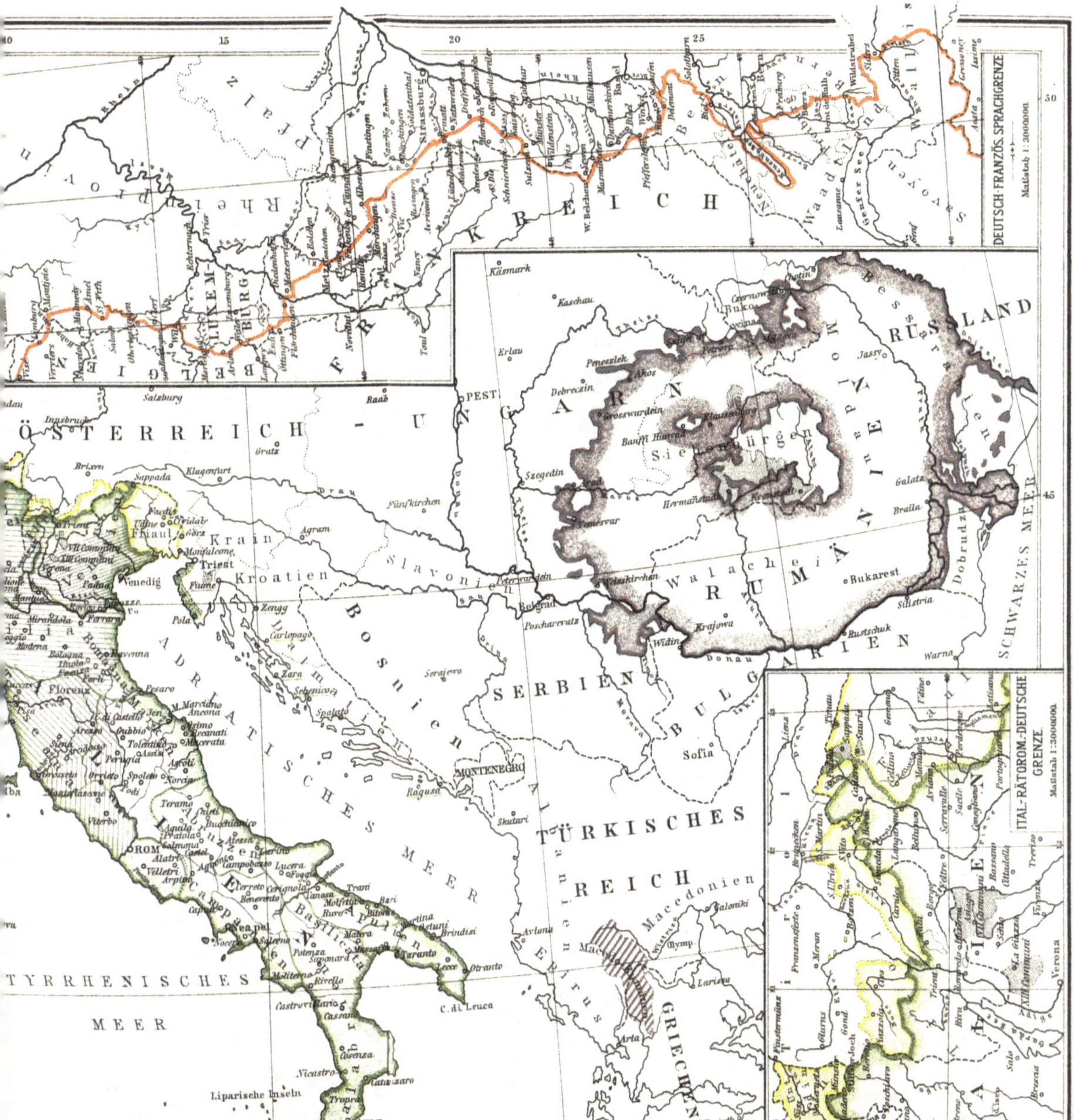

Strassburg.

F. A. Brockhaus' Geogr.-artist. Anstalt, Leipzig.

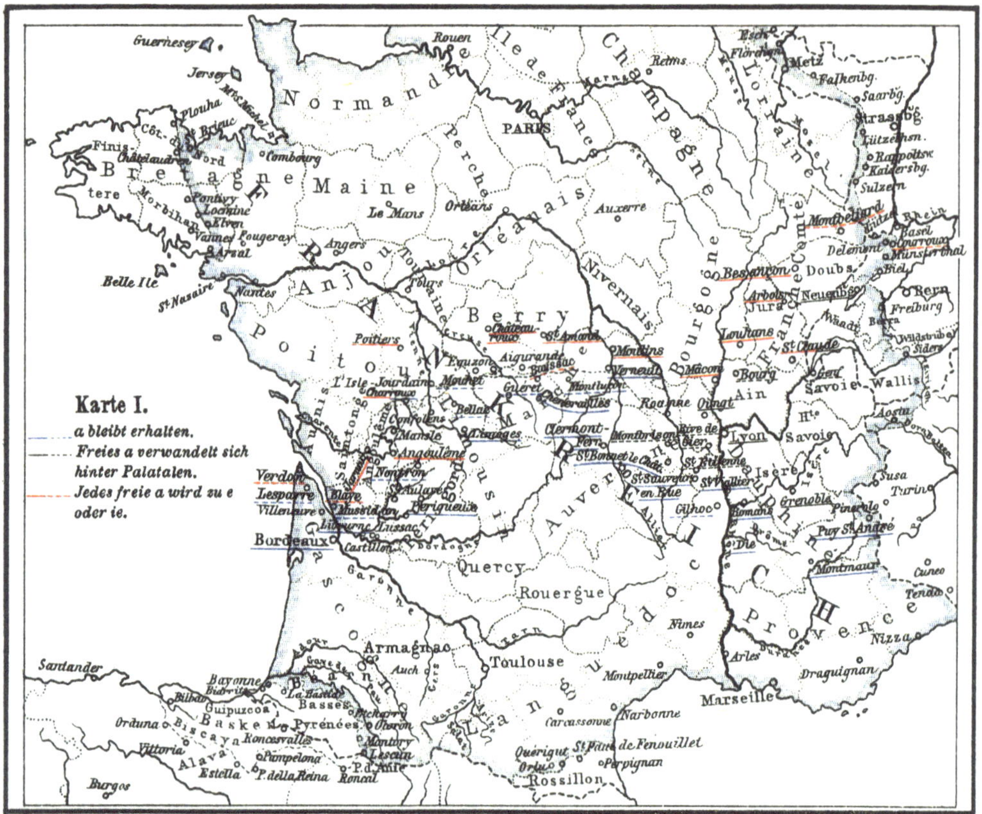
Karte I.
a bleibt erhalten.
Freies a verwandelt sich hinter Palatalen.
Jedes freie a wird zu e oder ie.
Normandie
Bretagne
Maine
Anjou
Poitou
Berry
Orléanais
Champagne
Lorraine
Bourgogne
Franche Comté
Nivernais
Auvergne
Limousin
Quercy
Rouergue
Gascogne
Languedoc
Provence
Savoie
Dauphiné
Armagnac
Béarn
Basken
Rossillon
PARIS
Bordeaux
Toulouse
Marseille
Lyon

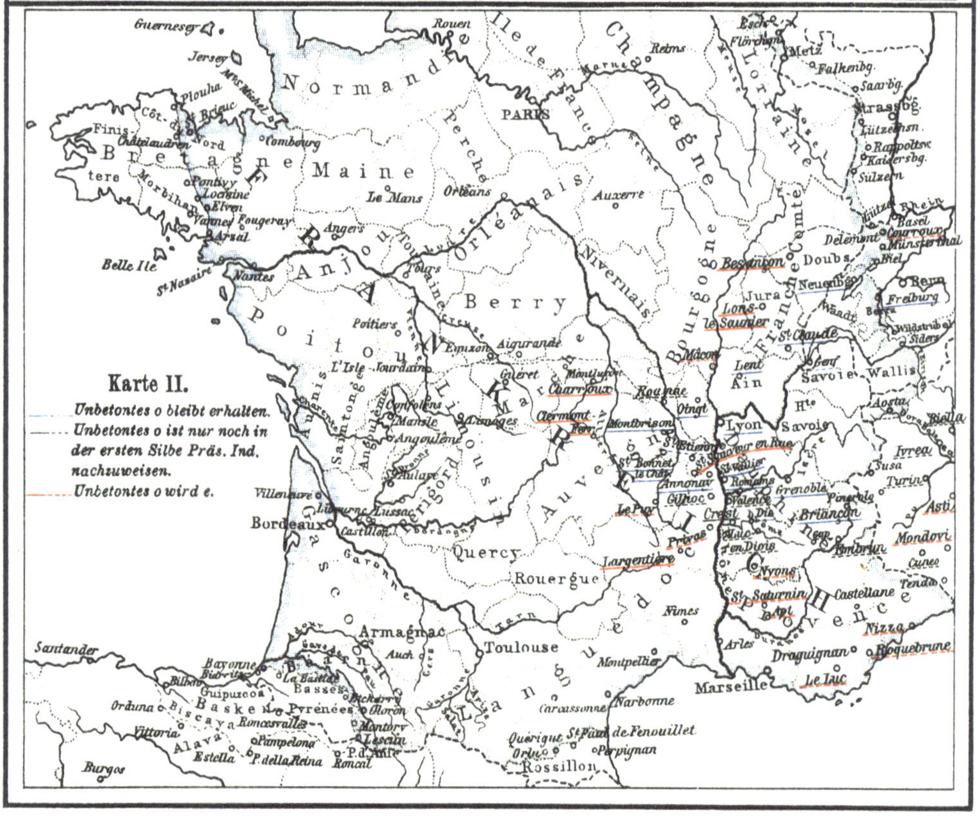
Karte II.
Unbetontes o bleibt erhalten.
Unbetontes o ist nur noch in der ersten Silbe Präs. Ind. nachzuweisen.
Unbetontes o wird e.
Normandie
Bretagne
Maine
Anjou
Poitou
Berry
Orléanais
Champagne
Lorraine
Bourgogne
Franche Comté
Nivernais
Auvergne
Limousin
Quercy
Rouergue
Gascogne
Languedoc
Provence
Savoie
Armagnac
Béarn
Basken
Rossillon
PARIS
Bordeaux
Toulouse
Marseille
Lyon

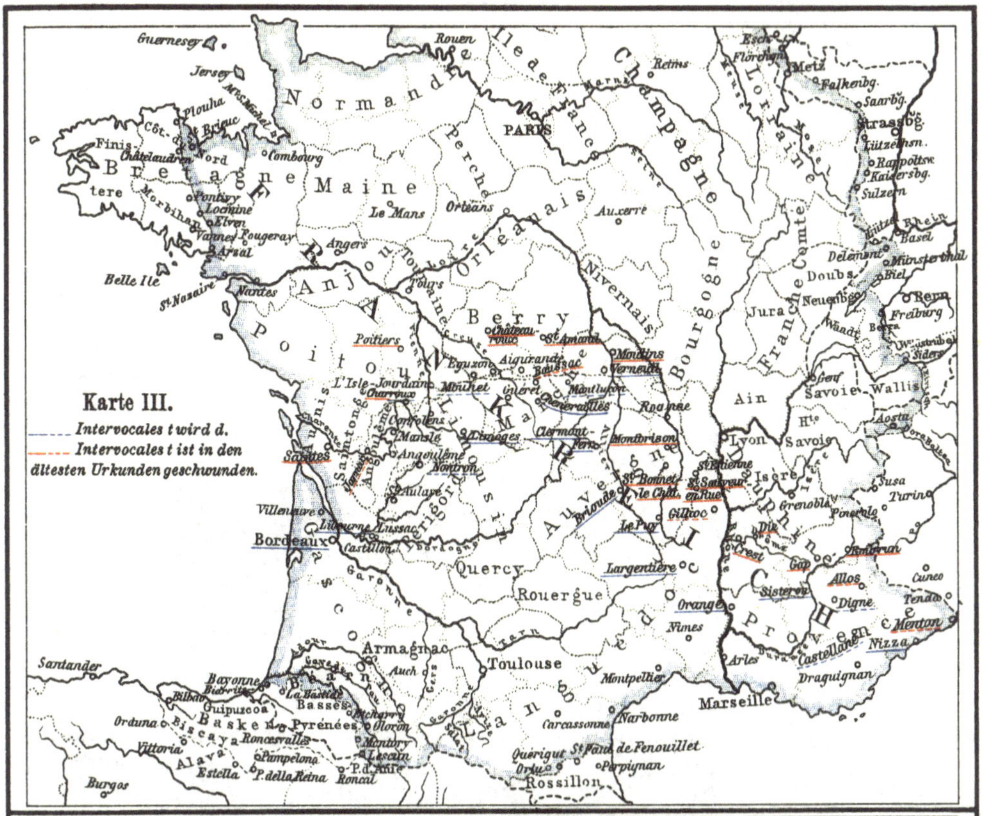

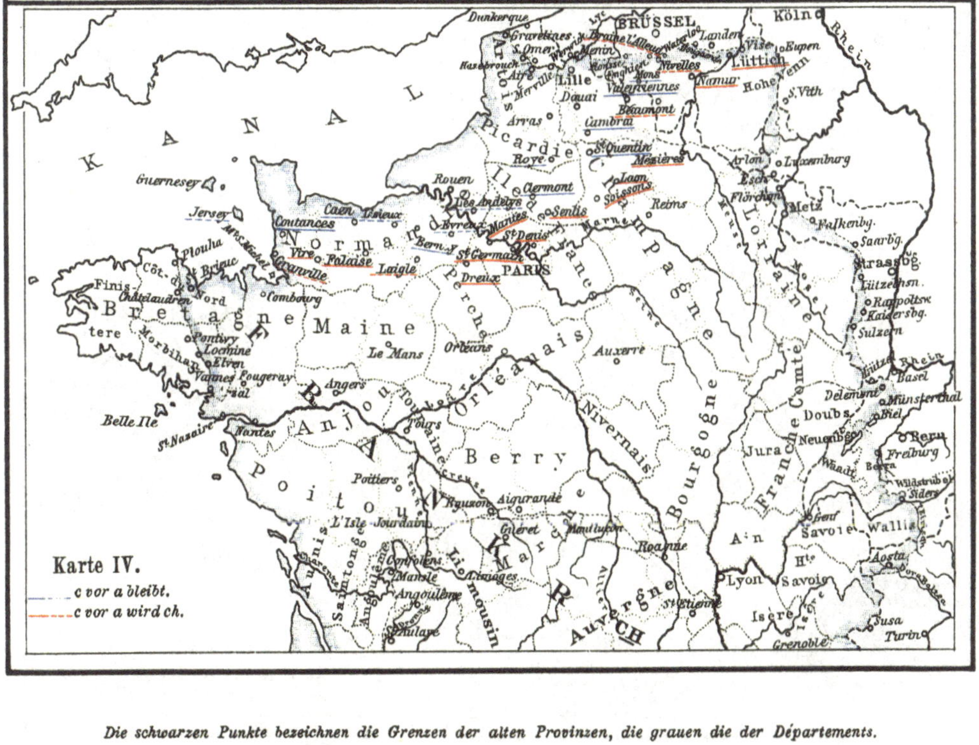

Die schwarzen Punkte bezeichnen die Grenzen der alten Provinzen, die grauen die der Départements.

Verlag von Karl J. Trübner, Strassburg

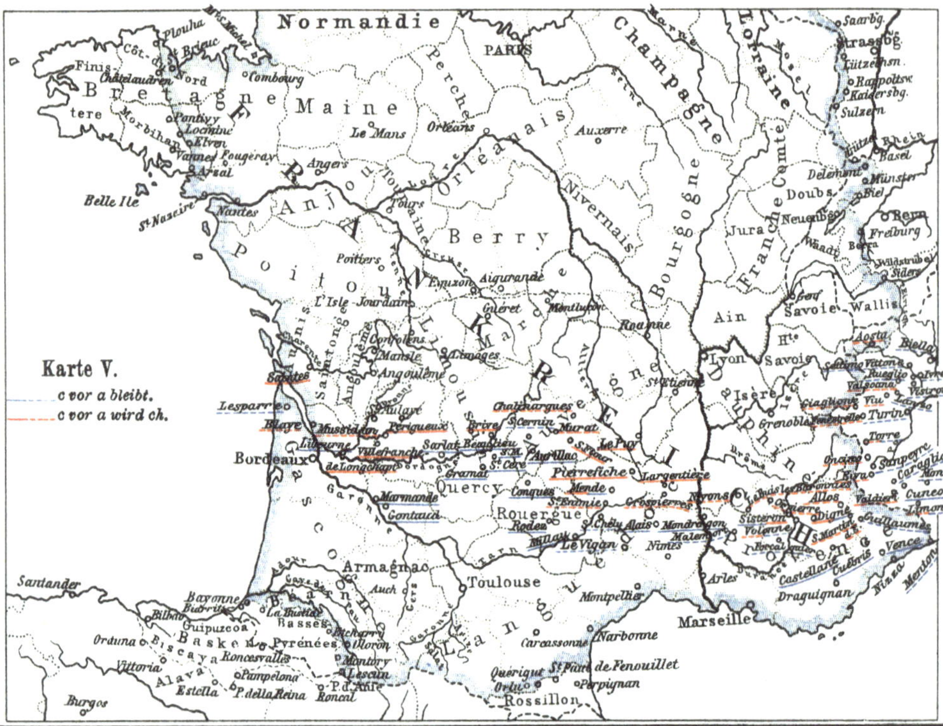

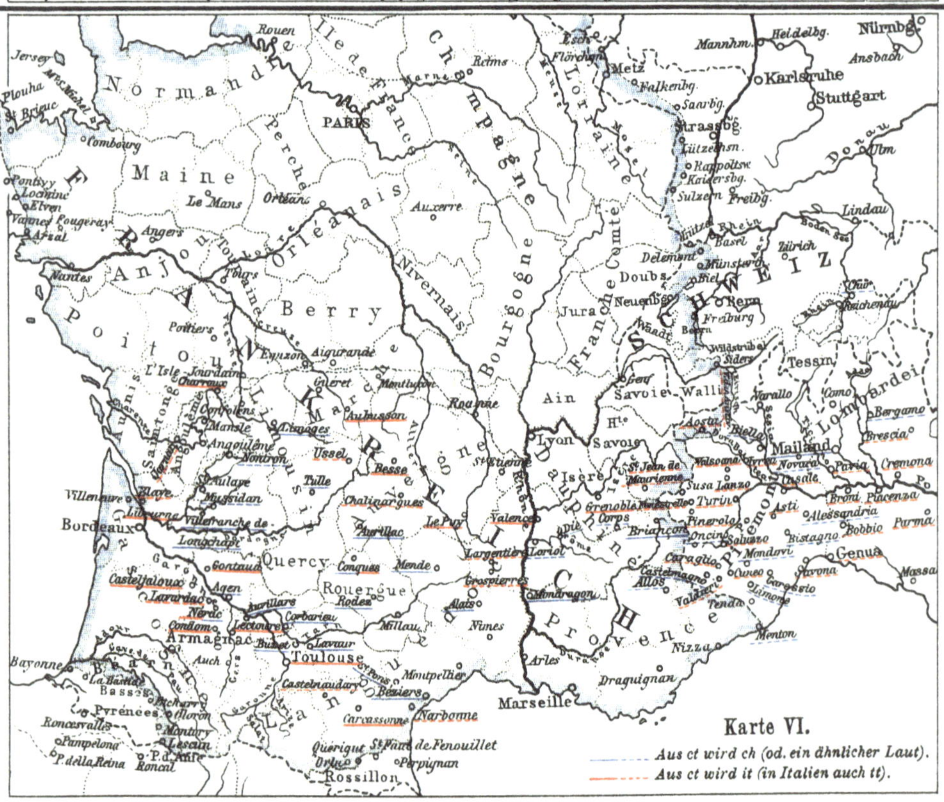

F. A. Brockhaus' Geogr.-artist. Anstalt, Leipzig.

Karte VII.
n bleibt im Auslaut und vor auslautendem s.
n bleibt im Auslaut, schwindet vor auslautendem s.
n kann auch im Auslaut schwinden.
Normandie
Bretagne
Maine
Anjou
Poitou
Berry
Orléanais
Ile de France
Champagne
Lorraine
Bourgogne
Franche Comté
Nivernais
Auvergne
Limousin
Quercy
Rouergue
Armagnac
Languedoc
Dauphiné
Provence
Savoie
Wallis
Rossillon
PARIS
Bordeaux
Toulouse
Marseille
Lyon
Grenoble
Nizza
Turin

Karte VIII.
Die Conjugationsendung avit hat als Tonvocal a.
Die Conjugationsendung avit hat als Tonvocal e.
Normandie
Bretagne
Maine
Anjou
Poitou
Berry
Orléanais
Ile de France
Champagne
Lorraine
Bourgogne
Franche Comté
Nivernais
Auvergne
Limousin
Quercy
Rouergue
Armagnac
Languedoc
Dauphiné
Provence
Savoie
Wallis
Rossillon
PARIS
Bordeaux
Toulouse
Marseille
Lyon
Grenoble
Nizza
Turin
La Rochelle

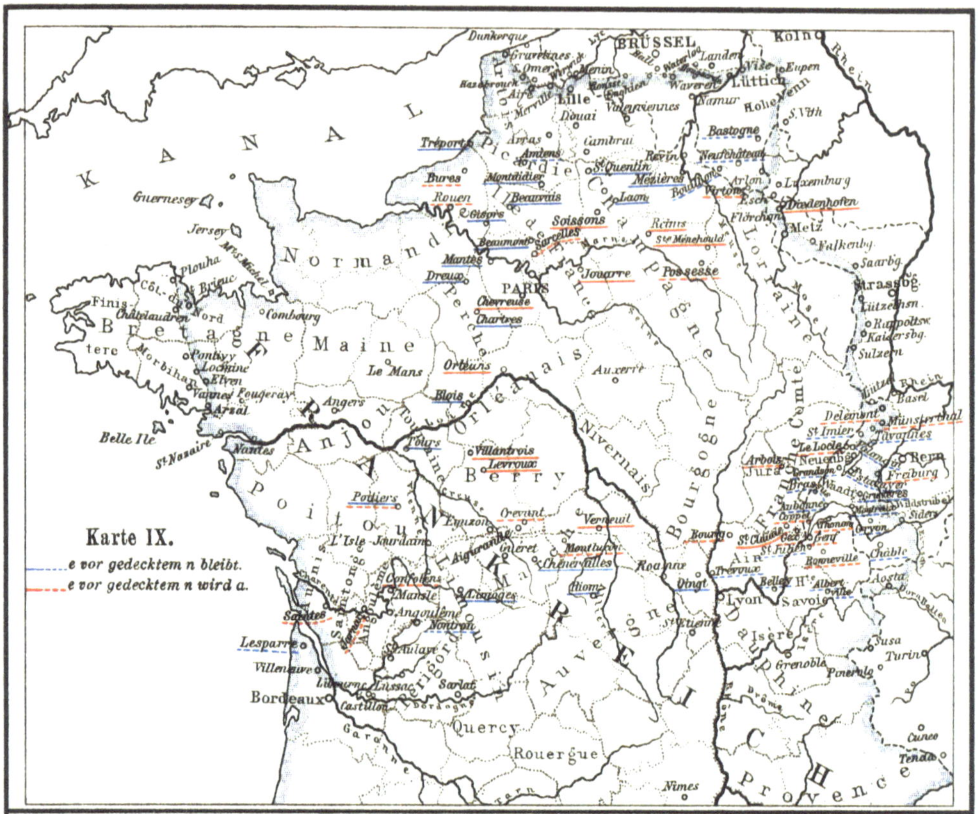

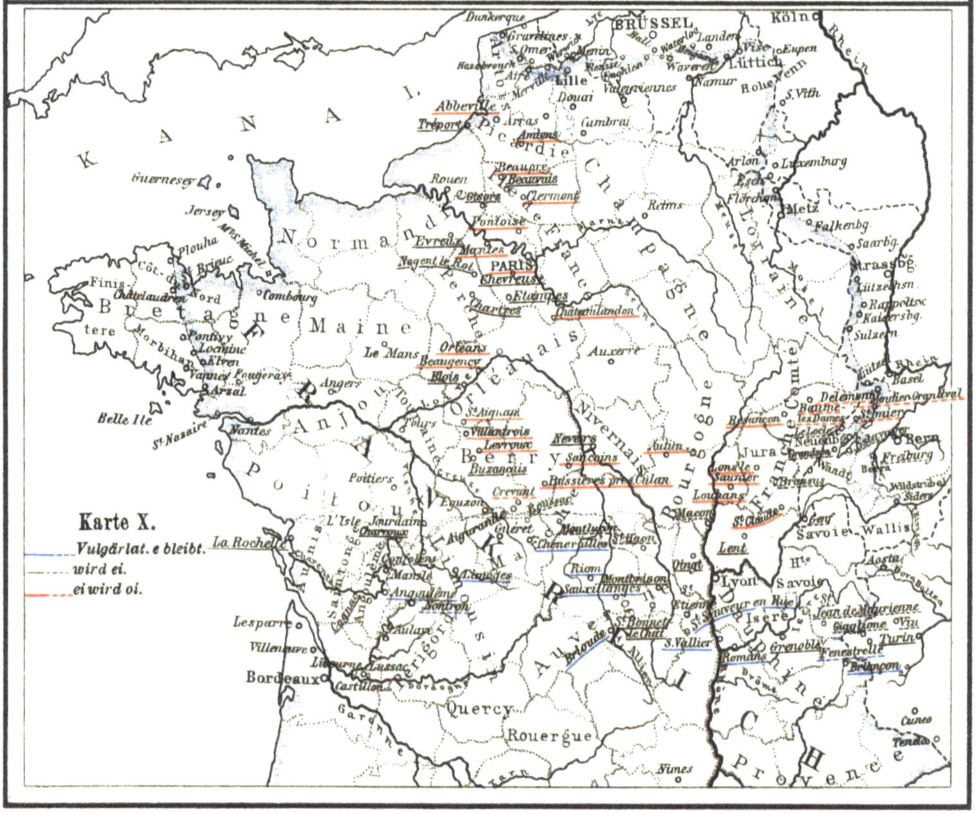

Verlag von Karl J. Trübner, Strassburg.

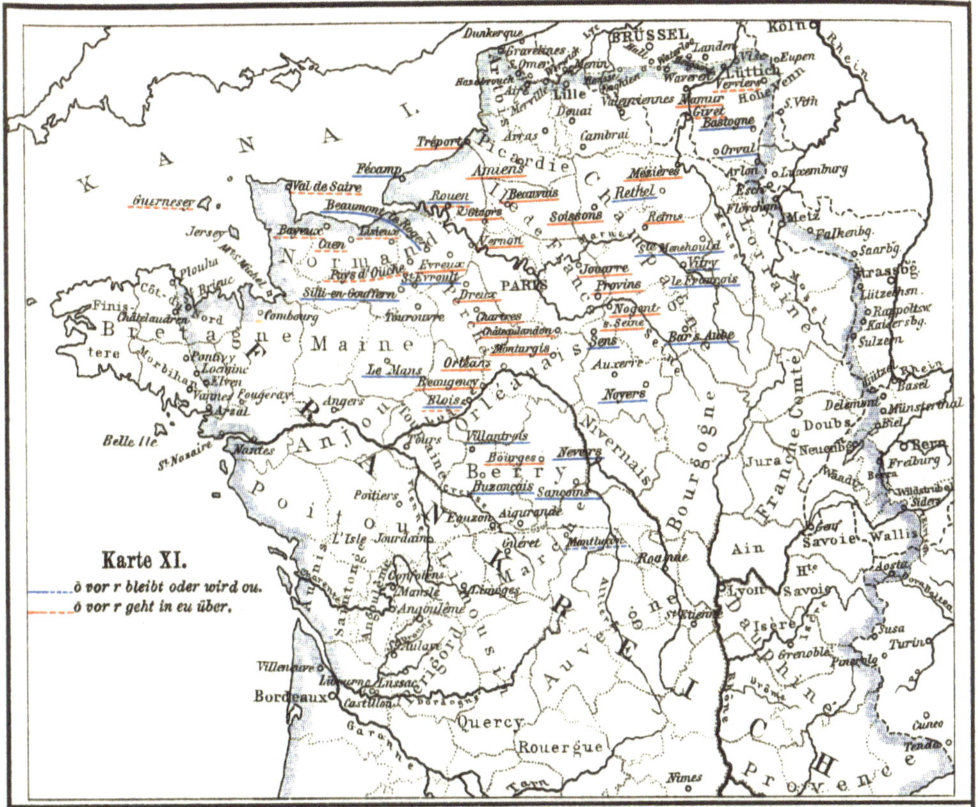

F. A. Brockhaus' Geogr.-artist. Anstalt, Leipzig.

FSC
www.fsc.org
MIX
Papier | Fördert
gute Waldnutzung
FSC® C083411

Kolibri 360 GmbH
Ferdinand-Jühlke-Straße 7
99095 Erfurt, Deutschland
produktsicherheit@kolibri360.de